건설의
숲에서
인문의
길을 걷다

개미는 어떻게
최고의 건축가가
되었을까!

건설의 숲에서 인문의 길을 걷다

초판인쇄	2020년 08월 27일
초판발행	2020년 09월 04일
지은이	윤종명
발행인	조현수
펴낸곳	도서출판 더로드
마케팅	최관호
IT 마케팅	조용재
디자인 디렉터	오종국 Design CREO
ADD	경기도 고양시 일산동구 백석2동 1301-2
	넥스빌오피스텔 704호
전화	031-925-5366~7
팩스	031-925-5368
이메일	provence70@naver.com
등록번호	제2015-000135호
등록	2015년 06월 18일
ISBN	979-11-6338-105-1-03590

정가 25,000원

건설의
숲에서
인문의
길을 걷다

개미는 어떻게
최고의 건축가가
되었을까!

윤종명 지음

도서출판 더 로드
The Road Books

"건설현장의 숲길을 걸어보자"

우리가 배울 수 있는 방법은 수없이 많다. 법정스님은 "정상에 올라가기 위해서는 많은 길이 있다." 라고 하셨다. 이 말씀에 전적으로 동감한다. 이 답은 그분의 제자가 " 수행에 이르는 좋은 방법은 무엇입니까?" 라고 물었더니 이런 답을 해주셨다는 어느 제자의 말을 들은 적이 있다. 우리들이 살아가는 삶도 같은 것이라 믿는다. 이 책은 바로 이런 길 중에 하나다. 건설현장 초보 기술자나 건축에 입문 하는 예비 학생들이 정작 선배들의 경험과 Know-How를 접할 기회가 없어, 건설 현장이라는 환경을 조금이라도 쉽게 이해하고, 현장이라는 곳이 어떤 곳인지 알 수 있다면, 장래 진로를 선택하는데 큰 도움이 될 것이라고 생각한다. 이 책은 25년간 건설현장에서 부딪히고 겪었던 여러 가지 사례와 저자가 가지고 있던 현장철학을 실험하고, 입증해온 비법을 건설 후배들에게 전하고 싶어 이 이야기를 꺼내 놓았다. 정작 건축이나 설계에 관한 책은 많지만 건설현장에 관한 생생한 체험의 이야기는 거의 없다. 인문학적 비교를 통하여 풍부한 경험과 사례로 현장관리자로서 어떻게 현장에 대처해야 하는 지를 설명해 주는 하나의 길이 되고 싶었다.

이 책의 전체 흐름이 마치 영화를 보듯 스토리를 전개해가는 형식으로 1부에서 5부까지 구성되어 있다. 현장이라는 곳이 딱딱하고 거칠다는 일반적 생각에서 이곳도 인문학적 성찰을 통해 기술자들이 한번은 생각해 볼 화두를 던지고 답을 찾는 테마 형식으로 꾸미도록 노력하였다. 건축 설계만큼이나 건설현장의 시공기술도 중요하며, 특히 오랜 시간 현장에 상주하며 생생하게 경험하고, 체험한 나의 길을 뒤에서 오는 사람들을 위하여 작은 방법을 알려준다면 더 쉽게 정상에 오를 수 있을 것이라는 믿음 때문이다. 나아가서는 건설의 미래를 걱정하는 작은 희망이 어쩌면 2020년을 살아가는 젊은이들에게 다가오는 4차 산업이라는 변화의 물결 속에서 건설 현장에도 발전될 미래의 첨단기술을 준비하고, 생각해보는 계기가 되기를 바란다. 건설인재로서 육성되어 미래기술자로 성장하는데 도움이 되길 바라는 작은 소망이라고 말하고 싶다.

간단히 이 책의 내용을 소개하자면 각 1부에서 5부로 구성되어 있다. 1부에서는 '건축'이라는 거대한 명제보다는 우리 인류가 이지구상의 "인지"의 생물로 살아가면서 생존에 꼭 필요할 수밖에 없었던 집이라는 공간에 대한 이야기와 그 공간이 인간뿐 만 아니라 동물에게도 반드시 필요할 수밖에 없는 생존의 필수품이 된 배경과 이것을 만들어 갈 수 있는 길을 걷는 사람들에게 정상은 한걸음부터 시작하면 언제나 도달할 수 있다는 희망의 메시지가 담겨있다. 2부에서는 이 길을 걷기 시작한 젊은이들에게 먼저 걸어왔던 사람으로서 험한 길도 있지만 숲속을 걷듯 아름답고 향기로운 풀냄새도 맡을 수 있고, 흘러내리는 땀 속에서 보람을 느낄 수 있다는 희망의 상상을 가졌으면 하는 이야기로 시작한다. 3부에서는 바로 현장에서 일어날 수 있는 많은 어려움과 고난과 역경을 어떻게 극복하고, 준비해야 하는지를 생생한 경험과 사례를 들어 여러 가지 흥미로운 경험담을 소개하고 있다. 물론 개인적인 경험이지만 누구나 겪을 수 있는 일반적인 현장의 다양하고 황당한 사건들로 이루어져 있어 또 하나의 영화를 본 듯한 느낌으로 다가올 것이다. 4부에서는 현장에서 일어날 수 있는 상상할 수 없는 변수에서 의연하고 지혜롭게 대처하기 위해서는 어떻게 하면 좋을 것인가? 저자 본인이 실험하고 예측하고 실행한 비법 같은 묘안이 소개되어 있다. 하지만, 이런 방안은 여러 길들 중에 하나임을 밝힌다. 하지만, 누구든 새로운 길을 찾을 수 있는 방법은 여러 가지 있을 것이다. 그런 길을 찾을 수 있도록 방향을 알려 줄 수 있는 길잡이 역할 이였으면 한다. 마지막으로 5부에서는 건설이라는 인류의 위대한 업적이 이제 4차 산업혁명의 흐름에

놓여 어디로 갈지 모른다. 미래는 아무도 모른다. 하지만 현재는 과거에서 온 것이고, 미래는 현재로부터 이어 갈 것이다. 현재를 분석한다면 미래도 예측할 수 있지 않을까? 그래서 현재의 우리 건설이 미래는 어떻게 변하고 어떤 공간으로 생성될지를 예상하여 조금이라도 대비할 수 있다면 도움이 될 듯하다. 바로 5부는 그런 미래의 기술자들이 어떤 기술과 어떤 첨단 기계를 사용하게 될지 현재를 바탕으로 예상해 보았다.

가장 좋은 배움은 경험하는 것이다. 경험할 수 없기 때문에 우리는 스승을 만나 배우고 책을 통해 간접적인 경험을 한다. 하지만 이 또한 다른 사람의 모방에 불가할 뿐이다. 스스로 현장이라는 숲에서 경험하고 체험하여 피부로 느끼는 사람만이 진솔한 삶의 철학을 깨닫는 것이 아닐까? 같은 산에도 그 정상을 가는 길은 헤아릴 수 없이 많다. 또한 같은 산이 아니더라도 또 다른 산은 수없이 많다. 모두를 경험할 수 는 없는 것이다. 하지만, 하나의 산을 하나의 길로 갔다고 한들 누가 당신을 훌륭하다 하지 않겠는가? 누구나의 길은 소중하고 훌륭하다. 당신이 가는 이 길도 또한 어느 누군가가 갈게 될 길이 될 것이다.

2020년 8월

저자 윤 종 명

〈숲속의 가지 않은 길〉

가지 않은 길

단풍 든 숲속에 두 갈래 길이 있었습니다.
몸이 하나니 두 길을 가지 못하는 것을
안타까워하며, 한참을 서서
낮은 수풀로 꺾여 내려가는 한쪽 길을
멀리 끝까지 바라다봤습니다.

그리고 다른 길을 선택했습니다. 똑같이 아름답고

아마 더 걸어야 될 길이라 생각했지요?
풀이 무성하고 발길을 부르는 듯했으니까요
그 길도 걷다 보면 지나간 자취가
두 길을 거의 같도록 하겠지만요

그날 아침 두 길은 똑같이 놓여 있었고
낙엽 위로는 아무런 발자국도 없었습니다.
아, 나는 한쪽 길은 훗날을 위해 남겨 놓았습니다!
길이란 이어져 있어 계속 가야 한다는 걸 알기에
다시 돌아올 수 없을 거라 여기면서요

오랜 세월 지난 뒤 어디에선가
나는 한숨지으며 이야길 하겠지요
숲속에 두 갈래 길이 있었고, 나는
사람들이 적게 간 길을 선택했다고
그리고 그것이 내 모든 것을 바꾸어 놓았다고

–로버트 프로스트–

Contents | 목 차

CHAPTER

1

1부
집으로부터의 진화

"모든 생명체는 집이 있어야 한다"

집이라는 공간은 생명을 잉태하고 생존하는 기본적인 삶의 터전이다. 우리 인류인 호모 사피엔스가 살아왔던 30만년의 세월동안 집은 존재해왔다. 인간의 진화에 없어서는 안 될 창조적 공간이며 생존의 기본 구조였다. 모든 생명체가 살아가는 진화적 산물이며, 멸종될 때가지 의존해야할 공간인 것이다. 개미의 집단생활에서 생존과 종족유지를 위한 거대한 건축물을 만들 정도로 미생물이라 치부하기에는 그들의 공간은 위대하다. 모든 생물에게서는 떨어질 수 없는 공간이 집인 것이다. 우리 선조들은 그 공간들을 환경에 잘 적응하여 위대한 전통 건축물들을 창조해 냈다. 특히, 건축을 전공하고 공간을 이해하기위한 최고의 건축물로는 부석사 무량수전을 탐구해보라! 거의 천년의 세월동안 묵묵히 그 자리를 지켜왔던 엄숙함을 배흘림기둥에 기대어 서서 느껴보았으

면 한다. 자신의 의지든 아니든 건축이라는 길로 들어선 사람이라면 조금
도 두려워하지 말고 이제부터 시작해 보자! 설계를 결심한 사람이라도 건
설현장에서 얼마간의 경험을 해보라고 애기해주고 싶다. 설계란 것도 그
것이 구현되었을 때만이 그의 진가를 발휘하는 것이라 생각한다. 그것이
단순한 그림으로 남아있다면 예술적 가치는 기대하기 어려울 것이다. 건
설 현장이라는 곳은 신비한 매력이 있는 곳이다. 막상 경험해보면 그것의
매력을 느낄 수 있을 것이라 생각한다. 현장에 시작한 사람은 이제부터
시작이다. 모든 것을 잊어야한다. 그리고 "항상 질문하라" 그리고 체험하
며 배우자! 젠가 나 레고를 다루듯 위태로운 순간과 아슬아슬한 시간에
마주치더라도 겪어내야 한다. 무에서 유를 창조하는 위대한 과업에 한발
은 딛는 당신에게 박수를 보낸다.

인간처럼 집을 만드는
위대한 동물이 또 있다면 그것은
흰개미일 것이다.

01

집이 없었다면 인간은
멸종했을 것이다

집이 없었다면 인간은 멸종했을 것이다. 모든 인간은 집으로부터 태어난다.

아프리카 세렝게티는 수많은 동물들이 살아가는 터전이다. 동물의 왕이라고 일컫는 사자에게도 그곳은 치열한 삶의 현장이다. 자칫 어느 동물이건 간에 나보다 약한 생명의 존재는 다른 존재의 먹이가 되거나 희생양이 된다. 어린 사자가 성체의 사자가 될 확률은 10%도 안 된다고 한다. 생존하여 그 무리에 들어가야만 동물의 왕인 사자가 될 수 있는 것이다. 모든 사자가 밀림의 왕이 될 수 없고, 약한 동물이 두려워하는 공포의 대상인 존재로 거듭날 수 없다. 이곳에선 오로지 생존만이 있을 따름이다.

생명이 존재하는 한 어느 곳 언제이든 전쟁터와 같은 삶은 사라지지 않는다.

하지만, 이런 모든 개체들은 한 곳에 머무를 수 없다. 여기저기로 본능에 충실하기 위해 먹이를 찾아다녀야 하고 숨을 곳을 찾아 자신의 생명을 유지하여야 하기 때문이다. 또한 생명의 본능인 종족번식의 기능도 유지하기 위하여 적의 공격을 피해서 보다 안전한 장소를 찾아야 한다. 그것이 육상생물이건 해양생물이건 하늘을 나는 생물이건 다를 바가 없다. 그곳이 수중 바위 밑이건 날카로운 절벽 아래 작은 공간이건 가시덤불로 들어갈 수 없는 좁은 공간이건 나름대로의 안전한 틈이 필요하다. 우리는 그곳을 생명들의 보금자리라 부른다. 그곳에서 새끼를 낳고 기르고 또 시간이 흐르면 독립할 때까지 죽지 않고 살 수 있는 보호막이 된다. 이곳이 동물에게는 집이다.

모든 생명체는 집이 있어야 한다. 집이 없이는 생명을 유지할 수 없고, 본능을 유지할 수 없다. 집이란 정말 그냥 생겨난 것이라고 말해도 이상하지 않다. 왜냐하면 모든 생명이 살아가기 위해 꼭 필요한 장소이며 공간이기 때문이다. 우리 최초 인류인 호모 사피엔스가 시작된 약 30만 년 전 북부 아프리카에서도, 그리고 그 후 현생에서도 인류는 집에서 산다. 어두컴컴한 동굴 속에서, 숲속 비좁은 넝쿨 밑에서, 위험한 나무 위에서 원시 인류는 그렇게 보금자리를 마련하여 살아왔다. 불을 사용하고 정착하면서 움막이나 흙집 등을 만들어 겨우 한곳에 정착할 수 있는 공간을 마련하기까지 인류는 온갖 사나운 동물들로부터 도피해 오며 생존해 왔다. 오직 살아가기 위해 후손을 남기고 생존을 위한 처절함 속에서 발전해 온 덕택으로 인류는 진화했다. 집이란 공간이 없었더라면 지금의 인류는 존재하지 못했을 것이다. 그만큼 집이란 물리적 존재 자체로도 의미 있고 소중하다. 집이 있으면 모든 동물들은 평온하다. 불타오르는 뜨거운 태양의 햇살을 느끼고, 보름달의 은은한 달빛을 받으며, 때론 서늘한 바람을 온몸의 피부로 느끼는 곳이 집이다. 오직 그곳에서 마음의 평정을 찾아 한 생명이 움틀 수 있다. 태초에 신이 생명체에게 집이란 공간을 주지 않았을지라도 그들은 그것을 창조하였으리라. 지속적으로 자신의 DNA를 후손에게 남겨야 하는 숙명 때문에 치열한 삶 속에서 그들은 집이란 그릇을 만들었다.

인간에게 집이란 언제부터 생겨났을까?

지금으로부터 30만 년 전 인류가 기원한 아프리카 밀림 지역으로 가보자. 그곳에 우리의 조상 격인 최초 인류가 살아간다. 최초 인류인 초인(超人)이 그곳에 있다. 초인은 태어난 지 15년 정도인 건장한 그 시대 인류의 일반적인 청년층이다. 생김새를 보면 긴 턱에 털이 있지만 얼굴은 지금의 유인원보다는 어딘지 잘 정돈된 작은 털들로 덮여 있다. 이빨은 송곳니며 어금니며 현생 인류와 거의 다르지 않은 치아를 가지고 있다. 이마는 좀 튀어나와있고 눈 주위에는 눈썹도 짙다. 온몸은 아니지만 다리 일부와 조금 긴 팔에도 갸름한 털들로 덮여 있다. 사실 최초 인류가 털이 어떻게 신체에 분포되어 있는지는 진화론적으로 알 수는 없다. 초인은 아침부터 배가 고파오기 시작했다. 어제 점심으로 열매를 따먹고는 아직 한 번도 음식을 먹지 못했다. 이제 슬슬 사냥을 하여 식량이 될 만한 작은 동물을 잡기로 했다. 으레 주변의 집단생활을 하면서 알고 있는 비슷한 수컷들과 같이 사냥을 나가기로 했다. 초기 인류가 자기보다 빠르고 예민한 동물을 잡기란 쉬운 일이 아니었다. 더구나 대형 초식 동물들을 잡기란 더욱 어려운 일이었다. 그러나 여럿이 협동한다면 그나마 한끼 먹을 정도의 작은 동물로 육식을 하는 것이 때론 가능한 일이었다.

울창한 나무 사이로 한 마리의 작은 멧돼지를 발견했다. 각자의 손에는 돌을 쪼개 만든 날카로운 돌도끼 모양의 사냥도구가 쥐어져 있다. 사냥하러 나갔을 때 돌도끼를 사용하는 것은 초인에게는 일상 있는 일이다. 드디어 서로의 협력으로 작은 돼지를 잡았다. 그들은 잡은 돼지로 배를 채우기 위해서 돼지의 앞다리와 뒷다리를 묶고 그사이 긴 나무막대로 가로질러 양쪽에서 한 사람씩 어깨에 둘러멨다. 더 이상 밀림에 지체하면 또 다른 맹수들이 그들을 해칠지도 모른다. 그래서 그들은 바삐 사냥감을 둘러메고 움막으로 이루어진 집단 주거지로 향했다. 잡아온 사냥감은 날카로운 석재 칼을 이용해 덩어리로 잘랐다. 일부 부드러운 내장이나 간 등은 너무 배가 고파 생으로 씹어 먹었다. 약간의 고기 덩어리는 금방 구워먹기 위해 모닥불 위에 올렸다. 초인의 입에서 씹히는 고기 맛은 정말 이루 말할 수 없을 정도로 달콤했다. 초인은 그날이 어느 때보다도 행복했다. 여러분은 지금 이 글을 읽으면서 상상해 보았을 것이다. 마치 원시시대 영화를 본 것 같은 초인의 하루에서 최초 사피엔스가 30만 년 전 고정적인 공간에서 머물며 집단생활을 했을 것으로 추정한다. 우리는 그곳을 현대와 같은 집의 개념으로 해석할 수 있다.

모든 영장류들이 집이라는 곳에서 생활했을까?

미국 캘리포니아 인지신경과학 연구센터에서 연구하는 신경인류학자 존 S. 앨런은 유일하게 다른 영장류에서는 집이라는 개념이 없고, 유일하게 인간만 그 특징을 보인다고 했다. 다른 유인원들은 단순히 잠을 잘 때만이 주위의 나뭇가지나 잎을 사용해 잠자리 정도의 보금자리를 만든다고 한다. 유인원과 인간은 같은 조상에서 왔다. 그런데 어찌 인간은 집이라는 공간을 창조했을까? 그들과 우리가 진화하면서 무슨 일이 일어났던 것일까? 그들에게는 없고, 우리에게만 있는 것들을 한번 알아보도록 하자. 영장류들을 분류해 보면 크게 두 가지로 나뉜다.

영장류 (약 300여 종)	원원류	여우원숭이, 로리스원숭이 등	몸집이 작고, 야행성
	유인원류	**인간**, 침팬지, 오랑우탄, 고릴라 등	몸집 크고, 뇌 용량 크다

인간은 유인원류에서 침팬지나 오랑우탄과 같은 조상에서 출발해 각자 다른 생태적 진화의 길을 걸어왔다. 그리고 지금도 계속적인 진화를 하고 있다. 인간이 그들과 다른 특징으로 새로운 종을 탄생시키고 현생의 인류

로 진화해 온 몇 가지 중요한 특징을 알아보자. 이런 특징은 인간이 집을 창조할 수밖에 없는 필수 충분조건 중에 하나다.

첫째, 불을 사용한 것이다. 도구를 사용하는 동물은 많다. 그러나 불을 사용하는 것은 인간만이 가지고 있는 유일한 특권이 되어 버렸다. 그리스 신화에서는 제우스가 감춰둔 불을 프로메테우스가 훔쳐서 인간에게 주었고, 화가 난 제우스는 그를 코카서스의 바위에 쇠사슬로 묶어 날마다 독수리가 그의 간을 쪼아 먹게 하여 고통을 주었다. 그만큼 불은 인간에게서는 혁명적이고 진화적인 사건이었다.

불을 사용하게 된 초인은 이제 위험한 높은 나무에서부터의 해방을 맞이하게 되었을 것이다. 적으로부터의 안전을 지키기 위해 최초 영장류는 나무로 올라가기 시작했을 것이다. 어느 동물보다도 약했던 영장류들은 유일하게 나무에서라도 조금이나마 자신을 지킬 수 있었다. 그런데 불을 얻고 나서부터는 그런 적들로부터 자신을 지킬 수 있었기 때문에 굳이 나무에서 생활할 이유가 없었다. 그런데 비와 바람으로부터는 불을 지킬 수 없었기 때문에 초인은 동굴 등으로 공간을 옮길 수밖에 없었을 것이다. 동굴에서 불을 사용했다는 증거는 유적으로 많이 증명된 사실이다.

둘째, 가족을 형성했다는 것이다. 일반적으로 몇몇 동물들은 집단적 생활을 하면서 자신의 새끼들을 돌본다. 그러나 자신의 유전자를 가진 새끼

〈새끼를 보살피는 유인원〉

를 성장시키는 데 수컷이나 암컷 모두가 가족의 개념으로는 생활하지 않
는다. 집단생활하는 사자도 그 집단의 우두머리인 수사자와 싸워서 이기
면 전에 있던 수사자의 새끼들을 모두 죽여 버린다. 침팬지들도 집단생활
하면서 암컷 위주의 양육이 이루어지며, 때론 공동육아의 생존 패턴을 보
이기도 한다. 주로 유인원들의 새끼는 1년~2년 정도 어미를 따라다니며
여러 가지 생존의 방법을 터득한다. 약육강식의 세계에서 힘센 개체는 그
힘이 생길 때까지 어미의 보살핌이 필요하다. 약한 개체는 힘센 개체에게
서 빨리 벗어날 수 있을 때까지 어미의 손에서 자란다. 그런 시기가 다른
유인원들과는 달리 상당히 짧아 곧바로 어미에서 멀어지고 각자의 생존
을 택하며 살아간다. 그러나 유인원들은 그 기간이 상당히 길어 3년~4년

동안 집단의 보호를 받거나 어미의 품에서 자란다. 인간은 어떤 개체보다도 이 기간이 길어 오랫동안 집단을 형성해야 했다. 만약, 인간이 짧은 성장기를 가졌다면 지금의 인류는 만물의 영장으로서 진화하지 못했을지도 모른다. 오랜 기간 동안 종족 번식의 본능을 위해 안전하게 새끼를 보살필 공간이 필요했던 것이다.

셋째, 서로 협력했기 때문이다. 세계적 석학 인류생태학자인 유발 하라리(Yuval Noah Harari)의 '호모 사피엔스'에서 그는 사피엔스의 생존은 서로 협력해서 살았기 때문이라고 했다. 우리는 인류학적으로 깊이 들어가지 않더라도 초인이 생존하고 자신의 유전자를 유지하기 위해서는 불과 함께 안전한 공간에 있어야 했음을 알 수 있다. 사냥도 협력하여 이루어져야만 더 쉽게 식량을 얻을 수 있다는 것을 깨닫게 되었을 것이다. 협력은 바로 생존인 것이다. 30만 년 전 초인은 불을 얻는 순간 나무에서 내려왔고, 비와 바람을 피해 동굴로 공간을 이동하였다. 보다 안전을 확장시키기 위해 같은 종족으로부터 협력이라는 시스템을 만들어 냈을 것이다. 종족이 번성하면서 동굴은 좁아졌고, 밖으로 나와 집단생활이 필요한 넓은 공간인 정착지를 찾았음이 틀림없다. 그것이 풀로 지은 움막이든, 흙으로 빚은 흙집이든, 나무로 지은 나무집이든 인간의 진화는 집에서 비롯되었다. 인류가 다른 동물들과 달리 새로운 선택에서 진화의 혁명은 시작되었고, 그곳에는 집이 있었다. 집이 없었다면, 인간이란 동물은 아직도 어느 밀림의 높은 나무들 사이로 천적을 피해 도피 행각을 계속하고 있었을지 모른다. 인간의 진화는 집에서 시작되었고, 집에서 끝날 것이다.

02
어떻게 개미는 최고의
건축가가 되었을까?

인간처럼 집을 만드는 위대한 동물이 또 있다면 그 것은 흰개미일 것이다.

호주 리치필드 국립공원 사바나 초원에는 흙으로 쌓은 탑 같은 수많은 기둥들이 흐드러지게 우뚝 솟아 있다. 그곳이 우리가 사는 집이다. 우리 흰개미(Termite)들은 예전에는 벌목 개미과에 속한다고 했으나, 최근에 분류학적으로 흰개미 바퀴목 흰개미과로 분류된다. 엄밀히 말하자면 개미처럼 생겼지만 개미는 아니다. 공룡이 살던 쥐라기 무렵 바퀴벌레와 같은 먼 조상에서 갈라져 나와 진화해 왔다고 보는 게 맞는 말이다. 우리는 세계적으로 3,000여 종의 친척들이 살고 있지만 주로 아프리카, 호주, 인도, 브라질 적도 부근 사바나 기후에 분포되어 살아가고 있다. 그곳에 사는 우리 종족들은 대부분 흙더미를 쌓아 탑 모양을 만든다. 한 무더기에 200만 마리 이상의 군집을 이루고 살아간다고 하니 서울 인구의 1/5이 탑

안에서 살아가는 셈이다.

　우리가 살아가는 사회는 계급사회다. 일하는 개미, 병정개미, 수컷인
왕과 산란을 담당하는 암컷인 여왕개미 등으로 각자의 역할에 따라 살아
간다. 대부분의 일개미, 병정개미는 눈이 퇴화된 완벽한 장님이다. 이런
계급 체계는 1억 년 전부터 발달된 사회 시스템을 이루고 살아왔다. 우리
의 여왕개미는 어느 곤충보다도 20년에서 길게는 30년 이상 오래 살아갈
수 있다. 개채가 많은 것이 곧 우리의 생존방안 중에 하나인 것이다. 우리
는 줄곧 도마뱀이나, 원숭이, 개미핥기, 다른 종의 개미 등에 의해 살해당
한다. 때론 인간의 어떤 문화권에서는 별미의 재료가 되거나, 약재로 쓰
인다고 생포되기도 한다. 우리는 주로 나뭇잎에 들어있는 셀룰로오스를
분해해 포도당으로 변환시켜 식량을 저장하지만, 집 내부에 버섯 균을 키
워 나뭇조각이나 잎들을 분해해 먹이로 먹는다. 그래서 대부분의 흰개미
내장에는 미생물(박테리아)들이 살아간다. 그런데 집 내부에 이런 버섯 균
들이 분해될 때 열이 발생하고 그 열은 백열전구 한 개 정도를 켰을 때만
큼의 열이 발생된다. 거대한 흙기둥의 내부에 뜨거워진 열은 대류 현상을
일으켜 상부로 올라가고 외부의 공기가 실내로 들어오면서 순환하는 공
기로 일정한 온도인 30℃를 유지한다. 이 같은 온도는 버섯이 성장하는
가장 적당한 환경이다. 도대체 이런 원리를 어떻게 3mm 밖에 안 되는 조
그마한 우리 흰개미들이 알았냐고? 그건 우리도 모른다. 우리는 단지 우

리 조상들이 해 오던 방식대로 살아가고 있으니까 말이다. 여기 사바나의 모든 생물들은 그전에 조상들이 해 오던 삶의 방법을 태어날 때부터 알고 있다. 아니면, 우리 몸속이 본능적으로 기억하지 않았을까? 그렇지 않으면 생존할 수 없고 그것은 곧 죽음을 뜻하니까. 우리는 자연에 순응하며 살아간다.

우리 흰개미집의 훌륭한 기술적 시스템을 간단히 설명해 보겠다.

우리 집 흙기둥은 대략 3m에서 크게는 6m까지의 둥글거나 넓적한 모양으로 형성돼 있으며 이 기둥은 인간의 스케일로 환산하면 2km에서 3km에 해당되는 정말 어마어마한 건축물이 아닐 수 없다. 우리는 자신의 키의 1,000배~2,000배 크기의 건물을 짓는 셈이다. 사람으로 치면 우리나라 최고 고층 건물인 롯데타워(555m)의 3배~5배 정도의 높은 건물을 건축한다고 할 수 있다. 최소 수명도 100년 정도는 견딜 수 있을 것이라고 한다. 내부는 완벽한 통풍 시스템으로 이루어져 있다. 가운데 큰 터널 같은 통로가 최상의 높이까지 뻗어져 있고, 양측 면으로 작은 통로들이 가지처럼 펼쳐져 외부와 통하여 있다. 내부의 작은 방들은 집단에서 필요한 구획들로 나누어져 있다. 버섯 균들에서 발생한 내부 이산화탄소나 열로 인해 따뜻하고 습한 공기는 집의 가운데 통풍구를 통해 올라간다. 동시에 지하 하부의 새로운 통로로 외부의 차가운 공기가 유입되어 뜨거운 공기를 밀어 올린다. 그러면 빈 공간을 시원한 공기가 채워지게 되어 일

〈흰개미집과 내부의 통풍구조〉

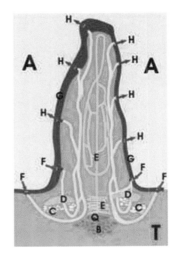

정한 온도로 유지하게 된다. 이렇게 완벽한 자연 순환 시스템을 인간들은 왜 몰랐을까? 정말로 인간이 만물의 영장이라고 자신 있게 말할 수 있을까?

그래서 인간들도 이런 완벽한 순환 시스템을 적용하기로 했다. 그 사람은 아프리카 짐바브웨 건축가 믹 피어스(Mick Pierce)이다. 피어스는 주위에 살고 있는 흰개미집에 영감을 얻어 이런 시스템을 설계하였다. 그래서 건물 옥상에 통풍구를 뚫고 지표 아래에 통풍구를 만들어 외부 공기를 건물 안으로 끌어들였다. 이곳은 쇼핑센터로 한낮의 온도가 24℃ 안팎을 유지할 수 있었으며, 사용되는 에너지도 다른 건물에 비해 90%정도 절약할 수 있다고 한다. 그렇다고 모든 건물을 이 시스템을 이용하여 건축을 할 수는 없다고 본다. 현대의 건축물들은 고층화되고 복잡해지면서 여러 가지 설비 및 전기적 시스템 등으로 간단하지만은 않기 때문이다. 하지만 저층이나 주택 등에는 적용해 볼 수는 있지 않을까? 그러면 최소한 대기 중의 CO2 증가로 인해 점점 뜨거워지는 지구 온난화를 줄일 수 있을 것이다. 점차 지구는 열병을 앓고 있으니까!

2018년 1월 미국의 CNN이 놀라운 사실을 보도했다.

브라질 북동부의 카탕가 관목지대에서 무려 2억 개의 흰개미집이 모여 있는 군락지를 발견했다고 보도했다. 이 군락지의 면적은 우리나라 국토의 2.5배이며 가장 오래된 것은 3,800년 전에 형성되었다고 확인되었다. 이 흰개미집은 최대 3m 높이인 것도 있고 파낸 흙만 해도 이집트의 피라미드 4,000개를 지을 정도의 양이라고 하니 정말 어마어마한 크기가 아닐 수 없다. 영국 샐퍼드대학의 곤충학자인 스티븐 마틴은 "하나의 흰개미 종이 이처럼 거대한 집들을 만든 것은 세계 최대의 구조물"이라고 말했다. 그전에는 그냥 흙더미나 둔덕 같은 거라고 생각했는데 자세히 조사한 결과 흰개미집으로 판명되었다. 이 모습은 인공위성에서도 식별이 가능할 정도라고 한다. 정말 대단한 구조물이 아닐 수 없다.

우리나라에도 흰개미가 3종 정도 서식하며, 한국 전역에 분포되어 있지만 집 흰개미들은 주로 남해안 일대에 서식한다고 한다. 그렇지만 우리나라에서는 목조건물인 문화재 등에 막대한 피해를 입히는 해충으로 분류되어 있다. 오래전 시골에서는 오래된 나무땔감을 갈랐을 때 흰개미 집단을 더러 볼 수 있었다. 그때 수많은 개미들은 자기네 알들을 물고 이리저리 분주하게 아우성쳤다. 그런데 다른 곳에서는 이렇게 위대한 집단지성을 가지고 놀랄만한 공기순환 시스템으로 집을 짓고 사는 생물인지는 몰랐다. 미국 뉴저지주 프린스턴대 생태 및 진화생물학과 '코리나 타니타' 교수는 전 세계 초원의 생태를 연구하다가 우연히 이상한 점을 발견했다. 그것은 흰개미집 주변의 식생을 분석하던 중 같은 환경에서 그 주변과 아닌 주변의 식물에서 변화가 있다는 것이었다. 그 이유를 분석한 결과 흰개미집의 지하에 통로가 생겨 그곳으로부터 습기를 실어 나르면 토양에 변화가 생겨 주변 식물들이 영양소를 제공하고 말라죽는 것을 예방한다는 것이다. 그래서 주변의 풀과 나무가 잘 자라면 그들의 먹이도 풍부해질 것이므로 서로 공생의 관계에 있다는 사실이다. 인간들은 이제 흰개미집을 보호하고 연구하여 사막화되어가는 생태계를 조금이나마 늦출 수 있는 노력을 기울여야 한다. 왜냐하면 인간은 숲에서 나오는 산소를 필요로 하고 점점 사막화가 빨라진다면 지구의 동물들이 생존에 위협을 받을 것은 보지 않아도 명백한 사실이기 때문이다. 동물의 멸종은 인간의 멸종을 뜻한다.

동물들이 아무 도구나 장비 없이 그들의 집을 짓는다는 것은 정말 경이로운 일이다. 땅에서 최고의 건축가가 흰개미라면 하늘에서의 최고의 건축가는 어떤 동물일까? 남아프리카 칼라하리 사막으로 가보자. 그곳에 베짜기새가 있다. 잠시 그곳으로 날아가 보자. 그들은 나무 위나 전봇대든 뭐든지 집을 지을 만한 견고한 뼈대가 있는 곳이면 집 지을 준비를 한다. 그리고 300마리 정도의 집단이 나무 위에 온갖 자연의 자재들을 모아 그들만의 아파트를 짓는다. 그 집은 지름 3m 정도 크기에 무게는 1톤 정도의 커다란 둥지 모양으로 집을 짓는다. 내부는 일정한 온도인 25℃를 유지한다. 서로 안쪽에는 공동육아 기능을 할 수 있는 공간도 마련돼 있다. 때론 인간들이 전봇대에 지은 집을 전기로 인해 불이 나거나 정전이 된다고 해체하는 바람에 다른 장소를 구하느라 힘들 때도 있다. 프랑스 속담에 '새둥지 만드는 일 빼고 인간이 못 할 일은 없다' 라는 말이 있다. 그만큼 새둥지 만드는 일은 어렵다는 뜻일 게다. 새들은 하늘을 날기 때문에 집도 노출되는 공간에 지을 수밖에 없다. 그래서 노출되어도 안전하게 새끼를 기를 수 있는 둥지를 만들 수밖에 없었을 것이다. 그러기 위해서는 정교해야 되고, 비바람에도 견딜 수 있어야 하고, 적으로부터 공격도 막을 수 있어야 한다.

우리나라 시골에서도 새의 둥지를 볼 수 있다. 추운 겨울이 지나고 개나리, 진달래 피는 봄이 오면 철새인 제비는 우리나라 농촌의 처마 밑에

자기들의 제비집을 짓고 새끼를 기르고 겨울이 오기 전 떠난다. 우리는 그때 제비가 연실 처마 밑을 들락날락하는 것을 어린 눈으로 지켜보곤 했다. 밤낮을 입에 진흙 등을 물어다 집을 짓는다. 집을 다 짓고 나면 알을 낳고 깨어나는 제비 새끼들은 어미가 먹이를 물고 날아올 때마다 엄청 시끄러운 소리로 어미를 반기곤 했다. 아버지는 마룻바닥에 제비 똥이 떨어지지 않게 제비집 밑에다 얇은 합판으로 똥 받침을 달아 놓곤 하셨다. 그게 우리가 보는 시골 제비집의 기억이었다. 그뿐만이 아니라 우리나라 텃새인 까치집도 항상 보아왔다. 까치란 놈은 원래 영리하여 그 마을 사람들의 얼굴을 다 기억한다고 한다. 그래서 낯선 사람이 오면 경계의 뜻으로 자기 둥지를 해칠 염려로 소리를 내곤 한다. 그래서 옛 어른들은 까치가 울면 손님이 온다고 하신 것이다. 그리고 보면 그것이 까치의 생태를 잘 알고 있던 우리 조상들의 지혜이기도 한 것이었다. 그런데 그 까치도 집을 지을 때는 열과 성의를 다하여 온갖 나뭇가지를 물고 와 마치 베를 짜듯 서로 얽혀서 단단히 고정을 하여 집을 짓는다. 어렸을 때는 너무 엉성해 보여 비가 많이 올 때는 어쩌나 하며 걱정을 하던 때가 있었다. 그 후에 안 사실이지만 그런 것은 나의 기우였다. 까치들도 집을 이중으로 짓기 때문이다. 바깥의 큰 나뭇가지 안쪽으로 부드러운 초목으로 바람과 비가 들어가지 않게 견고한 이중 둥지를 만드는 것이다. 정말로 까치가 영리한 동물이구나! 새삼 깨닫게 되는 사실이다. 동물들은 아무 도구 없이 집을 짓는다. 그런데도 어떻게 개미나 새가 자연 최고의 건축가가 되었을까? 누가 그들이 지은 집을 감히 인간보다 못하다고 할 수 있을까? 그것은 인간의 오만이요 방자함이다. 지구라는 행성에서 살기 위해 모든 생명체는 자신만의 방식으로 생존을 이어가고 그것을 후세에 전한다. 집이란 공간은 모든 생명체에게 그들의 본성을 지킬 수 있는 유일한 생존 방식이었을 것이다. 집에서 생명은 시작되고 집에서 생명은 끝이 난다.

03
무량수정 배흘림기둥에 잠든
영혼을 깨우다

우리 선조들은 위대하다. 대한민국 5천만 인구는 1,000ha의 땅에 인구밀도는 높아 북적거리며 부끄러운 오늘을 살아간다. 태초 이 나라의 시조인 단군왕검 이래 오천 년의 역사에서 우리 선조들은 참 많은 것을 이루어 놓았다. 세계 어디를 찾아봐도 단일 민족에 단일 언어를 사용하는 나라는 대한민국이 유일할 것이다. 그 이유 때문인지는 모르지만 우리 민족은 역사 속에서 숱하게 주변 나라들에 침략당하고 핍박받으며 살아왔다. 우리 민족의 역사는 전쟁의 역사요, 투쟁의 역사요, 항전의 역사라 해도 과언이 아니다. 그만큼 한민족은 수천 년 동안 두들겨 맞고 견디며 살아온 끈기 있는 민족이다. 그래서 그런지 몰라도 어느 민족보다도 창의적인 민족이요, 변화의 민족이 아닐까라는 생각이 든다. 우수한 건축양식과 고려 상감청자와 금속활자, 누구보다 뛰어난 우리만의 글자 한글이 그 위대함을 증명할 만하지 않은가! 그밖에 수많은 문화적 가치를 들어도 모두 셀 수 없을 정도다. 굳이 해외의 다른 유럽 국가나 중국의 문화를 비교하지 않더라도 우리만의 문화적 가치는 세계에 내놓아도 손색이 없다.

　나는 건축기술을 배우는 공학자의 길을 걸었다. 누구나 나름대로의 전문분야에서 자신들만의 가치를 찾을 수 있겠지만, 나는 우리 선조의 건축적 아름다움과 자연을 담는 공간적 의미를 우리 옛 건축에서 찾아보고 싶다. 지금까지 존재하는 건축이라면 궁궐이나 사찰, 서원, 향교, 민간한옥 등 다양하지만 그래도 하나를 꼽으라면 이곳을 말해주고 싶다. 소백산의 정기가 흐르며 태백산에서 동해 기운을 북쪽으로 거슬러 올라 백두대간의 줄기에서 만나는 봉황산의 중턱에 자리 잡고 있는 영주에 있는 부석사다. 건축을 전공하거나 우리 전통미술과 불교역사를 접해 본 사람이라면 한번은 꼭 답사했을 곳이다. 아니 대한민국 국민 절반은 다녀갔을 것이다. 나는 이곳을 3번 다녀왔다. 매번 다른 기억에서 매번 다른 영감과 감동을 받는다. 아마도 자주 가보고 싶은 그리움이 가득한 특별한 곳이 아닐까 싶다. 어쩌면 사랑에 빠진 연인들 마냥 그냥 또 가보고 싶은 사찰이다. 계절마다 이곳이 가진 매력은 환상적이다. 초입에 들어서면 은행나무 길을 접하면서 첫 만남은 시작된다. 일주문을 향한 마음은 경건함에서 시작하여 천왕문의 사천왕들의 오싹한 인상에서는 속세의 죄는 이제 씻어내고 해탈의 마음을 얻기 위한 몸부림이 시작된다. 108개의 돌계단을 오르면서 펼쳐지는 또 한 번의 광경은 눈을 뗄 수 없다. 이렇게 계단식 건물이 어우러져 이곳을 오르는 사람들에게 궁금증과 기대감을 일으키는 절은 아마 없으리라. 보일 듯 말 듯 한 시야는 부끄러운 새색시 마냥 수줍은 광경이다. 안양루를 지나려 시선을 쳐들면 단아한 석등 사이로 부석사 소조여래좌상을 모신 무량수전이 눈 속으로 흘러 들어온다.

이곳은 신라 문무왕(676년) 화엄종의 대가 의상대사가 왕명을 받아 창건한 절이다. 그 후 고려 우왕(1376년) 때 중창한 것으로 기록되어 있으나 부석사의 원융국사비문에 의하면 고려 정종(1043년)에 중건된 것으로 판단된다고 한다. 우리나라 봉정사 극락전(국보 제15호)과 함께 현존하는 최고의 목조건물이다. 무량수전은 국보 제18호로 지정되어 있다. 정면이 5칸에 측면이 3칸 그리고 팔작지붕에 주심포계 건물이다. 특히 무량수전만의 빼어난 특징이 있는데 그것은 배흘림 기법을 사용한 기둥과 지붕의 수평면상의 처마 쪽에 안허리곡이라는 곡선을 배치한 것이다. 배흘림기둥이 주는 의미에는 2가지 이유가 있다.

한 가지는 평평한 기둥을 사용하면 가운데가 오목하게 들어가 보이는 착시 현상을 일으킨다는 것이다. 그래서 가운데 부분을 볼록하게 하여 그 착시 현상을 없애는 시선 효과를 주기 위함이요, 또 다른 하나는 묵직한 지붕의 하중을 가운데를 두껍게 하여 구조적으로 그 힘을 분산시키는 효과를 내기 위함이다. 이 얼마나 위대하고 과학적인 기술인가? 도대체 천

〈부석사 무량수전〉

년 전 우리 조상들은 이런 원리를 어떻게 알고 적용하였을까? 단순히 무량수전은 이런 기술적 기교만이 아니라 전통건축이 가지고 있는 수많은 아름다움을 간직하고 있는 건물이다.

혜곡 최순우 선생의 걸작「무량수전 배흘림기둥에 기대서서」를 떠올리며 선생께서 그토록 한국 전통 예술을 사랑하셨던 혼을 느끼게 된다. 선생은 1916년 개성에서 태어나셨고 1943년 개성 부립 박물관을 시작으로 1984년 자택에서 숨을 거두실 때까지 10년간은 국립중앙박물관장을 역임하였다. 선생은 한국 미술사학과 미술평론의 토대를 다진 우리 문화사의 거목이셨다. 건축가 김수근이 부여 박물관 설계 후 일본을 닮은 건축이라고 비난받고 힘들어할 때 찾아가는 예술계에서 최고의 영혼을 가지셨던 분으로 스승으로 모셨던 분이었다.

선생은 부석사의 무량수전에서 얻은 영감을 이렇게 표현하셨다. "그리움에 지친 듯 해쓱한 얼굴로 나를 반기고, 호젓하고도 스산스러운 희한한 아름다움은 말로 표현하기 어렵다." 그 감동을 정말 예리하고도 아름다운 언어로 표현하셨다. 실제로 배흘림기둥에 기대어 보지만 이만한 감흥을 얻기란 쉬운 일이 아니다. 일반 사람들은 느낄 수 없을 것 같다. 아니 느낄 수 있을 지라도 이런 언어로 무량수전을 표현하기란 불가능하다. 이 시대 최고의 예술혼이 깃든 사람도 웬만한 내공으로는 도저히 범접할 수 없는 기운이리라.

그래도 나는 건축이라는 공학도의 길을 걷는 사람이다. 30여 년 전 대학교 다닐 때 같은 건축과 선후배로 이루어진 동아리에서 간 적이 있다. 부석사 아래 어느 초원에서 야영한 추억이 있다. 그때도 나는 이런 감흥을 느낀 적이 없었던 것 같다. 그 뒤로 두 번이나 더 갔었지만 최순우 선생이 느낀 이런 영혼의 소리를 들어 본 적이 없다. 아직도 멀었구나! 그래, 아직도 멀었어! 스스로 자문하고 위로한다. 보이는 대로 볼 수밖에 없는 나의 미시적인 안목에 채찍을 가한다. '생각하고 보지 않으면, 보이는 대로 생각한다.' 라는 진리를 새삼 깨닫게 되는 곳이다. 그래도 무량수전 배흘림기둥에 기대본다. 安養樓(안양루) 사이로 저 멀리 떠다니는 구름이 소백산의 봉들 사이로 날아든다. 마음은 평온하고 깨끗해진다. 아마 도시에서는 맛보지 못한 맑은 공기와 넓게 내다보이는 전망이 머리를 맑게 하였으리라. 자연과 함께 있으면 우리 모두는 자연의 일부가 된다. 그리고 한적해진 오후의 산사 기둥에 기대어 잠시 눈을 감아 본다. 어쩌면 배흘림기둥에 흐르는 조상의 손길과 같은 아늑한 영혼을 만날 수 있으리라는 기대감으로 말이다.

1,200백 년 전 의상 대사(624~702)는 원효 대사와 함께 불교의 교리를 배우러 가던 중 원효는 우리가 잘 알고 있는 무덤에서의 해골 사건으로 다시 우리나라로 돌아오지만 의상은 중국으로 화엄경을 배우러 간다. 그곳에서 선묘라는 여인을 만났고, 서로 좋은 마음을 가지게 된다. 그런데 의상이 귀국 길에 오르게 되자 선묘는 그를 보지 못한다는 슬픔에 바다에 뛰어들었다. 용이 된 선묘는 의상이 가는 길을 신라까지 무사히 갈 수 있도록 뱃길을 호위하였다고 한다. 그 후 의상이 왕명을 받아 화엄종의 절을 지으려고 이곳에 이르렀는데 이곳 다른 종파의 반대에 부딪혔다. 의상이 고심하고 있던 중 선묘가 바위가 되어 하늘에 띄우니 그 영험함을 보고 그들이 물러났다고 한다. 그래서 이곳이 그때부터 뜬 돌(浮石)이라 해서 부석사라 이름 지어졌다. 무량수전을 바라보며 왼쪽 옆에는 부석이라고 쓰인 커다란 바위가 바로 그 선묘가 하늘에 띄운 바위이다. 아직도 바위 밑에 실을 지나가게 하면 통과된다는 설이 있다. 선묘는 그 후 무량수전

과 그 앞마당에 용이 되어 들어가 부석사의 수호신이 되었다는 아름다운 설화가 전해진다. 무량수전 해체 당시 앞마당을 파보았는데 커다란 바위가 무량수전 쪽으로 뻗어 있었다는 사실이 증명되기도 했었다.

건축사학자이자 건축가인 이화여대 건축학과 임석재 교수는 「우리 건축 서양 건축 함께 읽기」에서 "한국 전통 건축의 멋은 지붕과 처마에 있다."라는 말을 했다. 나는 전적으로 공감하고 찬성한다. 우리 전통건축에서의 지붕은 모두 기와를 사용한다고 해도 틀린 말이 아니다. 지붕의 형태는 팔작지붕, 맞배지붕, 우진각지붕, 사각지붕 등 여러 가지가 있지만 우리 조상들은 한 가지 지붕만을 고수하지 않고 다른 건물과 조화를 이루어 배치하였다. 용마루에서 이어지는 둥근 선과 처마로 갈라지는 솟은 선의 아름다움은 어디에서도 찾아볼 수 없는 우리나라 특유의 선이라 할 수 있다. 중국의 지붕 선은 너무 뻗어 하늘을 찌를 것 같은 위태로움이 있으며, 일본의 지붕 선은 평평하면서도 간결함이 있으나 너무 단조로운 지루함이 있다.

우리나라 지붕은 다른 건물과의 높낮이를 다투지 않는다. 서로 이 건물에 맞는 조화로움을 택할 뿐이다. 지붕과 지붕 사이로 욕심을 부리지 않고 서로의 공간을 내어준다. 중국의 자금성에 가보면 빽빽하고 꽉 들어찬 건물의 위용에 입을 다물 수 없지만, 주변의 건물과 여유로운 공간은 찾아볼 수 없는 냉정함이 있다. 하지만 우리 전통 건축에는 그런 경쟁이 없어 보인다. 그곳을 찾는 사람들에게 공간을 내어주고 자기가 필요한 공간만을 차지한다. 어쩌면 이런 것이 우리 민족에 깃든 여운의 미학이 아닐까? 그것은 많은 예술품을 보아도 공통적으로 나타나는 우리 민족의 혼이다. 회화의 넓은 여백에는 여유로움이 있고, 무색한 조선의 백자에는 순박함이 있다. 처마에서는 지붕과 달리 느껴지는 또 다른 매력이 있다. 정면에서 바라보는 지붕의 용마루선과 처마의 선은 서로 조화를 이루는 팽팽함이 있다. 양 끝에 놓인 처마의 귀솟음에서 하늘을 염원하고 동경하는 민초들의 소망이 보인다. 어찌 보면 어린 처자의 저고리처럼 살짝 올라간 수줍음이 애써 웃는 얼굴에서의 미소인 듯하다. 지붕과 처마에서 우리는 선조들의 영혼을 만난다. 배흘림기둥에 기대어 보라.

"가장 한국적인 것이 가장 세계적인 것이다."라는 말에 전적으로 공감한다. 최근에 우리나라의 K-Pop 열풍에서 보듯이 한국적인 것이 세계적인 것이 되어가고 있는 듯하다. 하지만 그 열기가 잠깐의 유행에서 그칠지도 모른다. 왜냐하면 세계인들이 그동안 접해 보지 못했던 한국 문화의 독특한 멋에 잠깐 취한 것일 수도 있기 때문이다. 세계화의 지속성을 유지하기 위해서는 우리 문화 전반에 있어 전통건축이든, 음악이든, 문학이든, 미술이든, 음식이든 우리 모두가 먼저 잘 알고 지키며, 배워서 우리 선조들이 한 것처럼 새로운 독창성으로 창조되어야 세계 속에서 지속 가능성을 유지하지 않을까 생각된다. 세상에는 영원한 것은 없기 때문이다.

〈부석사에서 바로본 전경사진〉

그렇게 되기 위해서 우리 후손들은 우리 선조들이 그렇게 했듯, 무량수전 배흘림기둥에 잠든 영혼을 깨워서 세계를 뒤흔들 울림을 만들어야 하지 않을까?

04
꿈꾸지 않아도 희망은 있다

나는 강원도 영월에 있는 조그만 농촌 마을에서 농부의 아들로 태어났다. 60년대 말 당시 6.25 전쟁이 끝나고 20년도 지나지 않았던 때라 산 첩첩 두메산골에서의 삶은 정말 가난했다. 4형제 중에 둘째인 나는 여느 형제들처럼 먹을 경쟁과 입을 경쟁을 겪으며 생존의 투쟁을 어려서부터 경험했다. 현대화의 물결에서 한참 떨어져 있었던 농촌이니 말해서 무엇하겠는가. 요즘은 금수저, 아니 흙수저라고 해도 먹을 걱정, 입을 걱정은 없는 행복한 세대 아닌가? 그때는 새마을운동이 한창이고 잘살아보겠다는 국가 정책과 함께 전쟁의 상처가 채 가시기도 전이라 가난한 국민들이 대부분이었다. 내가 살던 곳은 주변이 산으로 둘러싸인 강촌이었는데, 우리 집 앞산에는 석회석 광산이 있었다. 석회석은 시멘트의 원료가 되는 광물이다. 아버지는 그 광산의 노동자였다. 영월, 제천, 단양 일대는 우리나라 최고의 석회석 광산이 널리 분포되어 있다. 아직도 주변에는 시멘트를 생산하는 공장이 많이 있다. 그런 이유로 그 일대는 석회석 동굴이 많아 지금은 유명한 관광지로 개발되어 많은 사람들이 오고 간다. 내가 초등학교 3, 4학년 때 즈음 그 석회석 광산은 폐광을 맞았다. 그래서 아버지는 일자리를 잃고 농사짓는 일을 하려고 하셨다. 아버지는 유복자로 태어나셔서 할머니 손에 자라셨다. 물려받은 땅이나 유산 하나 없이 정말 그 당시 어른들 말로 가진 거라고는 몸뚱이뿐이었다. 그러니 농사지을 땅도 없었고 자식들 먹여 살릴 방도가 딱히 없다 보니 아버지는 중동 건설노동자로 머나먼 타국으로 나가셨다. 그곳은 석유가 많은 나라로 우리나라보다 몇 배 잘사는 사우디아라비아였다. 그곳의 도로, 송유 공사 등의 인프라 건설현장이었다. 내가 초등학교 6학년 끝나갈 무렵 아버지는 2년간의 해외 노동을 마치고 귀국하셨다.

내가 지금 현장에서 동남아 건설 노동자를 보면 그때의 아버지 생각이 스치곤 한다. 머나먼 타국에서 저 사람들도 한 아버지로, 아들로, 그들의 가족을 부양하기 위해 다른 나라로 일하러 왔다고 생각하면 왠지 마음이 측은하다. 그래서 항상 현장에서 그들을 보면 밝게 웃어준다. 이 사람은 지금 얼마나 가족들이 보고 싶을까? 세계의 어느 아버지가 이런 심정이 아니겠는가? 그래서 이곳 아버지들은 존경받을 자격이 있다. 나의 몸은 돌보지 않고 오직 가족만을 위한 희생 아닌가? 더욱더 서글픈 일은 그렇게 건설 노동자로 일하면서 안전사고를 당해서 몸을 다치거나 생명을 잃었을 때의 그 처절함은 어디서 보상받을 수 있단 말인가. 그런 일을 볼 때마다 머나먼 타국으로 건너가셨던 아버지를 생각하며, 그리움에 가슴 졸이던 어린 시절이 떠오르곤 한다.

그 후 아버지는 2년간 모은 자금으로 땅을 사서 농사를 짓기 시작하셨다. 그 당시에 벌어온 돈은 우리나라에서 버는 돈의 최소 2.5배 정도 된 것으로 기억한다. 그러니 아버지는 우리나라에서 5년간의 돈을 버신 것이다. 농사일은 정말 힘들다. 왜냐하면 새벽부터 하루 종일 같은 일을 반복하는 것이다. 보통의 인내와 끈기로는 농사짓기 힘들다. 최근에는 귀농이다 귀촌이다 해서 퇴직 후 농촌으로 터전을 바꾸는 사람들이 늘어나고 있다. 그런 사람을 보면 나는 꼭 조언을 한다. 그냥 심심거리로 농작물 길러서 친환경으로 드시는 것은 괜찮지만 농사지으려고 내려가시는 것은 정말 신중히 생각하셔야 한다고 말이다.

농사가 얼마나 고된 노동이라는 걸 나는 어려서부터 체험하며 자라 와서 너무나도 잘 안다. 아니 온몸의 세포 하나하나에 각인되어 있을 것이다. 그래도 이제는 농촌이 기계화되어 노동이 쉬워졌고 비닐하우스 등으로 특산작물을 재배하여 도시에 보급하면서 경제 사정도 좋아졌다. 물론 우리나라 자체가 국민소득이 성장하여 농촌도 이제 살만하다. 그래도 농사로 인한 노동은 어려운 일이다. 나는 일을 시키면 공부한다는 핑계로 농사일을 되도록 빠지려고 안간힘을 쓰곤 했다. 농사일이 정말 싫었다.

그런 이유로 이왕이면 공부를 잘한다는 소리를 듣고 싶어 열심히 공부하며 중학교를 다녔다.

　그래서인지 나는 인근 도시인 제천에서 나름 명문이라는 인문 고등학교를 자취를 하며 다녔다. 3학년이 되었을 때 이제 대학교를 선택해야 했다. 마음은 서울로 가서 대학을 다니고 싶었지만 그땐 서울대학교 말고는 다 사립 대학교라서 학비가 농부의 빠듯한 경제적 사정으로는 어림도 없었다. 그래서 지방 국립대를 선택했지만 또 다른 문제는 학과를 선택하는 일이었다. 그 당시 학력고사는 대학교와 학과를 선택하여 시험을 보고 경쟁에서 떨어지면 정말 그것으로 끝이었다. 다시 기회를 얻으려면 재수를 하는 길 밖에 없었다. 재수는 더구나 우리 형편에 말도 안 되는 일이었다. 그 당시 도시의 좀 사는 학교 동기들은 원하는 대학에 떨어져 몇몇은 재수를 하기 위해 서울로 올라갔었던 것을 기억한다. 담임 선생님은 상담을 몇 번 한 후 건축공학과를 추천해 주셨다. 나는 새삼 기계공학과 전자공학과를 지원하고 싶었지만 담임은 최고로 안전한 곳에 지원하라고 하셨다. 나의 생각도 재수를 생각할 수 없는 사정이라 그분의 의견을 따라 건축공학과를 지원하게 되었다.

　지금은 학생부 종합전형이라 해서 수시, 정시로 해서 대학교 지원 기회가 많아진 것에 대하여는 전적으로 환영한다. 그렇더라도 지금의 학생도 자신이 어떤 것에 적성이 맞고 무슨 일을 하고 싶은지는 알지 못하고 지원하는 것은 거의 비슷한 것 같다. 우리나라 학생들이 학교 다니면서 자신의 꿈이 무엇인지 찾았으면 좋겠다. 무엇을 잘하면 행복한지는 방향을 잡아 줄 필요는 있는 것 같다. 꿈꾸는 곳에서 우리 학생들은 배우기를 바란다.

그때 당시의 대부분의 학생들이 나와 다르지 않았을 것이다. 우리는 대부분 그렇게 어쩌면 하늘에서 뚝 떨어진 자신의 담당 학과에 어리둥절하게 학교생활을 시작했다. 자신의 학과에 도저히 따라갈 수 없었던 학생들은 간혹 자퇴를 하는 것을 보아 왔다. 그래도 대다수 아이들은 자신의 학과에 적응해 나가는 듯이 보였다. 그러나 나는 적응을 잘하지 못한 경우였다. 그렇다고 갑자기 학교를 그만둘 수는 없는 노릇이었다. 농사일에 고생하시는 부모님을 볼 면목이 없었기 때문이었다. 그래서 1학년이 끝나자마자 군대를 지원해서 입대했다. 그 당시 2학년 정도에 군대를 가는 경우가 보통이었다. 난 생각할 시간이 필요했는지도 모른다. 국방부 시계는 거꾸로 매달아도 시간은 간다라는 말처럼 나는 30개월의 군 생활을 마치고 1992년 9월 예비역 병장으로 전역을 했다. 요즘은 군대가 18개월로 줄었지만 그 당시만 해도 30개월의 군 생활은 정말 기나긴 세월이었다. 그러고 나는 2학년으로 학교에 다시 복학을 하게 되었다. 군대 생활에서 느낀 것이 있다면 그래도 견디어 내면 할 수 있다는 자신감이었다. 영국의 시인이자 극작가인 로버트 브라우닝(Robert Browning)은 "위대한 사람들은 단번에 높은 곳으로 뛰어오른 것이 아니라, 밤에 홀로 일어나 괴로움을 이겨내며 자신의 일에 몰두했던 결과다."라고 했다. 이 말처럼 힘들면 잠시 멈추고 용기를 내어 다시 한 걸음 한 걸음씩 걸어가 보자. 언젠가 그것이 당신 인생에서 성장의 시간이었다는 것을 깨닫게 될 것이다.

복학한 2학년부터는 건축에 마음이 가게 되고 이것이 정말 매력적인 분야라는 것을 알게 되었다. 그래서 설계에 더욱 관심을 갖게 되고 건축이라는 학문에 정열을 기울이게 되었다. 대부분의 건축학도들이 그렇듯, 밤을 새워가며 설계를 해 보고, 모형을 만들고, 직접 아이디어를 짜내어 누군가의 삶의 공간을 만들어 준다는 것에 환상을 가졌다. 4학년까지 공부도 열심히 하여 상위 그룹까지 학점도 올려놓고 취업을 준비하게 되었다. 1996년 당시 우리나라 주택 보급률은 92%로 턱없이 부족했다. 2019년 국토교통부 발표에 따르면 전국 주택 보급률은 102%를 달성했다. 부족한 주택을 늘리기 위해 200만 호 건설이라는 붐이 일 때였다. 너도나도 건설업체에서는 서로 우수한 인재를 모셔가는 분위기였다. 요즘 젊은 청년들을 보면 괜히 미안한 마음이 든다. 모든지 시대를 잘 타고나야 하는가 보다. 3포 시대란 말이 그때는 없었다. 4학년 졸업 무렵 나는 우리나라 4대 건설회사 중의 한 기업에 인턴 수습까지 마치고 근무명령만 기다리는 중이었다. 그런데 덜컥 그 당시 대한주택공사라는 공기업에서 합격했다는 통보가 왔다. 나는 고민을 많이 했지만 주택공사로 입사를 결정하게 되었다. 그 당시 공기업은 일반 건설회사보다 연봉도 많이 모자라고 워낙 건설이 붐이었던 시절이라 별로 선호하지 않았었다. 그런데도 나는 공기업이니만큼 건설에는 체계적 시스템과 여러 가지 건설 쪽의 일들을 배울 수 있을 것이라고 판단했다. 요즘은 건축학과가 4년제, 5년제로 운영되고 있으나 그 당시에는 4학년 마치면 모두 선택의 기로에 서야 했다. 설계 파트로 갈 것인지, 시공 파트로 갈 것인지 말이다. 그러나 누구든 현실에 부딪히고 어쩔 수 없는 선택을 해야만 했다. 왜냐하면 설계 파트는 처음 입사해서 설계사무소의 열악한 환경에서 일해야 했고, 힘든 박봉에 시달려야 한다는 것은 누구나 아는 사실이었다. 적어도 10년 이상 고생 끝에 건축사라도 되면 좀 형편이 나아질 수 있다는 조그마한 희망은 있었다. 그것은 지금도 마찬가지인 것 같다. 나는 마음속으로는 설계였지만 현실에 부딪히는 것은 피해 갈 수 없었다.

　　나의 첫 번째 근무지는 수원에 있는 경기지역본부 공사부였다. 그곳에서 1년 동안 공사 전체적인 시스템이 어떻게 돌아가는지 파악되고 나서 현장으로 배치되었다. 그곳은 경기도 오산시 택지개발지구였다. 40만 평정도 되는 곳이었는데 아파트 공구는 14개 공구가 있었다. 그중 나는 옆공구 선임과 같이 2개 공구를 담당하게 되었다. 그때가 나의 건설현장 첫 번째 경험이었다. 그 후 IMF라는 혹독한 건설시장의 위기를 겪으면서 수많은 건설회사들이 줄줄이 부도가 나는 것을 지켜보았다. 그에 따른 자재업체나 하도급 업체도 연쇄 부도를 맞았다. 아무 죄 없는 기능공까지도 일한 대금을 못 받아 연실 노임 소요사태가 일어났다. 거의 매일 임금을 지급받지 못한 근로자들은 사업단 사무실에 쳐들어 왔고, 당황한 직원들은 분노하고, 격분한 그들을 살살 달래며 설득하려고 진땀을 뺐었다. 어찌 보면 그때가 건설시장의 최대 변혁기였고 위기의 시대였다. 그때를 경험으로 건설업체는 재무구조가 조금은 단단해져서 오늘에 이르렀다.

혹시 당신이 처음부터 원하지 않던 길로 걷고 있다는 것을 깨달았다면, 지금이라도 당장 그만둬라! 하지만, 어차피 건축이라는 매력적인 일에 당신이 한발이라도 내디뎠다면, 이 길에서 최고의 전문가가 되어 보자! 나는 시골 농부의 아들로 아무 꿈 없이 어린 시절을 보냈다. 갑자기 뛰어든 건축의 길은 꿈이 아니었다. 하지만, 기다릴 줄 알았기에 지금의 건설현장에서 소장을 하고 있다. 대부분의 건설 기술자들이 이 분야에서 현장소장이 최고의 목표 아닌가? 꿈꾸지 않아도 희망을 가지고 기다리자. 시간은 당신의 편이다. 그리고 판도라 상자는 당신 안에 있다. 꿈꾸지 않아도 희망은 있는 법이니까.

05
행복의 다리가 없으면
만들어서라도 간다

건설현장이라는 곳은 無에서 有를 창조하는 곳이다. 왜냐하면 그곳이 건축물이든 플랜트 시설이든 교량시설이든 아무것도 없는 허허벌판의 자리에 무언가 유의 창조물을 만드는 곳이기 때문이다. 최초에 있던 건물을 해체하고 재건축하거나, 기존 건물에 추가 건물을 올려서 증축을 하거나, 다른 건물을 이어서 연장하든, 무엇이든 없던 것이 새롭게 창조되는 일이다.

아무것도 없던 상태에서 설계라는 계획을 세우고, 실현시키기 위해 현장에서 온갖 자재와 인력과 장비와 기술을 동원해 목적물을 완성시킨다. 이것이 얼마나 위대한 일인가? 태초에 우리 인류가 도구를 만들어 사용하게 된 이후 이렇게 아름다운 창조물들을 만들게 된 것은 현장 기술자 덕분이다. 그들은 어쩌면 신이요, 종교요, 창조주다. 이렇게 말하면 정신 나간 사람 취급할지도 모르겠다. 하지만 현장 기술자만큼은 그런 말이 거짓 말이 아닌 것을 안다. 지금까지 많은 아파트, 학교, 박물관, 도서관 등 현장에서 기술자들은 창조주 같은 존재였다. 이것이 어찌 간단한 일인가 말이다. 겪어 보지 못한 사람들이 반박할 수 있겠다고 하면 난 그 사람에 이렇게 말하고 싶다. "기술자의 기나긴 고뇌와 고통에서 창조된 아름다운 완결을 어찌 겪어 보지 못한 당신이 이해할 수 있겠는가?"라고 반문을 할 것이다.

창조 작업은 개인 혼자서는 할 수 없다. 그래서 여러 사람들과 여러 기술들이 모인 전문적인 집합체인 종합건설업체가 대부분 맡아서 수행하게 된다. 그것 때문에 우리는 건축물을 계획하고 실행하기 위해 발주자나 시행자라는 그룹을 만든다. 그리고 그것을 시공하고 완성시키기 위해 건설업체를 만들게 된다. 입찰이라는 선정제도를 통해 가장 적당한 기업과 계약이라는 절차를 거친다. 계약한 건설업체는 전체 공사를 직접 할 수 없기 때문에 전문 건설업체라는 공종별 시공업체에 맡기게 된다. 철근콘크리트 공사, 토목공사, 설비공사, 내장공사, 창호공사, 가구공사, 도배, 도장 공사 등으로 나누어 일감을 주게 된다. 전기공사, 통신공사 같은 업종은 전기, 통신 공사법에 의한 분리 발주 공사로 관련 업체와 계약을 하게 된다. 그러면 전문 건설업체 소속의 기능공을 투입하여 자기 업체에 맞는 범위의 공사를 수행하게 된다. 가령, 철근 콘크리트 전문 건설업종은 형틀 목수나 철근공을 투입시켜 각각의 건물에 철근 배근과 형틀 공사를 한다. 그 후 콘크리트를 부어 넣으면 일종의 뼈대인 골조가 완성되는 것이다. 모든 일이 그렇듯 단순한 것은 없다.

국토교통부 통계에 따르면 우리나라 일반 건설업체로 등록된 업체 수는 약 12,000개 정도 된다. 전문 건설업체의 등록 수는 약 51,000여 개 정도 된다. 일반 건설업은 2010년 이후 약간 증가하였지만 전문 건설업체는 12.5% 정도 증가되어 경쟁이 아주 치열해졌다.

구분	계	일반 건설업	전문 건설업
2010	57,492.	12,002.	45,490.
2011	57,058.	11,599.	45,459.
2012	56,613.	11,303.	45,310.
2013	55,809.	10,917.	44,892.
2014	56,132.	10,949.	45,183.
2015	57,520.	11,216.	46,304.
2016	58,955.	11,552.	47,403.
2017	61,128.	12,019.	49,109.
2018	63,837.	12,638.	51,199.

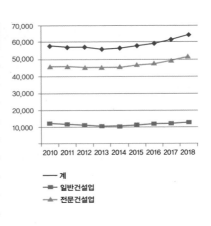

골조가 완성되기 시작하면 보통 아파트 25층인 경우 10층 정도에 내부 창호 공사나 내장 공사가 시작되어야 한다. 그래서 일정에 차질이 발생하지 않게 하기 위하여 호이스트라는 운반용 가설 기계를 골조 외부에 설치를 해야 한다. 일종의 승강기 역할을 하는 것이다. 외부에 무거운 자재

운반이나 골조 외부에 갱폼이라는 거푸집을 다음 층으로 끌어올리기 위해 타워크레인이라는 커다란 고정식 장비를 설치해야 한다. 일종의 운반용 대형 크레인인 것이다. 보통 한 현장에 4~5대 정도의 크레인을 설치한다. 그리고 그 기계는 조종사가 따로 있어 자재 운반할 때 서로 사인을 통하여 양쪽의 두 사람과 소통을 통해 작업이 이루어져야 한다. 안 그러면 대형 사고를 일으킬 수 있어 상당히 조심해야 하는 기계다. 한 프로젝트에 참여하는 모든 업체와 장비와 인력이 건물을 준공하는 데 필요한 요소들이다. 이중에 하나라도 없다면 완성품을 만들어 낼 수 없다.

본격적으로 건설현장의 특징을 알아보자.

첫째, 세상의 어떤 건축물도 동일한 현장은 없다. 건설현장과 다른 산업은 같은 일이나 제품을 반복 생산하는 곳이다. 자동차를 생산한다고 해보자. 가령, 같은 차종의 자동차 생산이라고 본다면 수많은 부품들은 부품공장에서 일정하게 같은 규격의 제품을 가지고 온다. 최종적으로 완성차 공장인 조립라인에서 노동자나 로봇이 부품을 조립하여 자동차라는 완성품을 만들어 내는 것이다. 그래서 일정한 라인이 지나면 자동차가 완성되어 나온다. 10분에 자동차 한 대가 생산된다고 가정하면, 1시간에 6대의 자동차가 생산된다. 그리고 그라인을 10개를 운영한다고 하면, 1시간에 60대의 자동차가 생산될 것이다. 하루로 계산해 보면 하루 8시간의 생산라인 작업을 하면 하루 480대의 자동차가 뚝딱 나타나게 된다. 정말 신기한 일이 아닐 수 없다. 그렇기 때문에 반복적인 생산품은 공장의 생산라인을 늘리거나 생산 시간을 늘리면 생산력은 커질 수밖에 없다. 그리고 일정하게 제품의 품질이 거의 동일한 수준이 될 수 있다. 생산 시스템 또한 멈추지 않는 한 사고나 변수가 적어진다. 최종 고객에게 전달되었을 때 품질은 우수하고 깔끔하다. 그러나 건설현장은 그렇지 않다. 생산라인처럼 똑같은 제품을 생산할 수 없으며 똑같은 품질을 유지할 수도 없다. 그리고 같은 목적물이라도 동일한 현장이 될 수 없다. 그래서 어려운 곳이 건설현장이다.

둘째, 이 모든 일은 사람이 직접 해야 한다는 것이다.

작업하는 기능공이 다르고 많은 사람들의 손을 거치게 되면 천차만별의 품질이 나올 수밖에 없다. 그런데도 현장 기술자는 공장라인에서 생산되는 것처럼 정말 똑같은 품질의 제품을 만들어 내야 한다. 이 얼마나 어려운 일인가? 왜냐하면 같은 평형의 주택을 분양받은 입주자는 자기 집과 다른 세대의 집이 상이한 것을 용납하지 않기 때문이다. 기술자들은 현장에서 동일한 집을 만들려고 노력한다. 사람의 인내와 노력과 피와 땀이 묻어 있는 과정을 과연 입주자는 이해할 수 있을까? 입주자는 모른다. 아니 알고 싶지 않을 것이다. 다만 내가 분양받은 주택이 하자 없고 마감 품질 깔끔하고, 문제가 없어야 아무 말 없이 입주를 하기 때문이다. 기술자가 볼 때는 정말 괜찮은 품질인데도 까다로운 입주자는 품질이 안 좋다며 재시공하여 줄 것을 요구하는 경우는 허다하다. 그래서 어려운 곳이 건설 현장이다.

셋째, 한 현장이 끝날 때까지 오랜 기간이 소요된다.

보통 아파트인 경우 2년에서 3년 정도의 기간이 걸린다. 물론 건축물에 따라 다양하게 공사기간이 다르다. 스페인 건축가 가우디가 설계한 파밀리에 성당은 1882년에 시작했지만 137년째 건설 중이다. 아직도 100년은 더 건축해야 한다고 하니 정말 오래 걸리는 건축물이다. 반면에 아파트라고 하는 대부분의 건축물은 최대 3년 이내 완성된다고 보면 될 것이다. 시간이 오래 걸리는 최고의 생산품이 아닐 수 없다. 많은 기계와 장비들, 건축자재들, 10만에서 15만 명 정도 되는 건설에 참여한 사람들이 있다. 게다가 경제적 자금이 얼마나 많이 투여되겠는가? 보통 아파트 500세대 정도에 토지비용을 제외하고 600억에서 700억 정도의 건설자금이 투입된다고 보면 정말 어마어마한 제품 생산이 아닐 수 없다. 그렇지 않은가? 어디에 또 이런 생산품이 있겠는가? 경제 침체 시에 큰 경제 부흥 효과를 나타낼 수 있는 게 건설이다 보니 정부에서는 간혹 경기 부양책으로 주택건설, SOC(사회간접자본) 등 건설을 활성화시킨다. 이런 것들이 완공되기까지 긴 시간이 필요하다. 그래서 어려운 곳이 건설현장이다.

넷째, 어떤 현장이든 기술자가 있어야 한다는 것이다.

말하자면 이 현장에서 공종별 최고 기술자들이 프로젝트의 핵심 인물들이다. 이런 사람들이 없으면 절대 현장에서 목적물을 완성하기 위한 진행은 어렵다. 왜냐하면 앞에서 말한 모든 일이 사람의 명령으로 움직이기 때문이다. PC로 치면 0과 1로 이루어진 기계 명령어인 셈이다. 현장의 최고 명령자는 총괄자인 현장 소장이다. 그 밑에는 보통 건축, 기계, 토목, 조경담당 기술자가 있다. 앞에서 말했지만 전기, 통신 기술자는 분리되어 별개의 조직으로 자기 분야만 통제하는 각각의 현장 소장이 존재한다. 전기, 통신 소장도 일단은 최고 총괄 소장의 협조 요청을 무시할 수 없는 위치가 된다. 왜냐하면 소수 분야는 전체 공사에서 차지하는 파트가 작고, 주공정의 협조를 받아야 하기 때문이다. 건축인 경우는 보통 공사 부장, 공무 차장, 관리 차장, 품질 차장, 안전 차장 등으로 구성되어 공사 규모에 따라 차장 아래 대리, 기사를 몇 명씩 두고 담당공종을 책임지는 구조가 된다. 그러면 보통 아파트 한 현장의 프로젝트 기술자는 전기, 통신을 제외하고 15명~20명 정도 상주하며 기술자의 역할을 하게 된다. 당신이 만약 건축공학을 전공하고 신입으로 현장에 배치된다면, 건축파트 공사 부장 아래 공사 과장 아래 공사 대리 누구의 부사수로 배치될 것이다. 아니면 공무 차장 아래 공무 담당 직원이든 안전 차장 아래 안전 담당 기사로 배치될 가능성도 있다. 그래서 어려운 곳이 건설현장이다.

이렇든 건설현장이란 단순한 구조가 아니다. 그렇게 때문에 이곳은 수

많은 작업과 예측할 수 없는 많은 변수들이 발생하게 된다. 그곳에 있는 기술자들은 갑작스러운 변수에 능동적으로 대처하고 해결방안을 빠르게 파악하여 실행하는 곳이다. 전적으로 기술자의 역량이 중요한 곳이 바로 현장이다. 설계에 없다면 만들어야 하고, 설계에 있어도 삭제해야 할 때는 소멸시켜야 한다. 그렇지 않으면 후에 많은 문제가 그것으로 인해 발생될 가능성이 있다. 건설현장의 기술자가 된다는 것은 정말 매력적인 일 아닌가? 그리고 초임 기술자도 많은 경험을 통해 최고의 기술자로 만들어지는 곳이다. 이곳에서도 삶은 존재 한다. 고난도 있고, 절망도 있고, 희망도 있다. 설령 없다 하더라도 만들어서라도 가야 하는 곳이 현장이라는 곳이다. 그래서 어려운 곳이 건설현장이다. 그곳 또한 사람이 살아가는 곳이기 때문에 희망이 있다. 없다면 만들어서라도 가는 곳이어야 한다.

06

서당 개 3년이면 풍월을
읊을 수 있을까?

우리 옛말에 "서당 개 3년이면 풍월을 읊는다."라는
말이 있다. 나는 어릴 적 이 말이 무슨 말인지 몰랐다. 정말 서당 개가 3년
되면 풍월을 할 수 있단 말인가라는 어이없는 생각을 한 적이 있다. 풍월
이란 한시와 한자로 이루어진 소리를 뜻한다. 나중에 이해한 말이지만 뭐
든지 3년만 하면 그 분야의 기본은 할 수 있다는 뜻이란 걸 알았다. 간혹
우스갯소리로 "식당 개 3년이면 라면을 끓인다."라는 말도 들어본 적이
있을 것이다. 그렇듯 우리는 3년이면 자기가 일하는 분야에서 최고가 될
수 있다는 말이기도 하다. 왜냐하면 개라는 동물도 3년이면 그 분야 기본
을 하는데, 하물며 인간인 우리가 그 이상은 당연히 할 수 있다는 반어적
인 표현인 것이다. 그런데 나는 이 말에 전적으로 동의할 수 없다. 3년이
면 그냥 그 분야에서 단지 기본만 아는 것이다. 기본만을 한다면 어디에
서도 인정을 받지 못한다. 난 TV 프로그램 '달인'이라는 프로를 자주 본

다. 그곳에 나오는 많은 달인들이 3년 이내인 사람이 있었던가? 난 최소 10년 이상 된 사람들이 달인으로 나오는 것을 많이 보아 왔다. 어떤 중국집 달인의 말이 생각난다. 그는 70년대 배고픈 시절 단지 많이 먹고 싶어 15살 정도의 나이에 중국집 일을 시작했다. 가르쳐 주지 않아 정말 주방장 어깨너머로 짜장면 만드는 법을 배웠다고 했다. 그게 한 3년 정도 일했을 때의 일이라고 했다. 3년 일해서 겨우 짜장면 만드는 일은 중국집에서는 기본도 안 된다. 그런데 그 달인은 퇴근 이후 혼자 주방에 남아 많은 요리를 시도해보고 어깨너머로 본 것을 짐작만으로 여러 가지 재료를 섞어 만들면서 자기만의 방법을 터득했다고 한다. 그때 난 깨달았다. 아! 달인이 되려면 최소한 10년의 세월 동안 그 분야 모든 것을 섭렵한 다음 자기만의 새로운 방법으로 창조할 줄 알아야 하는구나! 이것이 독특한 맛과 사람들을 사로잡는 비법이 된다는 것을 말이다. 모든 일을 배우는 것에도 이것과 다르지 않을 것이다. 그래서 나는 달인에 나오는 모든 사람들을 존경한다.

건설현장의 기술자는 3년이면 무엇까지 할 수 있을까? 그럼 얼마의 시간 동안 현장 일을 하면 그래도 우리가 말하는 최고의 기술자가 될 수 있을까? 단정 지어 말할 수는 없지만 나는 그 시간을 어떻게 보냈느냐에 따라 많이 달라질 수 있다고 본다. 건축을 전공한 학생이 졸업 후 취업전선에 뛰어든 신입기사인 경우 처음 현장을 어떻게 보냈고, 어떤 사람을 만났느냐에 따라 많은 차이가 난다. 무엇이든 처음이 중요한 것은 어느 곳에서 일하든 마찬가지일 것이다. 그냥 생활하기 위한 경제적 수단으로 보내거나 시간 때우기 생활은 아무 도움이 안 된다. 또 처음 자기의 선임이 어떤 사람인가에 따라 배우는 깊이가 달라질 수 있다. 그런데 이것은 우리가 선택할 수 없으니 각자의 복불복이라 하자. 하지만 본인 스스로 배운다는 자세로 현장을 경험한다면 놀랄만한 성과를 얻으면서 자신의 기술적 노하우를 축적할 수 있을 것이다. 나는 오산의 아파트 현장에서 처음 현장 생활을 했다. 대학교 때 가끔 현장에서 아르바이트를 한 적은 있지만 이렇게 직접 생활하면서 현장을 겪어보기는 처음이었다. 운 좋게도 나는 정말 현장 경험 많은 베테랑급 15년 차 정도의 선배에게 일을 배우며 현장을 알아 갔다. 그때 나는 아무것도 모르는 백지 상태였던 것 같다. 대학 4년 동안 공부한 기본적인 지식과 기사 자격증 시험 보며 배운 얇은 지식이 다였다. 혹 현장 시공을 생각하고 이 일을 시작할 계획이 있으신 분이라면 최소 기사 자격증 정도는 획득하는 게 좋을 것 같다. 물론 있거나 없거나 별다른 차이는 없지만, 최소 자격증 때문에라도 배운 게 있어야 현장의 기본 지식을 배울 기본이 되니까 말이다. 대부분이 그렇듯 학생 때는 전공분야에 대한 강의만 듣고 리포트 작성하는 정도의 공부밖에는 없는 것 같다. 그런데 시험 준비를 하면 좀 더 체계적으로, 분야별로 공부할 수 있는 기회가 되니 그렇게 말을 하는 것이다. 그리고 기사 자격증 1개라도 있어야 현장에서는 그래도 기본 공부는 하고 왔구나라는 생각이 대다수 상식으로 통한다. 현장에 와서 공부하려고 하면 좀 힘든 일이다. 왜냐하면 처음 현장 생활하다 보면 공부할 여유가 없이 너무 바쁘기 때문이다. 아니 심적인 여유도 없고 육체적으로도 피곤해서 그럴 생각조차 못하는 형편이다. 그럼 신입 시절 현장에서는 어떻게 지내야 미래에 자신이 최고의 기술자가 되는 초석을 다질 수 있을까? 여러 가지가 많지만 나의 경험으로 겪은 가장 중요한 3가지만 기억하자.

첫째, "나는 아무것도 모른다."는 것을 인정하는 것이다. BC 5세기경 그리스의 유명한 철학자 소크라테스는 일찍이 말했다. "너 자신을 알라!" 위대한 말이다. 이 말은 자신의 본질을 알라는 말이다. 즉 너의 무지를 깨닫고 모르는 것을 인정하라는 말일 것이다. 우리가 철학적 문제에 고민할 필요는 없지만 최소한 이 말을 인정해야 한다. 현장에서는 무수한 사람들을 만난다. 당신이 시공업체인 관리자일지라도 안다고 떠들어 대는 순간 그곳에서 일하는 공종별 기능인, 보통 반장이나 팀장이라는 분들의 경험에 비하면 아무것도 모르는 애송이에 불과한 것이다. 그런 사람들한테 작업하는데 가서 이러쿵저러쿵하면 그 사람들은 듣는 척은 하지만 무시할 것이다. 왜냐하면 그 사람들도 자기 일에 잔뼈가 굵은 달인들이기 때문이다. 그 사람들 앞에서는 겸손해야 한다. 그들의 기술을 존중해 주고, 인정해 주고, 도와주어야 한다. 당신이 어느 정도 경험이 쌓이면 언젠가는 그들도 당신을 인정하는 순간이 온다. 고수와 고수는 통하는 법이니까.

둘째, "항상 질문하라!" 의문사항이 있다면 항상 자신에게도 질문해 보라. 질문하지 않으면 답도 없다. 어떻게 보면 쉬운 것 같지만 어려운 문제다. 우리나라 학생들은 질문하지 않기로 유명하다. 왜냐하면 학교에서부터 주입식 교육을 받다 보니 토론식 학습이나 연설식 학습이 이루어지지 않았다. 2010년 우리나라에서 열린 G20 정상회담 때의 일이다. 오바마 미국 전 대통령이 기자회견을 할 때 유명한 일화가 있다. 그때 오바마 대통령이 발표를 하고 나서 한 사람한테만 질문을 받는다고 선언하고 한국 기자에게 기회를 넘겼다. 그런데 그 많던 한국 기자들은 아무도 손을 들고 질문하지 않았다. 황당해하는 오바마의 얼굴에서 실망의 눈빛이 보였다. 그때 중국의 기자가 손을 들고 질문하려 하니까 오바마는 저는 한국 기자에게 질문을 받겠다고 하고서 중국기자의 질문을 받지 않았다. 이 광경을 지켜본 나는 정말 충격을 받았다. 아니 기자란 무엇인가? 의문점을 질문하고 해소해서 기사를 쓰는 언론인 아닌가? 도대체 그런 기자도 질문을 못 하다니! 정말 대한민국 국민인 것에 부끄러웠던 기억이 난다. 질문은 모든 해답의 시작이라고 생각한다. 그래야 그것에 합당한 답이든 해결방안이든 나올 수 있다. 현장의 모든 것들에 '왜?' 라는 질문을 던져보자! 왜 저것이 이렇게 밖에 시공될 수 없단 말인가? 아니 작업자는 왜 이렇게 시공을 하지? 처음 간 현장에서는 모든 것이 질문 덩어리가 된다. 그리고 답을 찾아보자. 스스로 던지고 스스로 답을 찾는다. 스스로 찾지 않는 답은 시간이 지나면 빨리 잊어버린다. 우리가 학교 다닐 때 시험기간 2~3

일 전에 벼락공부한 것은 시험이 끝나고 나면 금방 잊어버리는 경우와 같다. 그때 그냥 단기간에 시험을 보기 위해 단순히 암기한 것이기 때문에 오래 기억 못 하고 금방 잊어버리는 것이다. 오랜 기간 동안 스스로 질문하여 배우는 문제는 오래 남는다. 항상 질문하라!

셋째, "체험하며 배워라!" 삶은 체험의 연속이다. 도대체 팔짱 끼고 바라보면 무엇을 느끼며 배울 수 있단 말인가? 물론 우리는 책을 통한 간접경험에 의해서도 배운다. 그러나 그것은 우리가 직접 체험할 수 없을 때 차선으로 책을 통하여 배우는 것이지 직접 경험을 통한 배움이 가장 좋다는 것은 누구나 반박의 여지가 없을 것이다. 그러면 현장에 직접 나와 경험하는 당신은 정말 좋은 기회 아닌가? 현장을 책을 통해 배울 수 있는가? 아니다. 배울 수 없다. 그럼 책으로 많이 배운 박사학위 가진 대학교수는 현장 소장하면 최고로 할 수 있나? 아쉽지만 절대 못 한다. 왜냐하면 몸으로 체험한 경험과 노하우가 없기 때문이다. 그분들은 학문적으로 뛰어날 수 있겠지만 현장 경험의 기술은 없는 것이다. 현장의 노무자들한테도 배워라! 논어에 '삼인행 필유아사(三人行 必有我師)'라는 말이 있다. 세 사람이 길을 가면 그중에 반드시 나의 스승이 있다는 말이다. 나보다 나은 사람들은 어디에도 존재한다는 말로 해석해도 무리가 없지 않은가? 한 현장의 기능공이라 말하는 노무자에게도 나의 스승이 당연히 있을 것이다. 아니 나의 스승이다. 비록 우리가 말하는 노가다라고 하는 막노동자지만 그런 사람에게서도 우리는 배워야 한다. 물론 그중에는 거친 사람들이나 때론 안 좋은 일로 도피하고 있는 사람들도 있다. 열심히 사는 그런 사람들을 보고 자신의 삶을 돌아본다면 그 또한 배움이지 않은가?

　나는 첫 현장에서 형틀 목수 반장님에게 기준점 잡는 법을 배웠다. 처음 현장에서 가장 궁금한 것이 하나 있었는데 그것은 어떻게 다음 층에서 아래층과 똑같이 골조 벽체나 각종 설비 박스나 개구부 위치를 맞출 수 있는가 하는 것이었다. 너무 그것이 신기했다. 그 의문에 답을 얻기 위해 하루는 형틀 반장님을 졸라 콘크리트를 부어 넣고 난 다음 바닥에서 다음 층의 먹선을 측량할 때 가르침을 받기로 했다. 보통 주택 4세대로 이루어진 한층 바닥 타설이 끝나고 굳어질 때 위층에서 먹선으로 기준점과 기준선을 표시한다. 그래서 하루는 그것을 배우러 슬래브로 올라갔다. 간단히 설명하면 모든 층에는 콘크리트 타설 전 기준 먹 박스를 묻어둔다. 보통 합판으로 10cm×10cm 이내 네모난 박스를 만들어 타설 전 그 층의 기준점 위치에 묻어둔다. 모든 건물의 수직 점을 정하는 것이라고 생각하면 이해하기 쉽다. 그러면 그 수직점이 모든 층에 같게 다음 위층에서도 작은 구멍을 통해 아래층의 점을 끌어올리는 것이다. 끌어올린 점이 아래층과 똑같다면 그 점을 기준으로 좌우와 직선방향, 반대방향에 선을 그어 표시한다. 기준 평면도에 기준점에서 기준선을 그려 놓고 벽체와 거리를 계산해 다른 옹벽 선을 표시한다. 그런 작업을 반복하면 모든 세대의 벽선과 설비 위치, 개구부 위치 등이 콘크리트 바닥 슬래브에 먹선으로 표시된다. 이해되었는가? 만약 이해가 부족하면 현장에서 직접 체험하며 경험해 보자! 옛날에는 그 점이 다림추(사게부리)라는 실에 매달아 놓은 삼각형의 금속을 쓰다 보니 조금씩 흔들려 오차가 생기는 적도 많았지만 요즘은 트랜싯에 레이저가 달려있어 정확하게 그 점을 다음 층까지 끌어올 수 있다. 요즘은 내부에서도 조적이나 창호 내장 등의 기준선을 잡을 때 사용하여 많이 편리해졌다.

'잔잔한 바다에서는 유능한 뱃사공이 만들어지지 않는다.' 라는 영국 속담이 있다. 걱정하지 말라! 당신도 유능한 기술자가 될 수 있다. 자신의 위치에서 무지를 인정하고, 질문하고, 체험하라! 그러면, 그것이 당신의 힘이 된다. 아무것도 하지 않으면 아무것도 일어나지 않는다. 그렇지만 당신은 이미 이곳 현장에서 피부로 느끼고 생각하며, 경험하고 있다. 이제 당신도 풍월이 아니라 길이 남겨질 영혼의 소리를 할 수 있는 날이 올 것이다.

레고를 다루듯 창조하고,
젠가 게임을 하는 것처럼 신중하라

　　건설현장이란 레고와 같은 조각 부품을 조립하여 완
성품을 만드는 창조적인 작업이다. 이런 의미로 생각해 본다면 건설과 레
고는 일맥상통한다고 할 수 있다. 누구나 어린 시절에 한번은 가지고 놀
던 놀이기구이며, 아이를 키우는 가정에서는 한 세트 정도는 꼭 존재하는
필수품이 아닐까라는 생각이 든다. 설계도가 있는 것도 그렇고, 그 설계
에 따라 하나의 조각이라도 맞지 않으면 최종으로 우리가 원하는 목적물
을 만들 수 없다. 하나하나의 작은 조각이라도 완성품을 이루는 데 있어
중요하지 않은 것이 없다. 레고라는 말은 LEGODT, 덴마크어로 '재미있
게 놀다'는 말에서 REGO라고 명명했지만 라틴어로는 '모으다, 조립하
다'라는 뜻이 있다. 최초 1932년 덴마크의 목수인 올레 키르크 크리스티
얀센이 가정에서 쓰던 나무로 만든 생필품을 만들던 회사였다. 그러던 중
대공황으로 공장이 어려워지자 폐업 위기에서 혼자 목공소의 작은 조각

으로 장난감을 만들고 있었는데 지나가는 한 아이가 말을 걸어왔다. "아저씨, 그 장난감 마음에 드니 저한테 주실래요?"라는 말을 듣고 본격적으로 나무로 만든 장난감을 팔기 시작하면서부터 레고라는 조립식 장난감이 탄생하게 되었다. 그의 아들과 손자를 통해 지금의 플라스틱 레고를 발명하여 오늘날까지 80년 이상 번창하게 되었다. 레고는 그저 하나의 부속품으로는 그 존재 가치나 의미가 없는 것처럼 보이지만, 누군가의 환상에서는 그 어떤 것도 구현될 수 있는 조물주가 되는 기구라 할 수 있다. 어떻게 보면 물질의 근원인 최소의 단위 원자에서, 그것이 물리적으로 결합하여 분자가 되는 최소의 물질을 구성하는 것 같은 원리인 것이다. 우리가 건설현장에서 구현하는 건축물도 또한 이와 다르지 않다. 원리가 같다는 게 얼마나 놀랄 만한 일인가? 그것을 한 번도 접하지 못한 사람은 있어도, 그것을 한 번만 다루어 본 사람은 없을 것이다. 왜냐하면 자기머릿속의 환상을 새로운 창작물로 만들어 내는 짜릿한 희열을 맛보았기 때문이다. 어찌 되었든 건설현장에서 오랜 시간 조각들을 맞추고 오랜 고민 끝에 창조물이 완성되는 날의 희열도 그때와 다르지 않다. 이런 기분은 겪어 보지 못한 사람들은 절대 느끼지 못할 눈물의 향연이며, 벅찬 가슴의 부푼 희열이며, 또 다른 행복의 희망이 아닐 수 없다. 그래서 사람들은 레고를 가지고 노는 것을 멈출 수가 없나 보다.

'인내는 쓰지만, 그 열매는 달다.' 라고 했던가? 그렇다 그 과정의 고통은 쓰다. 그렇지만 나중에 우리는 맛 좋은 열매를 딸 수 있다. 현장은 인내하는 곳이다. 그렇기 때문에 달콤한 열매를 모두 따먹을 수 있는 사람은 많지 않다. 나는 종종 현장의 기술자들이 현재가 힘들다고, 아니 더 이상 하고 싶지 않다고 현장을 떠나는 것을 보아왔다. 그럴 때마다 조금은 아쉬운 마음이 절로 든다. 물론 힘들었겠지만 힘들다고 도피하면 그것이 영원한 안식을 줄 수 있는가? 아니면 다른 곳에서 또 힘들면 도피할 것인가? 그렇게 하다 보면 도대체 어디서 존재하란 말인가? 삶은 산을 오르는 것과 같다. 오르다 보면 힘든 오르막이 있고 그곳을 지나고 나면 또 평평한 길이 나오지 않는가? 그리고 또 다시 힘든 오르막이 있고, 하지만 결국 정상에 도착하면 희열과 행복감을 맛볼 수 있지 않은가? 현장은 앞에서 잠깐 이야기하였듯 수많은 업체와 장비와 자재와 사람들이 어우러지는 복합 시스템으로 이루어져 있다. 우리는 그곳에서 기술자인 관리자로서 시스템에 문제가 없이 잘 돌아갈 수 있도록 최선을 다해야 한다. 한 조각의 레고 부품이 빠져서 완성품에 한 부분이 누락되거나 잘못 조립된다면 그것을 사용하는 다른 사람들의 희망을 빼앗는 것이 된다. 그래서 하나하나 빈틈이 없어야 한다. 현장이란 이런 곳이다.

무에서 유를 창조하는 일은 어렵다. 하나님도 태초에 만물을 만드시고 7일째 되는 날 쉬셨다. 아마 7일째에는 창조의 고통에서 벗어나 최고의 희열을 맛보기 위함이 아니었겠는가라는 생각이 든다. 하물며 인간의 그

〈젠가〉

창작의 고통이야 말해서 무엇 하겠는가?

건설현장에서는 젠가 게임을 하는 것처럼 신중해야 한다. 젠가는 1983
년에 영국의 보드게임 디자이너인 레슬리 스코트(Leslie Scott)가 출시했
다. 그녀는 아프리카 가나에서 어린 시절을 보냈다. 그런데 그 지방은 주
위에 나무가 많았다. 제재소 근처에서 놀다가 자투리 나뭇조각을 쌓으며
놀곤 했는데 그 후 아프리카를 떠나 다른 곳으로 이주했을 때 그곳 친구

들이 흥미를 가지고 게임을 하는 것에 착안해 상품을 만들어 출시했다. '젠가' 라는 말은 스와힐리어로 '짓다' 라는 뜻이다. 2000년대 우리나라도 젠가가 보급되면서 많은 사람들이 이게임을 즐기게 되었다. 보통은 벌칙 게임이나 내기 게임 등으로 잘 어울려 많은 사람들이 즐기게 되었다.

게임 규칙을 간단히 얘기하면 일단 3개의 나무블록을 엇갈려 18층까지 쌓고 블록을 하나씩 빼내어 맨 위층에 다시 쌓는다. 순서를 바꿔 번갈아 가며 반복하다가 누군가 블록을 무너뜨리면 그 사람이 지는 게임이다. 단 한 손으로만 블록을 만져야 한다. 아주 간단하지만 재미가 있다. 우리 아이가 어렸을 때 회사에서 퇴근하고 오면 자주 하자고 졸랐던 기억이 난다. 그 게임은 뭔지 모르게 단순하나 게임하는 사람들로 하여금 위기감과 신중함을 느끼게 하는 놀이다. 여럿이 하거나 팀을 이루어 하면 더욱 흥미가 있어 그 매력에 흠뻑 빠진다.

현장 일이라는 것이 이런 젠가 게임에서처럼 한 동작 한 동작에 위험을 가지고 있으며 그 위기에 대처하지 못하면 붕괴되어 실패를 겪을 수 있다. 가령 부지 상부 비탈진 곳의 사면에 비닐막이 찢어져 있었는데, 조금밖에 안 찢어졌다고 그냥 스쳐 지나갔다. 그런데 그날 밤 비가 억수로 쏟아져 내려 밤새 찢어져 있던 그사이로 물이 들어가 흙이 쓸리고 사면이 붕괴되었다. 설상가상 다음날 지하층에서 콘크리트 부어 넣기 준비 중이었는데 흙이 쓸려 거푸집은 붕괴되고 철근은 쓰러져 작업이 중단되었다고 생각해 보자. 이 얼마나 당황스러운 일인가? 어제 당신이 보았던 그 찢어진 천막만 제대로 다시 덮개를 씌워 두었다면 이렇게 까지 황당한 상황이 일어나진 않았을 것이다. 그 비용과 복구의 기간은 무엇으로 보상받겠는가? 몇 년 전 의정부 현장에 있었던 일이다. 부지의 산 쪽 위에는 우수가 빠질 수 있는 측구를 보통 설치해 놓는다. 그런데 그 현장에서는 측구를 미리 유도해서 다른 우수 관으로 연결만 해 놓았더라도 밤에 오는 빗물에 주차장 바닥이 물바다가 되지는 않았으리라. 물을 배수 시키는 데 시간 걸리고 바닥에 덮인 흙을 청소하느라 시간과 비용이 어마어마하게 들었다. 그것은 둘째 치고라도 하지 않아도 될 노력과 수고는 또 어디서 보상받겠는가? 이렇듯 현장은 작다고 생각하는 사소한 실수가 어마어마한 피해와 비용과 노력을 수반하는 대형 사고를 일으킨다. 작은 것이라도 그냥 스쳐 지나가지 말고 한 번 더 생각하여 사전에 조치하였다면 어찌 이런 일이 발생했겠는가? 기술자들은 이런 신중한 시선을 가져야 한다. 젠가를 다루듯 한 조각 한 조각 뺄 때의 위기감과 토막을 위에 올려놓을 때의 신중함을 가져야 한다. 당신이 신입사원이건 공사 대리건 공사 과장이건 소장이건 현장의 풍경을 날카로운 시선으로 볼 줄 알아야 한다. 그러려면 눈매는 항상 매서운 의심으로 상상의 소설을 쓰듯 비장한 예견으로 대비해야 한다. 당신이 상상하는 모든 일은 일어날 수 있다. 설령 일어나지 않더라도 한 치의 여유를 남겨 두어서는 안 된다. 過猶不及(과유불급)! '넘침은 모자람만 못하다.' 라는 속담이 있지만 현장에서는 통하지 않는 쓸데없는 말이 된다. '넘침이 현장에서는 모자람보다 낫다.' 로 고쳐 쓰는 것이 옳은 말이다. 그렇게 생각하는 것이 현장이 안전해지고, 헛수고를 줄이고, 많은 고통에서 조금이나마 벗어날 수 있는 좋은 방법이다. 젠가 게임하는 것처럼 신중하고, 신중하자!

"말은 곧 행동을 만들고, 행동은 곧 습관을 만들고, 습관은 곧 인생을 바꾼다."

당신의 인생을 바꾸려면 마음속이든 입으로든 외쳐라! 그러면 당신의 인생이 바뀐다. "이런 구질구질한 현장에 왜 있지?"라는 물음보다 "나는 이 현장에서 나의 인생을 바꾼다."라고 스스로 외치고 실행하도록 노력하라. 당신은 위대하고 소중하다. 내가 처음 현장에서 그런 질문을 한 적이 있었다. 스스로의 자괴감에 빠져 '왜?' 라는 물음에서 '괜찮아!' 라는 해답을 얻기까지는 그리 오래 걸리지 않았다. 땡볕 쨍쨍하던 여름날 한 동의 슬래브 콘크리트를 부어 넣는 날이었다. 그때만 해도 회사 규정에 콘크리트 부어 넣기 할 때는 관리자가 입회를 해야 하는 공정이었다. 거의 40℃로 찌는 듯 더운 날 그냥 서서 지켜만 보는데도 힘들었다. 그러나 자바라(콘크리트 부어 넣는 관)라는 무거운 것을 이리 끌고 저리 끌고 땀을 뻘뻘 흘리며 콘크리트 더미를 분주하게 쏟아붓는 근로자도 있다. 또 다른 사람은 바이브레이터(다져주는 기계)라는 장비를 고무용기에 담아 바닥면을 이리저리 기어 다니며 벽체든 어디든 그 기계를 쑤셔 넣는다. 그 사람들의 이마며 팔뚝이며 까맣게 그을린 피부에는 땀보다는 구정물 같은 게 흘러내린다. 그 순간 "아! 난 행복한 사람이구나!" 절로 그런 생각이 드는 것은 그곳에 있는 어떤 관리자도 느끼는 감정이었으리라. 그 후부터는 "괜찮아!"라는 말을 달고 살다 보니 훨씬 현장이 편하고 어떠한 어려운 일도 극복할 수 있었던 기억이 난다. 현장은 그런 곳이다.

건설현장만큼 험하고, 거친 일을 하는 곳은 없다. 그래서 이곳에 처음 뛰어든 초입 기술자들은 오자마자 처음 겪는 상황에 적잖이 당황하며 놀란다. 하지만 기술자로 온 당신은 "나는 행복하다."라고 위로해 보자. 당신은 적어도 찌는 태양 아래서 슬래브 철재 폼 위에 철근 배근하는 노동자는 아니지 않은가? 영하 15℃의 새벽에 피부를 뚫을 듯 싸늘한 공기를 맞으며 갈탄 교체 작업에 투입된 노동자도 아니지 않은가? 이런 노동자를 생각하면 당신은 너무 행복하지 않은가? 당신은 기술자이고 전체 공사를 책임져야 할 관리자다. 생존이 목적이어서 이런 험한 곳에서 일할 수밖에 없는 위치는 아니다. 당신이 여기에 온 목적은 위대한 건축물을 창조하기 위한 것이요, 이곳에서 일하는 모든 생존의 몸부림에서 한 생명을 보호하기 위해 온 수호신이다! 그렇듯 건설현장이란 레고를 다루듯 창조하고, 젠가 게임을 하듯 신중해야 하는 곳이다.

08

건설의 숲에서 인문의
길을 걷다

건설현장은 숲속을 걸어가듯 瞑想(명상)의 시간과 人
文(인문)의 질문을 던져야 할 때가 많다. 건설현장에 발을 딛는 순간 우리
는 예술가가 되어야 하고 기업의 CEO처럼 최고 경영자가 되어야 한다.
예술가가 훌륭한 작품을 구상하고 그것을 새로운 영감으로 보통 사람들
이 보지 못하는 자신만의 표현과 감성을 담아 작품에 실사한다. 우리는
그의 작품을 보고 보통 생활과 다른 예술적 가치로 그것을 바라본다. 만
약 예술가가 그의 작품을 단순히 보이는 것에 대한 사실적 표현을 담는다
면 그것은 그냥 모방에 불가할 것이다. 그것이 회화든 조각이든, 아니면
다른 어떤 예술적 작품이라고 한다면 예술가의 정신적 영혼을 대중적 가
치로 표현할 때 우리는 그것을 예술이라 부른다. 만약 당신이 현장 기술
자로 단순한 설계도를 가지고만 똑같은 표현에 집중한다면 기술자가 필
요할까? 물론 설계도를 바탕으로 하지만 설계자의 의도를 파악하고 그것

을 공간이라는 3차원의 세계에 표현하는 데 기술자의 시각을 가미하여야 한다. 당신은 현장 잡부가 아니다. 하나의 건축물이라는 작품을 구현하기 위해서는 물론 설계 기획이 필요하고 자세한 선, 면적 구성이 필요하다. 하지만 그것을 의도에 맞게 제한된 공간에 충실한 실현을 위해서는 설계자 생각과 기획의도를 파악하는 눈을 가져야 한다.

훌륭한 예술가는 한순간에 만들어지지 않는 것처럼, 훌륭한 기술자도 온갖 실패와 경험을 통해 고통과 함께 서서히 만들어지는 것이다. 그러기 위해서는 고통의 세월을 견디는 꿋꿋한 끈기를 가질 힘을 자기 안에 담고 있어야 한다. 그래서 자기만의 철학이 필요하다. 훌륭한 예술가는 자신만의 철학을 바탕으로 작품에 투영시키고, 마침내 그 실체를 이해하는 대중이 비로소 가치를 인정하는 것이다. 소크라테스의 산파법을 배우지 않더라도 플라톤의 이데아를 배우지 않더라도 우리 안에 있는 자신만의 생각과 의지가 바로 철학인 것이다. 누구나 삶을 살아가면서 자기만의 철학을 가지고 산다. 그것이 개똥철학이라고 부르든 어떻든 상관없다. 현장에서도 그런 철학이 없으면 버티고 살아내기 쉽지 않다. 일찍이 공자는 말했다. "아는 사람은 좋아하는 사람만 못하고, 좋아하는 사람은 즐기는 사람만 못하다." 이 말은 그냥 나온 이야기가 아닐 것이다. 궁극적으로 자신이 지금 하는 일에 대한 실천 철학이 있어야 한다. 일이라는 것은 지식에서 시작한다. 기술자는 그 분야에서 정통한 지식을 기본으로 한다. 지식에서

한 단계의 발전을 통한 자세가 그것을 좋아함에 있다는 것이다. 폭넓은 지식을 기반으로 새롭고 개선된 방안을 접한다면, 어찌 기쁘지 않겠는가? 많은 기술들은 새롭게 창조된다. 그것도 우리가 알지도 못하는 사이에 말이다. 때로는 기술들이 언제 나타나고 언제 사라지는지도 모른다. 그만큼 세상은 복잡하고 빨라졌다. 기술자는 항상 현실에 바른 눈을 가지고 변화에 빠른 적응을 해야 한다. 그 경지에 도달할 수 있는 내공에서 즐길 수 있는 것이다. 어찌 이런 현장에서 즐길 수 있을까라는 의문을 가지는 것은 어쩌면 당신이 보면 당연한 것일 것이다. 그러나 어느 순간 당신에게도 그런 순간이 찾아올 것이다. 그때의 행복감에서 최고의 희열을 맛보자! 당신의 삶의 굴레에 당신을 가두지 말자!

그 순간 우리는 현실을 원망하고 탈출하려는 희망만이 존재하게 될 것이다. 현실은 나만의 철학이 있어야 살아낼 수 있다. 온전히 그것을 찾는 것은 자신에게 있다. 이 세상 사람들은 모두 현실의 삶에서 그런 철학을 가지고 살아간다. 현장 일용직으로 일하러 온 어떤 노동자에게도 철학은 있다. 왜? 그 사람도 이곳에 온 이유와 정당함이 있기 때문이다. 신께서 우리들을 이곳에 보낸 이유는 분명히 있다. 그저 살아있음을 이유로 들 수 있고, 다른 사람의 살아있음을 증언하기 위한 것일 수도 있다. 그래도 그것에는 단 한 가지의 이유가 있을 것이다. 무슨 이유라도 우리들은 철학함으로 삶을 영위할 수 있다. 그곳이 건설현장이라도 어디든 삶의 이유는 있다. 가지지 않고 살아가는 것보다 가지고 살아감이 우리의 삶을 더 풍성하게 할 수 있지 않을까? 그렇게 되면 내가 있는 어떠한 현실에서도 이유가 생기고 정당성이 생기고 또 다른 희망이 생기는 것이다. 삶은 벗어남이 아니라 고정성이다. 그 고정성에서 또 다른 변화가 찾아오고, 그곳에서 또 다른 이동을 통한 연속의 삶이 이어지는 것이다. 많은 기업의 경영자들은 인문학을 배운다. 왜 그럴까? 어찌 보면 그런 인문학에서 정녕 떨어져 있는 것 같지만 가장 가까운 선택의 경계에 사는 사람들이다. 서강대학교 철학과 교수인 최진석 교수는 사람이 경계에 선다는 것은 가장 어려운 일이라 했다. '인문학(人文學)'이란 사람들이 그리는 무늬라서 어떤 사람이 어떤 무늬를 그리는 줄 알기 위한 학문이라고 강연에서 말했다. 이런 이유로 기업인들은 인문학을 꼭 공부해야 하는 것이다. 사람들의 관계에서 기업의 흥망성쇠가 결정나기 때문이다. 선택의 기로에 서면 무엇이 올바른 선택인지 가려내야 하기 때문이다. 기술자도 마찬가지이다.

선택의 문제는 건설현장에서도 나타난다. 여러 가지 경우의 수와 설계도의 의도와 거기에 맞는 시공적 공법을 기술자는 선택해야 한다. 어쩌면 선택이 추후에 위험으로 다가 올 수도 있고, 다른 사람의 생명을 앗아갈 수도 있는 선택이다. 우리나라는 학교에서 인문학을 제대로 교육하지 않는다. 인문학을 배우면 밥 먹여 주느냐고 하는 자조 섞인 말로 비아냥대는 소리를 듣는다. 그래서인지 우리나라 대학은 인문학을 전공하는 학생이 없어지고 있다. 한때는 인문학이 유행하여 서로 배우기를 갈망하던 때도 있었다. 그러나 현실에 부딪히고 경제적 가치를 중시하는 사회에서 인문이 설 자리는 점점 없어지고 있다. 사람들과의 관계 속에서 살면서 정작 사람들의 관계에서는 무심한 이런 현상이 이해 가지 않지만 현실은 냉정하다. 건축학이라는 것은 우리들이 흔히 말하는 기술자의 길을 걷는 듯하지만 사실은 인문학에 가깝다. 왜냐하면 인간이 살아가는 어떤 시대건 어떤 나라건 어떤 사회건 건축이 없었던 적은 없기 때문이다. 건축에는 문학이 있고, 역사가 있고 철학이 있다. 건축을 전공하는 사람이라면 반드시 배우고 연구해야 하는 것이 인문학이다. 건설현장은 많은 사람들이 관계를 맺고 인문이 살아 숨 쉬는 가장 가까운 곳이다.

2천 년 전 노자는 일찍이 도덕경 11장에서 "서른 개의 바큇살이 바퀴 축에 달리고, 그 쓰임은 빈 공간에 있다. 그릇의 쓰임은 빈 공간에 있다. 문과 창문을 뚫어 방을 만든다. 집의 쓰임 또한 빈 공간에 있다. 때문에 무엇인가 있는 데서 이로움을 얻지만, 그 쓰임의 근본은 빈 곳에 있다."라고 말했다. 이 말은 노자가 현재보다 2천 년 전에도 깨닫고 있는 건축의 인문이 아니겠는가? 현대의 건축이 그 빈 공간을 어떻게 인간에게 적용하여 인간을 이롭게 할 수 있는가를 연구하는 학문이다. 빈 공간이 없다면 그것은 그냥 상징물이지 건축물이 아니다.

건축은 인간을 담는 그릇이며 인간의 삶을 영위하게 해 주는 매개체 역할을 한다. 모든 역사는 그곳에서 일어났고 모든 사건과 위대한 사상은 그곳에서 탄생했다. 현장 기술자는 그 빈 공간을 만들고 조정하여 사람들의 생활을 담는다. 정말 위대한 작업이 아니겠는가? 당신은 그 현장의 자리에 있고 역사가 시작될 장소에 서있다. 무에서 유를 창조하는 것이다.

아름다운 악기의 선율에서 우리는 감동을 받는다. 오케스트라가 연주하는 교향악들은 우리가 음악적으로 이해하지 못하더라도 듣는 자체에서 마음의 평정을 찾고 영혼의 안식처를 찾는다. 그렇기 때문에 대중적인 음악에서 사람들은 마음이 움직이고, 웃으며, 눈물 흘리고, 사랑한다. 예술이 사람들을 향유할 수 있게 하고, 즐길 수 있게 하고, 행복하게 해 주기 때문일 것이다. 기업의 경영자들은 인문이 기업의 존폐를 가름하기 때문에 배운다. 그러면 건설현장에 있는 기술자와 예술가와 기업가는 무엇이 다르단 말인가? 그들은 같은 선상에 있다. 단지 자기들이 관심 갖는 분야만 다를 뿐이지 그 맥은 통하는 것이다. 누군가는 그곳에 있어야 한다. 누군가는 그곳에서 예술가처럼 철학하고, 기업가처럼 인문학해야 한다. 그곳은 예술가도 필요하고 기업가도 필요하기 때문이다. 예술가처럼 창조적 고통에서 고민해야 할 때가 있을 것이고, 기업가처럼 경계에 서서 기업의 존폐를 가를 만큼 선택의 기로에 서있을 때가 있을 것이다. 당신이 최소 현장을 떠나지 않는 한은 이런 고민에서 벗어날 수 없다.

건설현장이라는 삭막한 환경이라고 자신을 자괴할 필요는 없다. 그곳도 사람들이 살아가는 곳이고, 사람들이 웃을 수 있는 곳이고, 행복도 존재하는 곳이기 때문이다. 예술가의 눈도 혼돈의 현실 세계에서 자신만의 예술혼으로 승화시키는 작업이다. 사회의 치열한 생존의 현장에서 기업이 살아야만 하는 처절함에서 기업가의 정신은 살아있다. 그것은 그들도 현대를 살아가는 사회의 구성원이고, 생활의 일부이기 때문이다. 현장 기술자도 그곳에서 함께 살아가는 동반자이며 사회의 일원이다. 다만 기술자도 예술가처럼 살아가느냐? 기업가처럼 살아가느냐? 수많은 질문과 선택의 기로에 서야만 하는 때가 온다는 사실이다.

한(漢)나라에 〈사기〉를 저술한 위대한 평론가 '사마천'은 후대에 길이 남을 현저를 130권으로 된 기전체 역사서로 전했다. 사마천은 흉노를 정

〈사마천과 사기(죽간)〉

벌하러 갔다가 패한 '이릉' 장군을 옹호하다 한무제의 노여움을 사서 사형을 선고받았다. 그때는 사형을 면하기 위해서는 많은 돈을 내거나 궁형(거세형)을 받아야 했다. 사마천은 돈이 없어 48세의 나이에 궁형을 택했다. 오직 그가 저술하던 〈사기〉를 완성하기 위해서 살아날 확률이 낮았던 치욕적인 궁형을 받을 수밖에 없었다. 그는 살아나서 굴욕과 고통을 인내하며 위대한 역사서인 〈사기〉를 55세에 완성했다. 만약 그때 사마천이 궁형을 받지 않고 사형을 당했더라면 세기의 명저인 〈사기〉는 사라질 운명에 처해졌을 것이고, 인류의 성서는 빛을 보지 못했을 것이다. 사마천의 심정으로 건설의 숲에서 인문의 길을 걸어 보자! 아무도 가지 않는 길일지라도 지금 당신이 그 길을 간다면, 언젠가 그 길도 누군가의 길이 될 것이다. 앞으로 이야기하고 싶은 길이 바로 아무나 가지 않았던 길이다. 그 길을 서서히 걸어 보자!

Chapter 1

1부 : 집으로부터의 진화
[최종정리]

1. 집이 없었다면 인간은 멸종했을 것이다

- 호모사피엔스 출현 : 30만 년 전 북부 아프리카
- 영장류
  - 원원류 : 여우원숭이 등의 몸집이 작은 영장류
  - 유인원류 : 호모사피엔스, 침팬지 등 몸집과 뇌용량 큼
- 호모사피엔스 특징 : 불사용, 가족형성, 협력성

2. 어떻게 개미는 최고의 건축가가 되었을까?

- 호주흰개미
  - 분류 : 바퀴목 흰개미과, 3,000여종 분포
  - 생활 : 나뭇잎 셀룰로오스를 분해해서 포도당, 버섯균 재배
  - 집규모 : 높이3m~6m, 수명은 100년, 내부통풍시스템 갖춤
- 짐바브웨건축가 믹 피어스 : 흰개미집 환기시스템 이용한 건축
- 브라질 북동부 카탕카 흰개미집 : 3,800년 전 생성 추정
- 베짜기새 : 남아프리카에 생존하는 나무위 등에 아파트 같은 군집

  규모는 지름3m, 무게1ton, 300마리정도 군집

3. 무량수전 배흘림기둥에 잠든 영혼을 깨우다

- 부석사
  - 건축연대 : 신라문무왕(676년) 의상대사가 창건
  - 국보 : 제 18호
  - 특징 : 배흘림기둥 기법, 안허리곡의 처마

4. 꿈꾸지 않아도 희망은 있다

- 우리나라 주택보급률 : 92%(1996년), 102%(2019년)
- "위대한 사람들은 단번에 높은 곳으로 뛰어오른 것이 아니라, 밤에 홀로
  일어나 괴로움을 이겨내며 자신의 일에 몰두했던 결과다."(로버트 브라우닝)

5. 행복의 다리가 없으면 만들어서라도 간다

- 일반건설업 : 12,000개, 전문건설업 : 51,000개 (2018년 국토부 통계)
- 건설현장의 특징
  1) 어떤 현장도 동일한 현장은 없다
  2) 건설현장의 모든 일은 사람이 해야 한다
  3) 하나의 현장은 오랜 기간이 소요된다(스페인 파밀리에성당 137년째 건축중)
  4) 모든 현장은 기술자가 있어야 한다

6. 서당 개 3년이면 풍월을 읊을 수 있을까?

- 신입기술자가 현장에서 생각해야할 사항
  1) 무지를 인정하자
  2) 항상 질문하라
  3) 체험하며 배워라

- "잔잔한 바다에는 유능한 뱃사공이 만들어지지 않는다."(영국속담)

7. 레고를 다루듯 창조하고, 젠가 게임을 하는 것처럼 신중하라
- 레고 : 1932년 덴마크에서 시작, 모으다, 조립하다 란 라틴어
- 젠가 : 1983년 영국 디자이너 레슬리 스코트가 시작
- "말은 행동을 만들고, 행동은 습관을 만들고, 습관은 곧 인생을 바꾼다."

8. 건설의 숲에서 인문의 길을 걷다
- "아는 사람은 좋아하는 사람만 못하고, 좋아하는 사람은 즐기는 사람만 못하다."(공자)
- 사마천 : 48세에 궁형을 받고, 55세에 130권의 기전체 사기를 완성함

CHAPTER

2

2부

새로운 삶의 도전

"최소 5년 안에 당신의 연봉은
천만 원 이상 오를 수 있다"

건설현장은 힘든 곳이다. 요즘 젊은이들이 3D 업종이라는 곳이지만, 항상 그런 곳으로 치부하기에는 좋은 곳이 너무 많은 곳이기도 하다. 건설현장도 변화하고 있다. 워라벨이라는 목표에 도달한 것은 이르지만 나름대로의 노력을 계속하고 있다. 직원들의 복지는 좋아졌고, 특히 PAY에 대한 보답은 어느 업종보다도 좋다. 그저 이것만의 목적으로 현장에 온다면 더힘들 수 있다. 기술자로서 성실과 열정을 가지고 공부를 한다면 이보다 더 좋은 경험은 없을 것이다. 건설기능인들도 이제 국제화되어 다양한 국가들에서 우리 기술을 배우고 있다. 현장용어인 일본말은 이제 사라지고 다문화적인 언어가 많아지고 있다. 이렇게 현장에서 배우고 자신만의 노하우를 습득한다면 최소 5년 안에 당신의 연봉은 천만 원 이상 오를 수 있다. 물론 금전적인 것을 말하려고 하는 것은 아니지만 그만큼의 당신의 현장 경험은 인정을 받게 될 것임을 증명하는 것이다. 건설업 특성상 현장은 여러 지역이나 장소를 옮겨 다닐 수밖에 없다. 하지만, 다르게 생각해보자. 그 지역에 살면서 여행하고, 좋은 맛집들은 당신의 즐거움이지 않은가? 그러면서 갖게 되는 소중한 인연을 오래도록 유지한다면 당신의 인생에서 귀인이 될 것이다. 가장 소중한때란? 지금 내 앞에서 내가 하고 있는 일! 바로 이순간인 것이다.

90년대 생들아!
이제부터 건달이 한번
되어 보자!

01

탈건(脫建)하라! 그곳이
천국이라면...

건설현장에 발 딛는 순간 당신은 Reset 된다. 아니 무슨 뚱딴지같은 소리지? 하고 의아해할지 모르지만, 이것은 사실이다. 지금까지 당신이 배우고 접하고 알고 있던 건축에 관련된 모든 지식은 이제부터 리셋이다. 당신이 우리나라 최고의 대학이라 일컫는 SKY의 졸업장을 받았더라도 아무 소용이 없다. 현장이라는 곳은 당신이 SKY 대학을 다녔든, 지방의 전문대를 다녔든 개의치 않는다. 왜냐하면 그때부터 당신의 현장 경력은 리셋 되어 카운트되기 때문이다. 기술자에 대한 현장 경험은 지금부터 인정되어 언제, 어디서, 어떻게 보냈는가만 중요해진다. 우리나라 최고라는 서울대학교를 졸업하고 건설현장에서 시작하는 사람이 많지는 않겠지만, 그렇더라도 현장에 발 딛는 이상 당신은 이제부터 시작일 뿐이다. 자만심, 자존심, 자격지심, 이런 것들은 이제 버려라. 그렇지 않으면 그때부터 당신은 힘들어진다. 그것을 버리는 순간 당신은 새로운 것을 받아들일 준비가 된 것이다. 그렇지 않으면 당신과의 싸움에서 버티지 못한다. 내가 이러려고 중. 고생 때부터 고생하고 열심히 공부해서 누구나 부러워하는 명문대학에 입학하여 졸업했는가? 이게 지금 무슨 황당한 상황인가? 그런 생각이라면 지금 당장 그만두고 현장을 떠나라! 다른 분야의 일을 알아보던지 연구소든 공무원이든 다른 쪽으로 알아보는 게 훨씬 낫다. 그렇지 않아도 그런 생각을 가진 사람은 현장에 발 딛는 순간 얼마 지나지 않아 그만두고 포기하는 것을 많이 보아왔다. 나는 그것이 그런 부류의 사람에게 장래를 위해서 훨씬 좋은 판단이라 생각한다. 또한, 당신이 듣지도 못한 어느 지방대학의 건축과를 졸업했어도 실망하지 마라! 이제부터 당신의 능력을 현장에서 증명하면 된다. 오랫동안 건설현장에서 많은 사람들을 만나다 보니 일류대학 나온 사람이나, 그렇지 않은 사람이나 아무 차이가 없었다. 오히려 스펙이 별로였던 사람이 더 뛰어난 능력을 발휘하고, 현장 경험을 살리는 친구들을 많이 보았다. 물론 지금은 크게 성장하여 건설업체 현장 소장이나 공사 부장을 하고 있는 사람이 많이 있다. 당신이 지방 전문대 출신이라고 걱정하지 않아도 된다. 지금부터가 중요하기 때문이다. 하지만 무턱대고 건설현장에는 오지 마라! 그전에 많은 것에 관심을 가지고 결심이 생겼다면 그때 오라. 일단 한번 해 보자라는 생각은 위험하다. 그러면 당신에게 후회할 일이 생길지도 모른다. 우선 현장 일을 결심하기 전 사전에 생각해 볼 몇 가지 사항들을 말해 보고자 한다.

건축 전공 학생들이 졸업 후 진출할 분야는 일단 건축사 사무소, 건설 회사, 인테리어 회사, 시행사, 하도급 업체 등이 있다. 물론 해외로 유학을 가거나 대학원을 진학하여 박사 코스든 교수 코스든 유사한 분야는 더 있겠지만 이것은 다른 문제로 생각하기로 하자. 그러면 대략 큰 틀에서는 앞에서 언급한 정도라 하겠다. 요즘은 많은 대학에서 건축학과와 건축공학이 분류되어 운영되고 있지만, 건축과 출신이라고 시공회사에 못 가고 건축공학과라고 건축사 사무소에 가지 못하는 것은 아니다. 다만, 건축가를 꿈꾼다면 5년제 건축과를 권한다. 자격이 제한되기 때문이다. 그것보다 당신의 열정이 더 중요하지 않겠는가? 앞에서도 언급한 적이 있지만 설계냐 시공이냐라는 현실의 벽에 부딪혀 많은 고민이 필요한 것은 사실이다. 그래도 어쨌든 고민에서 자유로워질 수 있다면 좋은 일이 아니겠는가? 우선은 학교 생활할 때 많은 경험을 해 보라고 권하고 싶다. 요즘은 많은 기업에서 인턴이나 학생 참여 프로그램 등이 많아졌다. 설계를 하고 싶어 건축사 사무소를 생각하고 있다면 각종 설계 공모에 참여해 보는 것도 좋은 생각이다. 아니면 조금 규모가 있는 건축사무소에서는 학생을 대상으로 하는 설계 캠프라는 것이 있다. 그것도 참여해 보고 설계가 무엇인지 그 분야의 실전 경험을 느껴 보라! 시공이라면 건설회사별로 현장 인턴 제도를 적극 활용해 보는 것도 좋다. 몇 개월간 현장에 근무해 보고 건설현장이 어떤 곳인지 내가 여기서 일을 할 수 있는지를 참여해 보면 졸업 후 진로를 결정하는 데 많은 도움이 될 수 있다. 시행사의 경우 분양

할 때의 견본주택이나 안내 등의 아르바이트 경험도 괜찮다. 일단은 그 주위에서 보고 경험해야 알 수 있다.

　　나는 대학 다닐 때 노가다라는 단순 육체노동이라 일컫는 일용근로자로 건설현장에서 몇 달간 일을 한 적이 있다. 물론 어느 아르바이트보다 보수가 많아서 하긴 했지만 일용근로자로 일해 보니 현장의 분위기를 어느 정도 알 수 있어서 좋은 경험이 되었다. 그리고 먼저 일하고 있는 선배를 찾아가서 조언을 들어라! 최소 2~3년 정도는 경력이 있어야 많은 얘기를 해줄 수 있다. 충분히 듣고 경험하고 느끼고 생각해 보자. 그런 후 당신의 적성과 여건에 맞는 분야로 시작하자. 기술자로 시작해서 그 분야의 경험이라는 경력을 쌓아가기 위해서는 처음 시작하는 분야가 어떤 곳인지가 매우 중요하다. 왜냐하면 그 분야를 2~3년 하다가 다시 다른 분야에서 시작하기는 너무 많은 고통과 인내를 필요로 하기 때문이다. 일단 그 분야의 최소 기술경력으로 인정받기 위해서는 5년 정도가 소요된다. 이 정도의 경력을 쌓았다면 당신은 같은 계통의 다른 회사로 이직이 가능해진다. 하지만 다른 분야의 다른 기업으로 이직을 원한다면 그보다 더 경력을 쌓아야 한다. 그 기간이 필요한 시간은 얼마 정도라고 생각하는가? 최근 많은 젊은이들이 '워라밸'을 좇아 자신만의 라이프 스타일을 동경하여 '탈건'이 빠르게 진행되고 있는 실정이다. 회사를 떠난 많은 기술자들은 신탁회사나 금융기관 개발업무 쪽으로 자리를 옮기는 사람도 늘어나고 있다. 그런 곳에서 경력 있는 기술자가 필요한 이유는 아무래도 개발이란 현장을 잘 알고, 어떻게 개발이 이루어지는지를 직접 현장에서 겪은 기술자를 선호하기 때문이다. 2019년 건설경제 7월 29일자에 10대 건설사 직원 근속연수에 대한 기사를 실었다.

10대 건설사 근로자 추이				
구분	근로자수(명)		근속연수(년)	
	2018년 1분기	2019년 1분기	2018년 1분기	2019년 1분기
삼성물산	5722	5649	9.5	10.2
현대건설	6754	6315	10.5	12.9
대림산업	6904	6208	12.4	12.4
대우건설	5728	5333	13	14.1
GS건설	7027	6736	12.5	13.3
현대엔지니어링	5630	5725	7	7
포스코건설	5413	5513	10.2	10.26
롯데건설	3096	3241	10.1	10.2
SK건설	5012	4856	9.2	10
현대산업개발	1761	1737	9.49	9.8
한화건설	2583	2691	9.5	9.8
합계	5만5630	5만4004	10.3	10.9

〈건설경제 2019.7.29. 월요일〉

이 보도에 따르면 우리나라 10대 건설사 직원들의 근속연수는 대략 10년 정도로 조사됐다. 건설회사에 근무하며 최소 10년 정도의 경력으로 유능함을 인정받는다면 어느 헤드헌터의 제안을 받을 수도 있을 것이다. 건설사 경력직에 대한 수요가 적지는 않기 때문에 최소 10년은 당신이 선택한 분야에서 경력을 쌓아라. 그런 다음 '탈건'이라는 생각을 한번 가져볼 수 있다. 그렇지 않다면 지금 당신이 있는 이곳에서 기술자로서의 경력을 쌓아야 한다. 대형 건설사에 다니는 30대 초반 김 과장은 "입사 이후 매일 새벽 7시 출근과 오후 10시 퇴근하는 이런 생활에서 이제 벗어나고 싶다."라고 말했다. 또 누구는 "새벽달을 보며 출근하고 저녁달을 보며 퇴근하는 것이 일상이 되어 버렸다."라며 많은 현장 직원들이 고통을 호소하는 말을 종종 듣는다. 대부분은 맞는 말이다. 그런 직원들의 심정이나 현재 젊은층의 생각에 충분히 이해가 가고 공감이 간다. 2018년 7월 1일 부로 우리나라는 300인 이상 사업장에는 주 52시간 근무제가 적용되고 있다. 2020년 1월 1일부터는 50인 이상 300인 이하 사업장에서도 이 제도를 시행해야 하지만, 1년 유예된 상태이다. 300인 이상 대형 건설사에서는 지금 이 제도를 시행하고 있다. 앞장에서 말한 바 있지만 이미 많은 건설회사에서 PC-OFF제를 시행하고는 있다. 다만, 아직 정착되지 않아서 누구나 주 52시간을 적용받지는 못하지만, 이 제도는 앞으로 전면 시행될 것임은 자명해졌다. '워라밸' 시대가 오고 있다. 아침이 있고, 저녁이 있고, 당신의 생활이 있다. 이 흐름은 이제 거스를 수 없다. 건설현장도 이제 달을 보지 않아도 되고, 별을 보지 않아도 된다. 하지만 건설현장의 특수한 상황에서는 빠른 정착을 기대하지는 못할 수도 있다. 그런데 그런 변화의 바람은 불고 있다. 얼마나 환영할 분위기인가? 피해 갈 수 없는 대세이기에 공사 과장이든 공무 부장이든 현장 소장이든 서로의 변화에 발을 맞춰야 한다. 기성세대들은 이제까지 이렇게 살아왔지만, 우리 후배들에게도 이렇게 살라고 할 것인가? 우리 선조들이 그랬고 그의 아버지들이 그랬듯 당신들의 후세는 행복하게 살기를 원했었다. 그들 또한 후세를 대신해 고통을 받았고, 새로운 변화를 받아들였다. 그런 덕택으로 우리들도 혜택을 받으며 현재를 살아가고 있다. 나는 변화된 현장에서 후배들이 살기를 원한다.

'탈건' 하라! 그곳이 천국이라면 그렇게 하라!

하지만, 어디를 가더라도 천국은 없다. 이곳 현장에 발을 디딘 당신은 기술자다. 기술자가 되기 위해서는 고난의 쓴맛을 알아야 한다. 최소 5년이면 다른 건설회사로 더 좋은 연봉의 조건으로 옮겨갈 수 있다. 10년이면 다른 분야의 회사에서 손을 뻗을 기회를 만날 수 있다. 물론 더 좋은 조건과 더 나은 라이프 스타일이 기다리고 있을 수 있다. 하지만, 건설에 최고 기술자까지의 목표와 뜻이 있다면 남아라! 그러면 당신은 최고 경영자인 소장이 될 수 있다. 소장은 기업의 CEO와 마찬가지다. 당신이 회사의 오너가 아니더라도 당신은 기업을 경영할 수 있다. 한 개의 건물을 책임진 현장 소장이 그 프로젝트에 대해서 모든 경영을 책임진다고 해도 과언이 아니다. 그만큼 소장은 1천억 규모의 매출을 달성하는 기업의 CEO와 같다. 일반 제조업의 사장과도 같다. 아니 500억이라도 어느 중소기업의 사장보다도 더 큰 매출을 일으킨다. 이런 기회를 주는 어떤 기업도 세상에는 없다. 건설현장만이 가능한 것이다. 대략 2년 정도의 기간에 1천억이라는 건물을 無에서 시작해서 有의 창조물로 만들어야 하기 때문이다. 당신도 CEO가 될 수 있다. 큰 꿈을 가져 보라! 충분히 가능하다. 지금 이곳 현장에 당신이 있다면 말이다. 그렇지 않고 단순히 '워라밸' 만을 찾기를 희망한다면, 지금이라도 늦지 않았다. "다시 생각해라!" 또 그곳이 천국이라면 그렇게 하는 것이 맞다! 하지만, 천국은 어디에도 없다. 견디는 자만이 최고 기술자의 문으로 들어가는 열쇠를 얻게 될 것이다. 삶 속에는 온갖 역경과 고통이 따른다. 그 속에서 자신만의 뜻을 굽히지 않는 사람이 삶의 승자가 된다. 단테는 〈신곡〉에서 "너의 길을 가라! 남들이 뭐라 하든지 간에 꿋꿋이 가라! 너의 길을 가다 보면 열릴 것이다."라고 했다. 많은 사람들은 자신이 가는 길이 어떤 길인지 모른다. 그래서 자신의 길 문 앞에서 멈추고 돌아선다. 한 발짝만 더 가면 그 문이 열린다는 것을 눈치채지 못하고 포기한다. 그러나 꿋꿋이 가는 사람은 그 문 너머 밝은 빛을 보게 될 것이다.

02
90년생들아!
건달이 한번 되어 보자

현재 2020년에 사회 초년생으로 발을 들여놓는 세대는 일명 '90년대 생'이라는 세대이다. 이 90년대 생은 1990년부터 1999년까지 태어난, 현재 우리나라 나이로 생각하면 21세에서 30세까지의 사람이 된다. 보통 대한민국 남성의 경우는 군대 2년을 다녀와서 대학을 졸업하면 27세에서 28세 정도가 된다. 여성의 경우는 그보다 2~3세 적은 25세에서 27세 정도가 된다. 그 나이가 되면 보통 우리나라에서 정식 사회생활이 시작된다고 본다. 나의 경우도 군대 3년을 제대하고 나서 대학 졸업하여 28세에 첫 직장에 입사했으니 말이다. 물론 요즘은 직장 잡기가 어렵다고 하여 '취준생' 2년 차, 3년 차 하는 말이 유행하기는 하지만 말이다. 그래도 30세 정도면 사회생활을 시작하는 나이로 정확히 1990년대에 태어난 세대가 된다. 여기 1993년생으로 건설회사에 첫 입사한 김 기사의 건설현장 하루를 들여다보자! 김 기사 나이는 2020년에 28

세이다. 김 기사는 '취준생' 한번 없이 바로 한국대학 건축공학과를 졸업하고 건설회사 1군이라는 회사에 정규직으로 취업에 성공했다.

오늘도 설레는 직장생활을 기대한다. 새벽 공기를 마시며 현장 인근 아파트에 있는 숙소를 나와 출근한다. 보통 현장 숙소는 인근 10분~20분이내 아파트나 원룸 등으로 회사에서 임차를 구해 주는 게 보통이다. 김 기사는 아파트 내 바로 위 선임인 윤 대리와 양 과장하고 같은 숙소를 배정받았다. 한 현장에 주로 인원수에 따라 다르지만 서너 개의 숙소가 있다. 보통 기수 차이가 비슷한 사람끼리 같은 숙소를 배정하지만 때론 공사 차장이나 소장님하고 같이 쓰는 운 나쁜 경우도 있다. 그러면 얼마나 불편할까를 생각하며 김 대리는 정말 다행이라고 속으로 기뻐했다. 현장은 보통 아침 7시 30분 정도에 작업이 시작된다. 그러니 기능공들은 7시 정도에는 현장에 각각의 공정마다 반장이나 팀장들에게 출근 확인을 받고 아침 조회에 참석을 해야 한다. 신임 노동자는 안전교육을 받아야 하며 최초 현장 근로자가 되려면 건설업 기초안전 보건교육을 받고 이수증이 있어야 한다. 일반 근로자는 7시 30분에 안전 조회장에 모여 체조를 시작하고 안전구호를 외치면 그날의 일과는 시작된다. 안전담당 과장이 구호를 외친다.

"안전보호구 확인! 좋아! 좋아!"

"오늘도 안전! 내일도 안전! 안전! 안전! 안전! 야!"

구호와 함께 일제히 300여 명의 근로자들이 흩어지고 각자의 작업 현장으로 이동을 하게 된다. 김 기사는 10개 동 중 101동과 102동을 1공구장인 윤 대리와 함께 담당을 맡았다. 보통 10개동 중에 1/2로 동을 나눠서 공구장이라는 대리급이나 과장급으로 5개 동을 맡아 후임 기사들과 담당을 하게 된다. 공구장 밑에는 두세 명의 기사들이 있고 공구장의 지시나 작업방법에 대해 배우면서 일을 하게 된다. 내가 맡은 동의 공구장이 나의 사수가 된다. 김 기사의 사수는 같은 숙소에 있는 윤 대리다. 김 기사의 동기인 허 대리도 같은 숙소의 윤 대리가 사수다. 건설현장은 얼만큼의 경험치가 존재하는지가 경력으로 인정되는 게 관례가 된다. 어떤 사람이 우리나라 일류라고 하는 SKY 출신인지, 지방대학 어디 출신인지는 그리 중요하지 않다. 물론 취업 시에는 업체별 스펙을 고려할지 모르지만 일단 채용 후 건설현장이라는 특성상 가장 오래 근무하고 경험치 많은 사람이 최고다. 그만큼 건설현장에서는 경험치가 그 사람의 능력을 가르는 잣대가 된다. 대리가 되고 과장이 되고 차장이 되고 부장이 되면 자신의 경력을 인증받게 된다는 얘기다. 그리고 나서야 비로소 건설현장 최고의 책임자인 소장이 되는 것이다. 그 길은 멀고 험하다. 온갖 잡스럽고 어려운 현장에서의 대응과 경험이 재산이 된다. 기업의 시공업체 입장에서도 경험치가 없는 사람에게 어떻게 2년간의 공사에 500억 1,000억 정도의 어마어마한 매출을 믿고 맡기겠는가? 최고 임원인 이사일지라도 현장 경험이 없다면 맡길 수 없다. 그곳엔 예상하지 못한 리스크가 너무 많이 존재한다. 기업은 이윤이 목적인 조직이다. 이윤을 바탕으로 그곳에 몸담고 있는 각각의 회사 구성원들에게 이익을 통한 급여지급이 가능한 것이다. 이익을 유지하지 못하고 매번 적자를 면하지 못한다면 기업은 문을 닫을 수밖에 없다. 1997년 11월 IMF 사태 시 많은 건설업체들이 부도가 나고 문을 닫았다. 그때의 웬만한 건설회사들은 은행 대출로 건물을 선시공하고 입주자들에게 분양대금을 회수했다. 그런데 은행이 부채를 회수하기 시작하면서 줄줄이 기업들이 부도가 났다. 그때의 많은 사람들이 구조조정을 당하고 직장을 잃었다. 물론 그룹사들이나 자산이 어느 정도 탄탄한 기업들은 살아났고, 지금은 기업의 환경이 좋아져서 건설업체의 재무구조가 상당히 개선되었다.

김 기사가 맡은 101동은 내일 10층 바닥 콘크리트를 타설할 예정이다. 그래서인지 오전부터 분주했다. 슬래브 바닥 철근 배근을 도면과 확인하고 누락되거나 잘못된 부분을 철근 반장과 실랑이하며 수정했다. 철근 반장은 이 바닥에서 잔뼈가 굵은 사람이다. 그래서 척하면 배근도며 철근에서 중요한 정착, 이음, 피복에 관하여 도사다. 그렇지만 김 기사는 도면과 다른 배근을 발견하여 서로 확인하는 과정에서 약간의 충돌이 있었다. 김 기사가 아직 경험이 부족한 것을 인지하고 있던 반장이 자기의 경험으로만 주장하는 바람에 김 기사는 어려움을 겪었다. 그래도 김 기사는 경험은 적지만 기술자 교육을 받았고, 기사 자격증을 획득했고, 시공업체 관리자라는 자리에서 최선을 다했다. 우리가 현장에서 항상 자주 부딪히는 문제들이 많다. 그중에서도 철근 반장이나 형틀 반장이나 아니면 마감 공정에서의 반장들은 워낙 경험이 많은 사람들이라 설득하기가 쉽지만은 않다. 그때마다 기술자로서의 원칙을 지켜나간다면, 그들도 그것을 알고 있기 때문에 고집을 부리지는 않을 것이다. 기술자는 항상 도면과 시방서와 기술적 원칙을 가지고 현장에 대처해 나가야 한다. 이곳에서 작업하는 근로자들은 관리자의 입장과는 다르다. 그들은 작업을 쉽게 힘들이지 않고, 빠른 시간 안에 많은 공정을 끝내야 한다. 왜냐하면, 하도급을 받은 공정은 금액이 정해져서 계약을 하기 때문에 목적물이 달성될 때까지는 계약한 금액을 받을 수 없다. 그래서 적은 노동으로 빠른 시간 안에 달성하려고 한다. 그러면 기술적 원칙에 반해서 작업하는 경우가 허다하다. 그래서 현장에는 관리자인 김 기사 같은 기술자가 필요한 것이다. 그렇게 철근 작업을 완료하고 전기 소장이나 통신 소장에게 전선관이나 통신배선에 문제가 없는지 확인한다. 물론 그들도 자기 나름대로의 작업을 하지만 건설현장이라는 곳이 많은 공종이 섞여 있어 혹시 전선 배관을 엉뚱한 곳으로 하거나 자칫 다른 쪽으로 하게 되면 나중에 콘크리트를 활석하고 주철근을 건드리는 등 문제가 종종 발생한다. 그래서 전기, 통신도 철저히 확인이 필요하다. 물론 설비 등의 슬리브나 배관 박스 등이 누락되었을 때도 또한 같은 경우다. 그렇기 때문에 최종 확인은 항상 주공정인 건축에서 확인하는 경우가 다반사다. 물론 주로 아파트나 건축 공사인 경우

말이다. 플랜트 건설현장이나 발전소 같은 현장에서는 다르지만 말이다.

어찌됐건 여러 공종에서는 다 같이 확인하여 문제를 사전에 차단해야 추후에 비용이나 하자 등에 문제가 발생하지 않을 것이다. 그렇게 되면 마감 공정을 할 때도 재시공 없이 좋은 품질의 건축물이 완성될 수 있다. 김 기사가 오전에 해야 할 일은 일단 익일 콘크리트 타설할 준비가 완벽한지를 확인하는 일이었다. 어느 정도 마무리는 점심이 끝나고 최종 확인할 예정이다. 김 기사는 10층에서 호이스트(건물 측면에 운반용 가설 리프트 일종)를 타고 가지 않고 계단으로 한 층 한 층 내려와 함바(현장에 설치한 가설 간이식당)로 향했다. 보통은 현장 식당에서 점심을 해결한다. 대부분은 현장에 가설용 현장 식당이 있지만 공간이 좁아 설치하지 못하는 경우도 있다. 그때는 외부에서 주문하고 현장 가설 컨테이너 등에서 주로 식사를 한다. 근로자들도 마찬가지로 같은 방식으로 식사를 해결한다. 왜냐하면 외부로 나가서 식사를 하다 보면 점심시간이 모자라고 잠깐 눈을 붙일 시간이 없어지기 때문이다. 근로자들은 빠른 시간에 점심을 해결하고 현장 이곳저곳에서 점심시간이 끝날 때까지 잠깐의 숙면을 청한다. 옛날과 달리 요즘은 현장 내 가설 근로자 편의시설을 많이 설치하기 때문에 보통 그곳에서 잠을 청하곤 한다. 대부분 근로자들은 새벽에 일찍 나오고 고된 노동을 하기 때문에 점심시간을 이용해서 잠깐의 휴식이 필요하다. 그래야 또다시 오후에 작업을 이어갈 수 있다. 김 기사도 사무실 의자를 젖히고 잠깐 눈을 붙였다. 다른 현장도 마찬가지지만 이때만큼은 아무도 신경 쓰지 않는다. 피곤한 것을 다 알기 때문에 모두가 인정하는 관례가 되었다.

오후 1시가 조금 지나자 김 기사는 눈을 떴다. 잠깐 다른 동의 도면을 살피고 또다시 101동 10층 슬래브로 올랐다. 내일 타설할 준비를 최종적으로 확인하기 위해서다. 일단 모든 작업은 끝났고 단지 청소만을 남겨두고 있다. 요즘은 알루미늄이라는 철재 폼을 사용하기 때문에 청소할 게 많지는 않다. 하지만 10여 년 전에만 하더라도 벽에는 유로 폼이라는 철재 틀에 합판을 고정한 것과 슬래브는 코팅한 합판을 썼기 때문에 나뭇조각이나 톱밥 쓰레기가 정말 많았다. 요즘은 송풍기 등을 메고 불어내면 보통 청소가 잘되는 편이다. 여름에는 슬래브 위의 온도가 철재로 인해 40℃이상 올라가곤 한다. 그래서 주로 물로 청소를 한다. 어느 정도 열기도 식히고 물로 주위 온도도 내려가게 할 수 있다. 보통 한여름에는 오후 1시에서 3시 정도까지 작업을 중단하는 경우가 많다. 간혹 쓰러지는 근로자도 있고 노령층이 많은 건설현장에서는 뜨거운 열기를 버티기가 힘들기 때문이다. 그 대신 노동시간을 채워야 하기 때문에 한여름에는 새벽 5시, 6시부터 일을 시작한다. 그럴 때면 김 기사도 더 일찍 나와야 한다. 김 기사처럼 그렇게 현장을 경험하며 시간이 흐르다 보면, 그도 모르게 건설현장의 달인이 되어 있을 것이다.

건설현장의 달인을 흔히 기술자들끼리 '건달'이라 부른다. 원래 건달이라는 말은 불교에서 유래되었다. 인도의 산스크리트어인 간다르바(Gandharva)에서 한자로 옮겨가면서 '건달파(乾闥婆)'가 되었고 여기서 건달이라는 말로 이르게 되었다. 인도에서 음악을 다스리는 신으로 떠돌아다니며 향을 먹고 노래와 춤을 추는 신이다. 그런데 이것이 불교를 받아들일 때 부정적인 말로 와전되어 이르게 되었다. 어원이 어찌되었든 현장이라는 곳은 경험을 먹고, 시간을 먹고 자란다. 언젠가 당신의 기술을 인정받기 위해서는 인내와 끈기를 가져야 한다. 그러면 건설현장의 달인인 '건달'로 인정받게 되어 소장의 반열에 올라갈 수 있을 것이다. 현장에 발들인 모두가 가능한 일이지만, 그렇다고 아무나 될 수 없는 게 '건달'(건설의 달인)이 아닐까 생각된다. 90년대 생들아! 이제부터 건달이 한번 되어보자!

03

워라벨 우리도 할 수 있다

최근 어느 방송사에서 공무원 시험에 대학 졸업생들
이 몰린다는 기사가 나온 적이 있다. 그때 한 기자가 어느 서울대 졸업생
과 인터뷰한 내용이 있다.

"공무원 시험을 준비하는 이유가 무엇인가요?"

"아~~ 네~~ 저는 저녁이 있는 삶을 원합니다."

나는 그때 충격을 받았다. 그럼 우리들은 저녁이 없는 삶을 살고 있었
단 말인가? 대한민국 직장인 절반은 6시에 퇴근하지 못하고 야근을 한다
고 한다. 우리나라가 그동안 산업화되고 경제가 성장하면서 너무 많은 일
에 시달리며 인간적인 삶을 단순히 경제적 부양 이유만으로 퇴근 후 생활
을 저당 잡히며 살아온 것은 사실이다. 아니 그러한 사회적 풍토 속에서
우리 기성세대들은 열심히 일만 하며 살아왔다. 그런데 지금의 90년대 생
들은 이제 그런 삶을 원하지도, 사회가 원하는 대로 살지도 않을 것이다.

일인당 국민소득 3만 불 시대에는 변화해야 하는 것이다. 기업들이 예전처럼 근로자를 무작정 잡아놓고 일만 시키는 시대는 지났다. 대기업이나 공기업들을 기반으로 기업문화가 바뀌고 있다. 이제 6시 이후 퇴근시간에는 PC-OFF제로 인하여 작업이 불가능한 시스템으로 변화되고 있다. 그래서 어쩔 수 없이 근로자들은 퇴근할 수밖에 없다. 안 그러면 사용자는 처벌을 면할 수 없다. 이제 중소기업도 어찌됐던 이 제도를 도입할 수밖에 없다. 그런데 제조업이나 작은 기업들에서는 반발이 많이 생기고 있다. 왜냐하면 제조업은 납품기일을 맞춰야 하고 일정한 생산품을 만들어야 하기 때문에 공장을 계속 가동할 수밖에 없는 실정이다. 그런데 52시간으로 단축되면 그만큼 근로자를 더 고용해야 하며 비용도 증가될 수밖에 없어 울상이다. 이해가 안 되는 것은 아니지만 이제 피할 수 없는 현실이 되어 버렸다. 시대적 요구이며 대세의 흐름이다. 이것이 'Work and Balance'라는 말로 집약된다. 줄여서 우리말로 '워라벨'이라 말한다. 모든 근로자는 이제 '워라벨'을 누릴 수 있게 되었다. 정말로 퇴근 후에는 가족과 함께 저녁이 있는 삶을 누리게 된 것이다. 하지만 아직까지는 이 법이 정착되기엔 아픔이 따를 것이다. 특히, 건설 관련 기업들은 현장의 특이성 때문에 어려움을 겪게 될 것이다.

다시 김 기사의 하루를 들여다보기로 하자! 김 기사는 새벽 6시에 출근하고 저녁 이후 서류작업 및 자재 견적등 공무적인 작업을 하느라 보통 9

시 정도에 숙소로 퇴근을 한다. 그래도 김 기사가 다니는 회사는 1군 건설 회사라서 괜찮은 편이다. 일주일에 하루 이틀만 야근을 하면 대부분 일을 마칠 수는 있다. 나머지 시간은 체력단련이나 취미생활을 할 수도 있다. 물론 일을 마치면 피곤하기는 하지만 그래도 나름대로 본인이 하고 싶은 다른 것에 눈을 돌릴 수 있는 여유는 있다. 친구들을 만나고 영화도 보고, 주말에는 여행도 갈 수 있는 여건이 된다. 건설회사에 근무하면서 이런 생활이 가능하다는 게 정말 행운이 아닐 수 없다. 김 기사의 다른 학교 동기들은 조금 작은 회사나 설계회사에서 일하는데 그곳에서는 거의 불가능한 상황이라고 말을 한다. 같이 근무하는 양 차장님이 신입사원 때인 15년 전 건설회사에서는 있을 수 없는 일이었다고 한다. 그때는 매일 6시 출근에 10시가 넘어서야 겨우 퇴근하고 숙소에 가면 피곤해서 아무것도 못하고 쓰러졌다고 한다. 한 달이면 주말에 하루나 이틀 정도 쉬면 다행한 일이었다. 개인적으로 연차를 낸다거나 할 때도 눈치가 보여서 제대로 못 쓰던 시절이었다. 지금은 너무 좋아진 거다. 한 달이면 최소 6일 정도는 쉴 수 있다. 물론 기업마다 다르지만 그래도 지금은 건설현장에 다닐 만하다는 것이다. 예전에는 레미콘 회사들이 주말에도 납품을 해서 토요일이건 일요일이건 타설하려면 쉴 수가 없었다. 그런데 요즘은 최소 일요일은 납품도 안 하고 지역마다 다르지만 토요일도 납품을 안 하는 회사들이 많아지고 있다. 그러면 일단 현장 직원들끼리 돌아가면서 주말에는 휴무를 할 수 있다. 요즘은 일요일은 거의 작업을 하지 않아 최소 인원인 당번 한두 명만 출근하면 되는 시대다. 그래서 대부분 일요일은 휴무에다 격주로 토요일은 쉴 수 있으니 최소 한 달에 6일은 휴무로 쉴 수 있다. 예전에는 휴무 대신 그만큼의 근무 일수만큼의 일당을 계산해서 추가비용을 지급했다. 그래서 쉬지는 못했어도 현장 근무하면 꽤 월급이 두둑했다. 그런데 요즘은 기업마다 그것마저도 지급을 꺼려 되도록 휴무를 쓰도록 권유하기 때문에 쓸 수밖에 없는 실정이다. 만약 직원들이 그만큼 휴무를 쓰지 못하면 현장 소장이 문책을 받는 시대에 까지 왔다. 이 얼마나 좋은 징조인가? 지금의 현장은 본인이 잘 조정해서 휴무를 쓰면 어느 정도의 자기 생활을 즐길 수 있다.

'호모 루벤스' 란 즐길 줄 아는 인간이 아니던가? 인간은 즐기면서 살아야 한다. 그것이 인간됨이요, 본성이다. 아직까지는 작은 회사 같은 경우는 워낙 인원이 적고 한 사람이 많은 일을 담당해야 하기 때문에 그런 기회가 많이 주어지지는 않는다. 하지만, 이제 52시간을 간과해서는 안 될 현실에 처해 있다. 이제 누구나 어느 기업이나 실행을 해야 한다. 그리고 이 시대의 젊은층은 그런 것을 참고 견디며 살아야 했던 기성세대와는 다르다. 우리나라 경제규모는 OECD 국가 중 11위 정도이며 일인당 GDP도 3만 불 시대를 넘어섰다. 시대가 변하면 그 시대를 살아가는 젊은층의 의식과 생각도 변해 간다. 그에 맞춰 기업의 경영도 변해야 하고, 기업의 인력 배치나 구성도 변해야 한다. 그렇지 않으면 기업의 생존을 보장하기 어렵다. 왜냐하면 사람이 조직이고, 사람이 기업을 움직이고, 모든 가치는 사람을 중심으로 하는 방향으로 움직이고 있기 때문이다. 그럼 그 시대의 사람들이 원하는 제도와 의식을 바꾸어야 한다. Work와 Life는 이제 나뉘어야 한다. 기업을 경영하고, 기술을 개발하고, 전략과 전술을 이용하여 시스템을 만들고, 모두가 누군가의 생각에서 나온다. 기업이 성장하고 이익을 창출하여 사회 구성원들에게 다시 환원하는 일련의 생존은 모두 사람에 따른 것이다. 사람이 병이 나거나 아프면 기업은 생존해 나갈 수 없다. 그렇기 때문에 사람을 위한 일과 생활은 분류할 때가 왔다.

2019년 잡코리아에 따르면 직원 수 300인 미만 중소기업 인사 담당자 526명의 설문 조사 결과 66.9%가 인력이 부족하다고 답했다고 한다. "적시에 직원을 채용하지 못해 현재 인력 부족의 난을 겪고 있다"라는 것이다. 이게 무슨 말인가? 대학 졸업생 상당수가 '취준생'으로 공무원 고시에 매달리고 있는 이 시대에 정말 어처구니없는 일이 아닐 수 없다. 인력 부족 직무 분야로는 생산·현장직이 34.7%로 가장 많았고, 국내 영업(20.2%), 판매·서비스(17.6%), 연구개발(13.9%), IT·정보통신(12.2%) 등의 순으로 보고됐다. 인력 수급이 어려운 가장 큰 원인으로는 43.3%가 '구직자들의 높은 눈높이'로 나타났다. 그럼 반대로 생각하면 구직자들에게 맞는 양질의 좋은 일자리가 없다는 해석이다. 그 외에 기업의 낮은 인지도(33.7%), 낮은 연봉 (32.5%), 복지제도(29.3%), 근무 환경(19.4%) 등의 이유로 나타났다. 그리고 최근 1년 이내 퇴사한 신입사원의 평균 퇴사율은 28.9%로 10명 중 3명 정도의 높은 비율로 조사됐다. 퇴사 시기는 입사 후 3개월 이내라는 답이 63.5%였고, 입사 후 3~6개월 이내는 29.8%, 입사 후 6개월~1년 이내는 6.6%였다.

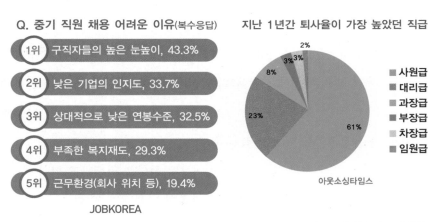

Q. 중기 직원 채용 어려운 이유(복수응답)

1위 구직자들의 높은 눈높이, 43.3%
2위 낮은 기업의 인지도, 33.7%
3위 상대적으로 낮은 연봉수준, 32.5%
4위 부족한 복지제도, 29.3%
5위 근무환경(회사 위치 등), 19.4%

JOBKOREA

지난 1년간 퇴사율이 가장 높았던 직급

2%
3% 3%
8%
23%
61%

■ 사원급
■ 대리급
■ 과장급
■ 부장급
■ 차장급
■ 임원급

아웃소싱타임스

〈2019년 설문 및 조사내용〉

어렵게 취업한 회사를 어떻게 6개월 만에 파악하고 퇴사를 결정한단 말인가? 지금의 젊은층들은 과감하고 신속하다. 그래도 최소 1년 이상은 그 기업에 대하여 경험하고 판단해야 하지 않을까 생각된다. 30%가 1년 내 퇴사하여 퇴사 준비생이라는 '퇴준생' 이라는 신조어가 생겨날 정도다. 이런 사태는 기존의 기성세대와의 갈등에서 기인하는 경우가 많다. '욜로(YOLO: You Only Live Once)' 가 유행하는 시대다. "인생은 단 한 번뿐!" 그렇다. 인생은 한 번뿐이지만 그 인생에서 대부분의 사람들은 회사생활하며 월급쟁이로 살아갈 수밖에 없다. 그렇다면 우리는 기성세대와 젊은 세대 간의 소통이 필요하다. '워라밸'을 통한 일과 삶의 균형이라는 욕구를 충족시켜 주기 위해 기성세대들은 힘써야 한다. 기업의 오너들이나 경영자들 또한 기업의 가치를 새로운 변화에 맞게 조정해야 한다. 젊은 세대들에서 또 다른 세대로 이어 가야만 하기 때문이다. 또 그 세대가 기성세대가 될 때는 어떤 세대가 등장할지 모른다. 물론 그때도 세대에 맞는 새로운 변화에 적응하여야 하는 것이다.

너무 돌아왔는지는 몰라도 이제 건설회사의 방향도 변화에 거스를 수 없다. 다른 기업의 환경보다도 가장 열악했던 곳이 현장이다. 이제는 시대에 맞는 요구를 수용하여야 하고, 세대에 맞는 욕구를 충족시켜야 한다. 세대의 단절이란 기업의 단절과도 상통한다. 앞으로 또 다른 세대를 이끌어갈 인재는 바로 지금의 젊은 세대이기 때문이다. 오래된 악습에서 벗어나고, 오래된 관례를 타파하고, 오래된 기업문화에서 과감히 변화해야 한다. 그렇지 않으면 건설의 미래는 없다. 아무리 4차 산업이 몰려온다 해도 건설이라는 특성상 기계화하기 어려운 부분이 있다 보니 모든 일을 사람이 해야 하기 때문이다. 언젠가는 우리나라 기술자들은 없고, 외국의 기술자가 들어와 공사할 수밖에 없다. 그러다 보면 그들에게 종속될 수밖에 없고 우리나라의 미래는 어두워질 수밖에 없을 것이다. 지금 건설현장의 근로자들도 외국인이 차지하는 비율이 15%이상 되고 있으며 계속 증가하고 있다.

불법 노동자를 감안하더라도 얼마 지나지 않아 절반을 넘을 것이다. 그러면 우리 국민이 일할 수 있는 일자리는 적어지고 외국인 기술자 밑에서 단순 노동하는 근로자로 전락할 가능성도 있는 것이다. 실제 지금의 많은 현장에서는 험하다는 형틀 공사는 대부분 중국 근로자가 진행하고 있는 실정이다. 그리고 그 밑의 단순 노동자라고 할 수 있는 용역 근로자는 우리나라 사람인 경우가 많아지고 있다. 이 상황이 모든 공종에 적용되지 않는다는 보장은 없다. 현장의 기술자들도 자부심을 갖고 존경받는 전문인으로 대우해 주어야 한다. 우수한 기술자들을 단순히 현장 노가다라는 이름을 붙여 가볍게 여기는 풍토를 개선하고, 일반 근로자인 기능인들도 달인이라는 호칭으로 그 기술을 인정해 줄 때 그들의 전망은 밝아지고 우리의 미래도 밝아질 수 있다. 빠른 시기에 언젠가는 김 기사도 6시에 출근하지만 4시에 퇴근하여 자기만의 '워라벨'을 즐길 수 있다면 모두가 오고 싶어 하는 건설현장이 되지 않을까? 우리도 '워라벨' 할 수 있다. 또 그렇게 만들 수 있다고 우리 스스로 외쳐 보자! 사람이 변하면 건설도 변하고, 건설이 변하면 미래도 변할 것이다. 그러면 건설현장에도 내일의 태양이 떠오를 것이다.

04
보이는 대로 보면
생각한 대로 행동한다

우리는 현실을 보이는 대로 본다. 가을 산의 나무가 가진 생명력의 몸부림에서 우리는 나무의 처절함을 이해할 수 있을까? 나무는 봄의 기운을 받아 잎을 내고 뿌리로 양분을 빨아들여 자신의 생명을 유지한다. 잎은 태양빛을 받아 광합성 작용을 하여 영양소를 만든다. 나뭇잎은 그토록 바쁜 일상을 산다. 늦은 가을까지 열심히 도토리 열매를 입안 가득 날라다 이산 저산 땅속에 파묻어 놓는 다람쥐의 애틋한 바쁜 하루를 어찌 이해할 수 있겠는가? 그들이 있어야 숲은 영속될 수 있다. 다람쥐는 자기가 겨울 내내 먹을 양식을 여기저기 묻어 놓지만 그것들을 모두 기억하는 것은 아니라고 한다. 기억하지 못한 어느 땅속에서는 이듬해 잃어버린 씨앗의 생명의 몸짓을 볼 수 있다. 다람쥐들이 많아지면 숲은 울창해지게 된다. 잎은 자신의 생명을 지키기 위해 자신의 잎을 스스로 떨군다. 그 잎들은 숲에 깔리고 썩고 새로운 영양분으로 돌아온다. 누구하나 시키지도, 가르쳐 주지도 않았는데 그들은 어찌 이런 이치를 알고 있을까? 자연은 그만큼 위대한 것이다. 그런데 우리 인간들은 그저 그들의 생명에 대한 몸부림을 그냥 아름답다고 느낀다. 그러기만 해도 어딘가? 나무를 해치고 숲을 더럽히고 도토리를 주어 온다. 태초에 우리 인간도 자연에서 온 것이고 그리고 자연으로 돌아간다. 이처럼 우리는 그냥 우리 눈으로 보이는 대로 보게 된다. 그것이 나쁘다는 것은 아니다. 그저 보이는 아름다운 것들을 즐기고 행복해하면 그만 아닌가라고 말하는 이도 있겠지만 최소 인간도 자연의 일부이니만큼 그 내면도 한번 들여다보자는 것이다. 새삼스럽게 왜 자연의 이야기를 하는지 의아해 할 수 있겠지만 우리가 생활하는 모든 일상이 자연과 같다는 말을 하고 싶어서이다.

건설현장에서도 우리는 자연을 바라보듯 보이는 대로 보면 안 된다. 왜냐하면 이곳은 자연의 그것과 같지 않기 때문이다. 보이는 대로 보지 않고 그것들의 내면을 들여다보는 눈을 길러야 한다. 이곳은 다른 사람들의 생명과 직결되는 위험한 상태일 수 있고 위험한 행동일 수 있기 때문이다. 왜? 어째서? 무엇 때문에? 등의 질문을 스스로에게 항상 던져야 한다. 현장에서는 수많은 위험한 일들이 일어난다. 그곳에 있는 당신은 그 위험들을 인지할 수 있어야 하고 또 인지한 것들은 즉시 위험하지 않는 상태로 돌려놓아야 한다. 당신이 그냥 지나치는 순간 어느 누군가의 아버지와 아들, 삼촌이 다치고 생명을 잃을 수 있기 때문이다.

19년 전 안양 임곡이라는 현장에 있을 때다. 전날 비가 온데다가, 상부 가설 도로에는 토사를 실어나르는 덤프트럭들이 여러 번 지나다니고 있었다. 하부 층에는 지하 주차장 슬래브를 작업하는 형틀 공들이 잠시 점심시간의 여유로운 휴식을 취하고 있었다. 그런데 갑자기 상부 사면이 흘러내리면서 하부에 쉬고 있던 사람들을 덮쳤다. 그날 3명의 소중한 목숨을 잃었다. 상부 사면이 암반이어서 절대 흘러내리지 않을 것이라는 생각을 하고 있었던 것이다. 그러나 그 암반은 아래쪽으로 절리가 발달한 암석이었다. 그래서 전날 우수로 인하여 절리 사이로 물이 스며들었고 그 위로 덤프트럭으로 인한 하중에 암석이 절리를 따라 아래로 흘러내렸던 것이다. 그곳에 있던 많은 기술자며 관리자들은 미처 생각하지 못했던 상황이라고 말하지만, 우리의 시선은 보이는 대로 보았을 뿐이다. 한 번 더 암석의 물리적 성질과 현장에서 암석의 상태를 다른 시각으로 보았더라면 소중한 생명을 살릴 수 있지 않았을까? 한 번만이라도 암석의 상태에 대해서 유심히 살피고 연구하였다면, 최소한 사전에 어떤 조치를 할 수 있었을 것이다. 나는 그때 큰 충격을 받았다. 비록 현장 경험이 별로 없던 3년 정도의 초짜였지만 그런 것들을 생각하지 못했던 자신이 부끄러웠다.

그 일이 있은 후 나는 현장에 대한 새로운 눈을 가지기 위해 많은 노력을 했다. 만약, 당신이 현장에 있다면, 혹 그런 일을 하게 된다면, 또는 다른 일을 하게 되더라도 우리는 다른 시각으로 사물이나 현상을 바라보도록 하자. 그러면 새로운 생각과 새로운 의지가 생기게 된다. 다음은 현장에 있으면서 그런 시각으로 볼 수 있게 해 준 몇 가지 방법을 소개해 보고자 한다. 물론 지금도 그것이 전부라고는 생각하지 않는다. 최소 현장에 있는 기술자로서 여러 가지 방법과 연구를 계속해 보길 바라는 마음에서 꺼내 본다.

첫째, 성실해야 한다. 현장에서는 부지런해야 한다. 한 번이라도 더 다닌 현장은 더 많이 보이고 더 잘 보이는 법이다. 한 번보다는 두 번이 좋고 두 번보다는 세 번이 좋은 것이다. 그래서 기술자는 부지런해야 한다는 것이다. 하지만 현장이라는 곳은 한 번 볼 때 달라지고, 두 번 볼 때 달라지고, 세 번 볼 때도 달라지는 곳이다. 왜냐하면 계속해서 일이 진행되기 때문이다. 현장일은 그때의 공정 순서에 따라 기준이 있고 방법이 모두 다른데, 그 순간에 안 보면 지나가고 없어지기 때문이다. 가령 콘크리트 타설 전 청소 상태 확인은 작업 시에는 불가능한 것이다. 작업을 모두 마치고 다음날 타설 계획 전에 꼭 한 번은 슬래브 층이든 다른 곳의 벽체 등 확인을 해야 한다. 그렇지 않으면 일하는 사람들은 쓰레기가 있거나 지저분해도 잘 치우지 않는 게 보통이다. 그들은 그것으로 인해 돈이 되지 않기 때문에 얘기하지 않으면 스스로 하지 않는다. 꼭 그런 것은 아니지만 대부분은 그렇다는 것이다. 그래서 기술자가 꼭 그 시기에 확인을 해야 한다. 그래서 하루에도 몇 번을 타설 층에 올라가 봐야 한다. 혹 청소를 하지 않고 타설했다면 타설 후 거푸집 해체 후 벽체 바닥에 먹다 남은 비닐봉지나 플라스틱 병을 보게 된다. 벽체 하부에 보이면 그곳을 활석하고 보강하기 위해 고강도 콘크리트로 충진해야 하는 문제가 발생한다. 그것으로 비용은 증가한다.

둘째, 항상 공부해야 한다. 물론 우리는 대학에서 건축에 관한 기본적인 지식을 습득하였다. 그것만으로도 충분할 것 같지만, 현실은 그렇지 않다. 학교에서의 지식은 정말 기본적인 앎에 불과할 뿐이다. 우리가 어떤 운동을 할 때도 준비운동이나 기본 체력을 길러야 하듯이 그것도 단지 준비운동이라 말할 수 있다. 현장에서는 각 공종 하나하나마다 시공순서가 다르고, 각각의 시방서를 적용하여야 하고, 상세도를 숙지하여야 한다. 그렇지 않으면 근로자가 자기만의 노하우로 시공하게 된다. 그러면 추후 재시공의 문제가 있거나 하자가 발생하거나 문제가 될 수 있다. 그러므로 항상 공부가 필요하다. 지식이란 한 번 쌓으면 사라지지 않는다. 유태인 속담에 '훔쳐갈 수 없는 유일한 것은 지식이다.' 라고 한 것은 정말 훌륭한 말이다. 우리는 물질적인 재산에 대하여는 욕망이 너무 많다. 그러나 지식에 대한 욕망은 어떠한가? 누가 더 많이 가졌는지를 인식할 뿐 저 사람이 나보다 더 좋은 지식을 가졌다고 해도 우리는 신경 쓰지 않는다. 없어지지도 않으며 누가 훔쳐갈 수도 없는 지식인데도 그것 때문에 우리는 남들을 질투하지 않는다. 현장에 들어온 초입 기술자들은 항상 노련하고, 경험 많은 팀장들에게 무시를 당하곤 한다. 왜냐하면 그들은 타일이면 타일, 도배면 도배, 미장이면 미장, 도장이면 도장, 형틀이든 철근이든 능숙한 기능인이요 달인들이다. 그분들에게 당신은 신입 애송이일 뿐이다. 그러니 아무것도 모르는 새파란 신입 기사가 "반장님! 이렇게 해주세요.", "이것은 이렇게 하면 재시공됩니다."라고 하면 말을 듣겠는가? 그런 기술자는 무시당해도 어쩔 수 없다. 하지만, 그 공종에 대하여 공부를 많이 하고 그 분야에 대하여 전문적으로 많이 알고 있다면 그분들은 절대 당신을 무시하지 못할 것이다. 서툰 지식은 그들의 웃음거리가 될수 있다. 가령, 조적공에게 "너무 높이 쌓지 마시고 사춤 제대로 하세요."라고 지시했다고 한다면 그 조적공은 "왜 그렇게 해야 되지? 우리는 항상 이렇게 시공해 왔는데 무슨 말을 하는 거야?"라고 할 것이다. 그럴 때 공부한 기사들은 이렇게 설명하면 될 것이다.

"반장님! 조적 하루에 1.8m 이상 쌓으시면 하중에 의한 줄눈 눌림 등으로 수직 수평에 맞지 않아 다시 쌓아야 해요! 그리고 사춤 제대로 안 하면 나중에 초벌 미장할 때 힘들게 된다고요! 그리고 방수 몰탈할 때 방수 하자 생기고 석고보드 붙일 때 소음이나 방음에 문제가 됩니다."

"아! 그렇구나! 그래 김 기사 수정할게요!"

"네 반장님! 수고하세요."

그러면 다음에 김 기사를 함부로 대하지는 못할 것이다. "와... 김 기사 많이 아는 사람이구나!"라고 생각할 것이다. 공부는 평생 해야 한다. 그것으로 당신이 발전할 수 있는 성장의 기회가 주어지기 때문이다. 항상 공부하자! 당신은 항상 성장한다.

셋째, 열정을 가져야 한다. 열정이란 생명력이다. 열정이 없으면 우리는 죽는다.

건설현장은 출근하는 6시부터 퇴근하는 6시까지 하루가 길다. 아니 하루는 퇴근도 못 하고 10시, 12시까지 사무실에서 또 다른 서류 일을 할 수도 있다. 물론 공무팀이 있어 대부분의 서류 작업은 공무팀에서 하지만 시공 기술자들은 자기가 맡은 동이나 파트별 견적이든 자재 물량이든 산출하여 공무팀으로 넘겨야 할 때가 있다. 그러면 야근도 해야 하고 어쩌면 새벽달을 볼 수도 있다. "나는 최고의 기술자가 되고, 시간이 흘러 현장 최고 책임자인 소장이 될 수 있다."라는 열정이 없으면 버티지 못한다. 그런 목표와 희망이 곧 열정을 만들게 된다. 아니 몇 개월 그런 생활을 반복하다 보면 지쳐서 쓰러질 것이다. 열정을 가져야 하는 이유다. 하루의 열정이 이틀이 되고, 한 달의 열정이 두 달이 되고, 일 년의 열정이 10년이 되는 것이다. 그러면 당신은 어느새 누구도 범접할 수 없는 최고의 기술자가 되어 있을 것이다. 나는 현장에 관련된 일만 25년째 하고 있다. 그 열정이 없었으면 오늘의 나는 없다. 누가 뭐라 해도 하기 싫은 것을 했고, 버티지 못할 것 같은데도 버티며 지냈다. 이 세상 성공한 모두가 그런 열정을 가지고 성공했을 것이다. 하지만 누구보다도 이 땅의 최고 기술자로 성장한 모든 현장 소장님들에게 박수를 보낸다. 그분들도 나와 다르지 않았을 것을 알기 때문이다.

　첫 소절에서 보이는 대로 보지 말고 그 내면을 볼 수 있어야 한다고 했다. 성실해야 하고, 공부해야 하고, 열정을 가져야 그런 눈으로 볼 수 있는 역량이 생긴다. 당신이 지금 있는 현장을 둘러보라! 무엇이 보이는가? 주변의 광활한 대지 넘어 가설 울타리 사이로 들어오는 서늘한 바람 속에서 숲속의 향긋한 풀 냄새를 느껴보자. 따스한 햇볕 사이로 늦가을 높아진 하늘에 흘러가는 구름의 흐름을 보자. 그대의 내면으로 그것들을 보라! 그러면 당신은 보이는 것보다 보이지 않던 세부적인 다른 면을 볼 수 있을 것이다. 때론 망원경으로 봐야 하고, 현미경으로 봐야 한다. 당신의 시각은 무궁하다. 그것이 기술자의 시각이다.

05

노가다란 말은
공룡도 알아듣지 못한다

우리나라에 체류하고 있는 외국인 노동자는 2019년 통계로 220만 정도로 추정한다. 그중에 건설현장에 근로자로 합법적으로 취업하고 있거나 불법으로 고용되어 있는 노동자는 대략 54만 명 이상으로 보고 있다. 그러면서 이제 건설 시장은 50%이상 차지하는 외국인 노동자가 없으면 일이 불가능할 정도가 되었다. 우리나라가 경제적으로 윤택해지면서 일명 3D라고 하는 건설 노동은 이제 기피의 대상이 되었기 때문이다. 건설업종뿐만 아니라 다른 업종의 힘든 일은 이제 외국인 근로자가 아니면 할 수 없는 마비의 시장이 되어 버렸다. 중소기업의 제조 업종을 가보면 사태는 더욱 심각하다. 동남아에서는 대한민국이 이제 기회의 나라로 인식되어 너도나도 합법이 되었건 불법이 되었건 우리나라의 노동시장을 상당한 부분을 잠식하고 있는 게 엄연한 기정사실화되어 가고 있다. 특히, 건설현장의 노동 시장은 말할 것도 없다. 2018년 외국인고용지원센터 통계에 의하면 가장 많은 외국인 근로자는 당연 중국인이다. 42.7% 이상을 중국인 노동자가 차지한다. 현장을 둘러보다 보면 으레 들리는 말은 중국말이 되어 버렸다. 그 다음으로 베트남인이 7.6%, 캄보디아 7.5%, 우즈베키스탄 6.6%, 네팔 6.0%, 인도네시아, 필리핀, 태국의 순으로 나타났으며 그 외 미얀마, 몽골, 스리랑카, 파키스탄 등 국적도 다양화되고 있다. 그런데 외국인 노동자의 증가는 또 다른 문제를 안고 있는 경우가 많다. 범죄의 가능성도 배제할 수 없지만, 가장 심각한 문제는 우리 국민들의 일자리 창출에도 문제가 되고 있다. 어렵고 힘든 곳에서는 일하지 않으려는 성향이 짙다고 치부하기엔 너무 많은 외국인 근로자들이 잠식되어 있는 실정이다. 또한 합법적 근로자야 어찌 제제할 방도가 없다고 하지만 불법 노동자들의 문제에도 신경을 써야 할 시기가 다가왔다. 정부에서도 '고용허가제 불법체류, 취업 방지 방안'을 마련했지만, 관계 부처 간 정보공유와 단속은 실질적으로 잘 이루어지지 않는 게 현실이다. 단속 공무원 수를 늘려 단속하기에는 한계에 부딪힐 수밖에 없는 상황이라는 것이다. 또한, 불법 노동자들을 고용해도 현재로써는 고용업체에 책임을 묻지도 못하고 있어 이에 대한 지침이 마련되어야 할 것으로 보고 있다.

어찌되었든 2020년 현재 대한민국은 외국인 노동자의 고용 및 인권문제, 범죄예방 등 여러 가지 개선되어야 할 문제들로 산재되어 있는 것은 사실이다. 우리나라 노동자들도 일찍이 60년대, 70년대에 머나먼 타국

독일로 광부나 간호사로 외화를 벌어들이기 위해 떠났던 시절이 있었다. 그때의 우리나라 노동자들도 그 나라 국민들이 하지 않는 힘든 일이나 위험한 일들을 대신하고 또 그 나라 경제에도 도움을 줄 수 있었던 것을 기억해야 한다. 우리나라에 들어오는 대부분의 노동자들 또한 동남아 등의 개발도상국 국민으로 우리나라 국민들이 힘들어하고 위험한 일들을 대신하고 있는 것은 사실이기 때문이다. 그렇지만 많은 노동자들을 관리하고 처우를 개선하기 위해서는 적극적인 행정과 법 개정을 제도화하는 것이 시급한 문제가 되었다. 그 일환으로 공기업인 LH에서는 2019년부터 '건설 근로자 전자카드 근무 관리 시스템'을 도입하여 각 현장에서 시행해 오고 있다. 이 제도는 모든 근로자의 출근을 카드시스템에 등록하고 건설공제회 및 은행과 제휴를 통해 퇴직공제금이 지급될 수 있게 연결하고 노임지급도 은행을 통해 직접 지급될 수 있는 시스템으로 제도화되어있다. 물론 합법인 외국 근로자들만이 출입이 가능하기 때문에 불법 근로자들의 출입을 제한할 수 있는 시스템이다. 아직 시행 초기 단계이지만 앞으로 관리를 잘하면 확대 적용될 수 있을 것이라 전망된다. 예전의 건설현장에는 많은 문제점들이 산재해 있었다. 근로자 노임이 체불되어 노임 소요 사태를 일으키고, 일용근로자의 퇴직금제도 등이 정착되지 못해 관리가 어려운 채로 현장을 운영할 수밖에 없었던 시절이 있었다. 이제는 시스템이 개발되고 현장관리도 선진적인 제도 개선을 통하여 인력 관리할 수 있다면 한층 더 수월한 현장관리가 될 수 있을 것이라 전망한다. 특히, 현재의 건설현장에서는 다국적인 언어를 사용하기 때문에 여러 가지 안전문구나 용어들이 중국어, 베트남어, 영어 등으로 바뀌고 있는 추세이다.

10여 년 전까지만 하더라도 건설현장 용어들은 거의 대다수 일본말에서 유래되어 근로자 간에는 일본말로 통하는 시대가 있었다. 내가 처음 현장 근무한 24년 전에는 정말 도통 무슨 말인지 모를 정도였다. "저기 대낑을 가베에 다대로 배근하고, 대나우시되지 않게 단도리 잘해서 빨리 시마이 하자구!" 도대체 무슨 말이지?

우리말로 옮기면 이렇다. "저기 철근을 벽체에 세로로 배근하고, 재시공되지 않게 준비를 잘해서 빨리 마무리합시다." 이 말을 이해하기까지는 꽤 오랜 시간이 필요했다. 각종 일본어를 공부하고 현장에 일하는 근로자들에게 물어도 보며 현장에서 사용되는 일본말을 배운 기억이 생생하다.

2019년 10월 8일 자 건설경제신문, 매일경제, 건설타임즈, 국토일보 등의 언론에는 한국토지주택공사(LH)와 문화체육관광부, 국립국어원이 건설현장의 일본 용어를 우리말로 바꾸는 '건설용어 우리말로' 캠페인을 추진하기 위해 업무협약(MOU)을 체결했다고 보도했다. 이 협약은 10월 9일 한글날을 맞이하여 건설현장에서 의사소통이 어려운 일본어를 우리말로 사용하고 최근 대폭 늘어난 외국인 노동자들과의 언어 소통을 쉽고 바르게 할 수 있는 데 도움을 줄 것이다. 소강춘 국립국어원장은 "건설현장에서의 우리말 사용에 앞장선 것을 환영한다."라며 "이런 캠페인이 꾸준히 전개돼 우리말로 쉽게 소통하는 건설현장이 되길 바란다."고 말했다. 그럼 간단히 자주 사용하는 일본말을 몇 개 소개하고자 한다.

일본말	우리말	일본말	우리말
노가다	막노동	오야지	책임자
함바	현장식당	가쿠목	각목
헤베	제곱미터(m^2)	구루마	수레
루베	세제곱미터(m^3)	데코보코	요철
오사마리	마무리	메지	줄눈
데나오시	재시공	빠루	노루발 장도리
바라시	해체	뼁끼	페인트
나라시	고르기	아시바	발판, 비계
노바시	늘이기	와쿠	틀
단도리	채비	가리바리	버팀대

그 외에도 몇 가지 더하면 콘크리트(공구리), 덴바(윗면), 10전(10cm), 하스리(활석), 시아게(표면 마무리), 기리까이(바꾸기), 데스라(작업일보), 야리끼리(일 맡아 끝내기), 다대(세로), 가로(요꼬), 철근(데깡), 가베(벽), 시마이(끝), 구베(물매), 데마(품), 데마찌(대기), 데모도(조력공) 등이 있다. 이 많은 일본말을 모두 알 필요는 없지만 현장에 관리자로 일하는 기술자들은 반드시 알

아두어야 할 일본말이니 숙지해 두도록 하자. 왜냐하면 관리자들이 직접 이런 일본말을 사용할 필요는 없지만 현장 근로자들은 수시로 몸에 배어 있다 보니 입에서 툭 튀어나온다. 그런데 그때마다 그 말이 무슨 뜻이에요? 하고 물어보면 관리자들은 좀 창피하지 않을까? 단순하게라도 알아들을 수 있어야 현장에서는 편할 듯하다. 특히 형틀공이나 철근공들은 수시로 이런 말을 사용한다. 건설현장에서 일하는 근로자들 중에도 좀 거친 사람들이 많은 곳이 철근, 형틀공들이다. 워낙 일이 힘들다 보니 그런 여건 속에서 항상 몸에 있던 일본말들이 자연스럽게 튀어나온다. 요즘 일본 역사를 청산하자는 사회적 분위기가 정치적 이슈가 되기도 하지만, 아직까지도 그 잔재가 남아있는 곳이 건설현장의 일본 용어들이다. 일본은 일제 식민지 시대에 우리나라 수탈의 목적으로 많은 건물과 철도, 도로, 항만들의 공사에 집중하던 시절이 있었다. 그때 들어온 건설용어들이 아직까지도 산재해 있는 것이다. 이제 우리들에게 이런 일본말의 용어들을 우리말로 쉽게 바꾸어 사용해야 하는 책임이 있는 것은 자명하다. 특히, 최근에는 앞에서 이야기했듯 외국인 노동자들의 증가로 그들 또한 알아듣지 못하여 일의 능률이나 안전사고의 원인이 될 수도 있다.

우리 농촌은 20여 년 전부터 다문화 시대로 접어들었다. 농촌 총각이 결혼을 못 해서 인근 동남아 여자들과의 결혼을 적극 권장하는 인식이 전파된 결과였다. 그래서 지금은 아주 자연스러운 사회현상으로 자리 잡아

다문화 프로그램이나 여러 가지 지원제도들이 생겨났다. 어찌 보면 국제화는 우리나라 농촌에서부터 시작됐다고 봐도 이상하지 않다. 이것을 시작으로 이제 우리 사회 곳곳에서 많은 외국인 노동자들을 볼 수 있는 시대에 있다. 200만이 넘는 외국인 노동자가 체류하는 시대다. 건설현장도 예외가 될 수 없다. 변화는 시대에 맞추어 일어난다. 그런 시대에 건설현장 기술자들도 간단한 중국어 베트남어 등을 배우고 숙지해야 할 때다. 물론 만국 공통어인 영어는 말할 필요도 없을 것이다. 글로벌화되고 있는 건설문화에 적응해야 한다면 틈틈이 외국어도 놓쳐서는 안 될 능력이 되어버렸다.

최근 소장으로 있는 성남 고등 현장에 세계 각국에서 방문하여 우리나라의 최고의 주택 기술을 견학하고 돌아간 적이 있다. UN Habitat 소속의 나라 중 이란, 나이지리아, 미얀마, 스리랑카, 아프가니스탄, 저 멀리 아프리카 케냐에서까지 다녀갔다. 그들이 놀란 것 중에 하나가 이런 거대한 주택 단지를 단 2년 만에 완성한다는 것이었다. 그 말에 놀라서 믿지 못하겠다는 표정이 인상 깊었던 기억이 난다. 개발도상국들이나 후진국에서는 이렇게 큰 주택단지를 지어본 경험이 없었을 테니 그들의 입장에서는 정말 놀랄만한 일이 아니겠는가? 우리나라 주택 기술은 세계 최고라고 해도 과언이 아니다.

첫 번째로 주택 내부 마감재는 정말 정교하고 예술적이다. 동양의 좌식

문화에 맞는 실내장식은 고급스럽기까지 하다. 입식문화의 서양이나 다른 국가에서는 주택 벽체가 대부분은 페인트로 마감하지만 우리 주택은 미려한 종이벽지나 타일 등으로 마감된다.

두 번째로 방바닥은 온돌 시스템에 의해 항상 따뜻한 온기를 받으며 살 수 있다. 과학적으로도 이런 시스템이 인간에게 월등히 유익한 영향을 준다는 연구는 이제 많다. 이런 시스템을 벌써 몇 천 년 전에 우리 조상들은 사용해 왔다. 물론 이런 것들이 기후와 문화에도 많은 영향을 받았다는 것은 사실이다.

마지막으로 이런 고층의 주택들이 완벽하게 짧은 시간에 완성된다는 사실이다. 보통 20층 아파트라고 가정하면 착공 후부터 2년에서 2년 반이면 완공된다. 정말 놀라운 기술이 아니던가? 우리나라의 지리적 여건이나 도시문화에 편리함을 추구하는 사람들의 성향이라고 보기보다 건설 속도에 세계가 놀라는 것은 당연하다. 그들은 대지도 넓고 입식문화이고 우리나라와 같은 아파트 문화는 더 이상할 수도 있었을 것이다. 하지만 그것을 완성하기 위한 건축기술은 당연 세계 최고이고, 기술자 또한 우수하다. 아쉬운 점은 그런 건물들이 직육면체들의 나열로 획일화되고 도시의 풍경과 스카이라인을 단순화시킨 것에 조금의 책임을 느낀다.

현대는 하나의 행성이 지구촌이라는 조그만 시골마을 같은 느낌으로 좁아지고 있다. 당신이 있는 이곳 현장도 우리가 예전에 답습해 온 일본식 건설문화에서 이제 세계 최고의 주택 기술을 자랑하는 첨단의 시점에

서있다. 이제 노가다란 말은 공룡도 알아듣지 못하는 구시대의 잔재가 되었다. 이제부터 당신이 새로운 패러다임 문화를 창조해야 할 때다.

06

김 대리는 어떻게
연봉 천만 원이 올랐을까?

2019년 5월 잡코리아는 건설사 취업을 준비하고 있는 취업 준비생 1,110명에게 2018년 시공능력 평가 순위 상위 50개사를 보기로 '가장 취업하고 싶은 건설사' 설문을 진행했다. 그중에 1위로 GS건설을 꼽았다. 응답률 42.1%로 나타났으며, 2위로는 SK건설이 29.5%로 다른 기업보다 상대적으로 높았다. 그 뒤를 이은 건설사는 10대 기업 중에서 나왔다. 이런 조사는 대부분의 취업 준비생들도 건설사 중 대기업을 선호하는 것으로 해석된다. 이유가 많이 있겠지만 가장 큰 영향을 미치는 요인으로 '기업에 대한 이미지'인 것으로 조사됐다. 응답률은 25.1%로 4명중 1명이 기업의 이미지가 중요한 것으로 생각했다. 그다음 순위로는 '연봉이 높을 것 같다'가 12.8%, '성장성이 있는 기업일 것 같아서'가 8.0%를 차지했다. 우리나라 대부분의 그룹사들은 계열사로 속해있는 건설사를 최소 1~2개는 기본으로 가지고 있다고 해도 과언이 아니다. 그래서 기업의 성장으로 인한 그룹 내 건물 공사는 자기들이 가지고 있는 그룹 건설사를 이용하여 맡기는 편이다. 왜냐하면 그룹 내 공사가 워낙 많던 시절에 다른 건설사에 그 비용을 주고 맡기면 손해라는 생각을 가지고 있었기 때문이다. 때론 70~80년대 건설사에서 부정적인 자금이나 탈세 등의 불법적인 수단으로 이용되었던 것도 부인할 수는 없을 것이다.

1950년 6.25전쟁 이후 급속한 국토재건과 경제개발의 선두에 섰던 것도 건설회사들이었다. 그만큼 건설은 우리나라 경제부흥과 도시화를 한층 앞당기는 데 큰 역할을 해왔다. 중동 석유자원의 개발로 인한 인프라 공사에서도 우리 건설회사들이 많은 외화와 경제기반의 틀을 마련하게 된 것도 부인할 수 없다. 80년 초 본격적으로 아파트라는 공동주택의 인기와 더불어 건설회사들은 너도나도 종합건설면허에 열을 올리기 시작했다. 왜냐하면 무조건 지어서 분양하게 되면 팔리던 시대였고 서민들의 재테크 수단으로써도 최고의 인기를 누리고 있었다. 경제 규모가 점점 커가면서 아파트는 누구나 선호하는 이 시대의 주거로 자리잡아가게 되었다. 80년 말 주택 200만 호 건설의 정부정책 발표 이후 급속도로 아파트 건설은 절정에 달했다. 그땐 정말 웬만한 중소기업들은 건설회사를 만들어 아파트를 분양하기에 여념이 없을 때였다. 한참을 그렇게 하던 순간 1997년 IMF 사태를 맞았고, 건설회사의 아파트 붐은 연쇄부도를 맞으면서 잠시 멈칫하며 된서리를 맞게 되었다.

　IMF라는 국가경제 위기에서 우리 국민은 금 모으기 운동으로 한몸이 되어 경제 위기에서 탈출하기 위한 많은 노력을 했다. 기적 같은 일이지만 3년 후 우리는 그 위기에서 탈출하여 새로운 제2의 도약에 접어들었고 2018년 30-50클럽(1인당 국민소득 3만 달러, 인구 5천만 이상 국가) 국가에 당당히 일곱 번째로 입성하게 되었다. 이 클럽의 나라들은 겨우 미국, 영국, 독일, 프랑스, 일본, 이탈리아 이렇게 6개 나라밖에 없다. 우리나라처럼 전쟁 이후 이렇게 빠르게 성장한 나라는 세계 어디에도 없다. 그 이후 우리나라는 저성장의 늪에 빠져서 실업률 상승과 3포(연애, 결혼, 출산) 시대라는 말이 나올 정도로 경기가 둔화되었다. 급성장의 롤러코스터는 이제 없다는 것을 깨닫고 있는 시대에 살고 있다. 지금은 3포에서 N포 시대라고 말한다. 3포에다 내 집 마련 포기, 인간관계 포기, 꿈과 희망 포기 등 앞으로의 전망은 그리 밝을 것 같지 않다. 우리 기성세대들은 짧은 시간에 정말 많은 변화를 느끼며 살아왔다. 그러나 우리 자식들 세대에는 그런 성장이나 빠른 변화를 기대하기는 어려울 수도 있다. 그것은 앞으로 이 시대를 사는 사람들의 의지에 달려 있었으면 한다. 그렇다고 너무 어두운 미래를 걱정할 필요는 없다. 그래도 현시대는 우리나라 5천 년 역사상 최고의 전성기 아니던가? 세계의 중심에 대한민국이 있다. 다시 본론으로 들어가 보자.

'취준생'들이 대형 건설사를 선호하는 것은 당연하다. 그러면 건설회사의 연봉 수준을 간단히 살펴보자. 2019년 매일일보에 시공 순위 10대 건설사 평균 연봉 수준에 관하여 쓴 기사가 있다. 우선 10대 건설사 재직 중인 임직원 평균 연봉은 8,340만 원으로 집계됐다. 건설사별 1위는 삼성물산으로 연봉 1억 500만 원으로 업계 최고이다. 그다음 현대 계열, GS건설 등이 8천만 원대로 높게 나왔다. 취업 준비생이 선호하는 건설사와 그리 큰 편차를 보이지 않는 당연한 결과이다. 하지만 애석하게도 지난해 상위권 건설회사들은 긴축경영으로 임직원수를 감축하였고 고용률도 줄어들고 있는 것으로 나타났다. 하지만 금융감독원 2018년 사업보고서에 따르면 시공능력 평가 11~20위의 중위권 건설회사들은 고용을 늘려 직원 수는 7.5% 증가한 것으로 집계됐다. 너무 대기업의 건설회사만을 고집하지 말고 중견 건설회사로 목표를 바꾸어 보는 것도 좋을 것 같다. 건설회사에 근무하는 것은 여러 가지 어려움이 있을 수 있다. 만약 여러분 중에 건축에 대한 목표가 뚜렷하고 큰 뜻을 가지고 있다면 발을 적극적으로 들여놓기를 추천한다. 건축학이든 공학이든 4~5년간의 배움에서 정말 자신하고는 맞지 않는 분야라는 생각이 든다면 아예 지금부터 다른 곳을 알아보라고 말해 주고 싶다. 나는 현장에서 그런 친구들을 많이 보아 왔다. 현장에서 1~2년 근무하다가 그만두고 다른 일 한다고 퇴사하는 신입사원들을 많이 봤다. "조금 해 보니 적성에 안 맞는 것 같다."라고 얘기한다. 물론 그런 사람도 있을 수 있다. 현장이라는 곳이 워낙 힘들고 자기 자신을 내려놓아야 할 때도 많은 것은 사실이다. 하지만 단점도 물론 많지만 장점도 많다는 것을 말해 주고 싶다. 어느 곳에나 어두운 면만 있는 것은 아니며, 그곳에는 밝은 빛도 있다. 그 빛에서 희망을 볼 수 있는 사람만이 후광을 안고 행복한 웃음으로 승자가 되지 않을까? 그럼 건설현장이 다른 업종의 기업보다 더 좋은 장점에 대해 말해 보자.

첫째, 다른 어느 기업보다 연봉이 좋다.

서두에 연봉 수준에 대해 조사한 것에서 밝힌 바와 같이, 평균 연봉 말고 신입 연봉으로 말하자면 흔히 말하는 1군 건설회사의 연봉은 물론 모두 같지는 않지만 비슷한 수준으로 형성되어 있다. 보통 시공능력 20위 안의 기업들의 연봉은 20위 후의 기업보다는 조금 많은 편이다. 건설회사 신입으로 현장에 근무하게 되면 받을 수 있는 연봉은 최소 4천5백에서 최고 5천 5백까지는 받는 것으로 보면 된다. 일반 제조업이나 영업하는 회사의 연봉은 보통 3천만 원에서 4천만 원 이하일 것이다. 건설회사 5년 정도면 결혼하지 않았다고 가정할 때 최소 1억 5천에서 2억 정도는 저축할 수 있지 않을까? 그러면 서울은 아니더라도 수도권의 위성도시의 아파트 25평 정도의 주택을 분양받을 수 있을 것이다. 물론 도시마다 그 가격이 천차만별이라지만 그 비용으로 선택할 수는 있다는 얘기다. 그러면 결혼도 가능하고 가정을 꾸리는 데는 문제없지 않을까? 약간의 은행 대출을 감안한다면 더 여건 좋은 곳의 주택도 가능하리라 본다. 요즘은 주택을 분양받으면서 은행 대출 없이 하는 사람은 거의 없을 것으로 본다. 단지 그것이 대출 비율이 너무 높으면 이자 부담이 커질 수 있어 추천하지는 않는다. 어떤가? 여러분에게는 건설회사 들어와서 최소 5년이면 수도권의 주택은 마련할 수 있다는 희망이 일단 주어진다. 그런 당신은 이미 3포 시대의 사람이 아니다.

　둘째, 여러 가지 지원해 주는 것이 많다.
　현장 직원들은 따로 숙소를 얻지 않아도 회사에서 전세든 임차든 숙소를 배정해 준다. 현장 인근 걸어서 10분에서 15분 사이의 거리로 보통 아파트 30평대에서 1인 1실 원칙으로 배정해 주는 편이다. 가끔은 1실에 2인이 사는 경우도 있지만 예외는 있을 수 있다. 그러면 동기나 편한 동료와 같이 쓰게 된다. 한 현장 당 2~3개 아파트 숙소가 배정된다. 그 현장의 인원 구성에 따라 출퇴근 가능한 직원이나 결혼한 직원들은 자기 집에서 출퇴근할 수도 있다. 그러면 또 출퇴근 시 유류비 등은 회사에서 지원이 가능하다. 소장인 경우는 출퇴근용이든 업무용이든 차량까지 지원이 된다. 물론 숙소에는 생활에 필요한 가전제품이나 기본 취사도구, 공동 사용 물품은 지원이 된다. 그래서 사실 결혼하지 않은 싱글들은 생활하는 데 비용이 하나도 들지 않는 셈이다. 어떤 친구는 월급의 90%를 저축한다고 들은 적도 있다. 불가능하다고 생각되겠지만 건설회사에서는 가능한 일이다. 이 얼마나 좋은 장점인가. 그리고 식사도 일찍 현장에 가면 현장 식당에서 해결할 수 있다. 점심도 그렇고 저녁도 그렇다. 다른 기업에 취업한 동기들은 "도저히 있을 수 없는 일이다.", "이런 곳이 있다니 믿을 수 없다."라며 놀랄 것이다. 그러나 이런 곳은 존재한다. 다른 제조업에도 기숙사도 있고 구내식당도 있는 곳은 많다. 그런데 그런 곳은 연봉이 짜다. 승진하거나 임원이 되어도 그다지 연봉이 많이 오르지 않는다.

셋째, 건설회사는 네임 밸류가 높다.

앞에서도 언급했지만 우리나라 대부분의 대기업들은 건설회사를 가지고 있다. 대기업이 아니더라도 대충 들으면 일반 사람들이 '아! 그 회사 좋은 곳이지!' 하며 알아준다. 꼭 회사를 알아주어야 하는 것은 아니지만 우리가 명품을 왜 좋아하는지를 생각한다면 이해가 될 것이다. 제조업 무슨 회사를 다닌다고 하면 일반 사람들은 물을 것이다. '그곳이 어떤 회사야? 무슨 제품을 만드는 곳이야? 월급은 얼마나 주지? 그런 회사도 있었어?' 하며 궁금한 많은 것들이 생기게 된다. 하지만 건설회사는 이름이 없더라도 그냥 들으면 '아! 건설하는 곳이구나!' 하며 알아듣는다. 보통 회사이름도 ○○건설이라고 이름 붙이는 것이 많다. 속으로는 '기술자구나. 훌륭하다! 나도 그런 곳에서 일해 보고 싶다.' 라는 생각이 들지 않을까?

넷째, 언제든지 이직이 가능하다.

물론 건설계통의 다른 건설회사로 이직이 가능하다는 얘기다. 요즘 현장에서는 PJT라고 해서 그 프로젝트가 끝날 때까지 채용하는 방식이 많아졌다. 많은 회사들이 정규직 채용에 탄력적으로 인력운영을 할 수 없다는 문제점이 있어서 그런 것 같지만, 대우는 정규직하고 다른 점이 없다. 왜냐하면 어느 정도 경력자는 그 사람의 기술 능력을 인정해 주기 때문이다. 인정 경력이 최소 4~5년 정도가 된다. 아파트 현장이라면 아파트 2개 단지 정도 준공 경험이 있는 기술자다. 그 정도 경력이면 건설현장 어디를 가더라도 스스로 대처가 가능한 수준으로 인정된다. 그만큼 건설은 이직할 수 있는 기회가 많다. 어찌 보면 나쁜 것일 수 있지만 다를 각도로 보면 아주 큰 장점일 수 있다. 가령 집안 사정이나 개인 사정으로 원하는 지역에서 근무하고 싶다면 그 지역 근처 작은 중소건설회사로 이직하면 된다. 다른 기업들에서는 상상할 수 없는 일이다. 제조공장의 관리직이나, 안전담당으로 10년 이상 근무한 사람도 어디 다른 기업에 재취업하기란 쉬운 일이 아니다. 그러나 건설 기술자는 가능한 일이다. 실제로 많은 이직이 이루어지고 있으니 말이다. 내가 알고 있던 건설회사 직원도 한서너 번 이직을 한 것으로 알고 있다. 그런데 이직 때마다 연봉협상을 하는데 그때는 전에 받던 연봉보다 천만 원이나 올라서 받을 수 있다. 그만큼 경력이 인정되고 레벨이 올랐기 때문이다. 건설은 신입, 대리급, 과장급, 차장급, 부장급, 소장급에 따라 연봉 차이가 천차만별이다. 내가 알고 있던 다른 시공사 직원은 현장대리인(소장급)으로 이직하면서 연봉이 이천만 원 올랐다고 얘기했던 생각이 난다. 이처럼 김 대리는 다음 현장 이직 시 연봉 천만 원을 올려 재취업했다. 김 대리가 그동안 현장에서 습득한 노하우와 경험과 힘든 피와 땀의 결과인 것은 자명한 사실이다. 어차피 건설현장에 발들인 당신이라면 최소 3년은 버텨 보자. 그전에 그만둘 생각이라면 빨리 그만두고 다른 길을 가라고 말해 주고 싶다. 그렇지만 그 세월을 인내하는 사람은 새로운 희망이 기다리고 있을 것이다. 당신 앞의 신호등은 시간이 지나면 바뀔 것이다. 그래서 우리들은 그 신호등을 기다릴 수 있는 것이다. 곧 바뀔 것을 알기 때문이다. 미처 바뀌지도 않은 신호등 앞에서 그냥 위험을 자처하고 건널목을 건너는 우를 범하지 않기를 바란다.

07

나는 언제는 여행자이고,
맛 칼럼니스트다

여행은 언제나 황홀한 체험이다. 그런 낯선 곳에서
의 새로운 향토 맛집 또한 상상할 수 없는 모험이고, 생활의 활력소이고
비타민이라 할 수 있다. 더군다나 외국에서의 경험은 이보다 더 뭐라 말
할 수 있겠는가? 뜬금없이 웬 여행이고 맛집이냐고 생각할 수 있을 것 같
다. 앞에서 우리는 건설현장의 장점에 대하여 많은 것을 이야기해 보았
다. 그래도 현재의 젊은층이 건설현장을 싫어하는 이유 중에 몇 가지를
들어 보도록 하자. 과연 그것이 단점이 될 수 있을까? 다른 시각으로 보면
장점이 될 수도 있지 않을까 해서 말을 붙여 보고 싶다. 같은 동전이지만
우리는 앞면이라고 부르고 뒷면이라고 부른다. 그냥 동전이라 하면 앞면
이든 뒷면이든 물리적으로 같은 물질이 된다. 모든 현상들이 이런 동전의
양면과 같은 이치라 생각한다. 우리의 머릿속에는 앞면과 뒷면을 동시에
인식하지는 않기 때문이다. 사과를 보았을 때 우리는 사과 자체로만 보지

그것을 사과의 꼭지면, 사과의 밑면이라고 생각하지 않는다. 모든 사물을 그렇게 본다면 정말 혼동되어 어지러울 것 같다. 누군가 그 사물의 이름을 말하게 되면 우리는 그것을 전체로 인식하고 그 이미지를 떠올리게 된다. 그러므로 사물이 아니라 어떤 논리적인 글도 마찬가지다. 감정, 기억, 사랑, 희망, 행복 등의 감성적인 단어나 분노, 욕심, 질투, 미움과 같은 부정적인 감정도 어찌 보면 하나의 감정에서 나왔다. 단지 그것이 동전의 양면과 같아서 다르게 불리게 된 것이 아닐까?

　노자는 "道可道 非常道(도가도 비상도)! 名可名 非常名(명가명 비상명) – 도라고 말할 수 있는 도는 진정한 도가 아니며, 이름 붙여진 어떤 것은 진정한 이름이 아니다."라고 말했다. 우리가 명하는 순간 그 본질을 잃을 수 있다는 말이라고 해석할 수 있다. 우리가 흔히 말하는 사랑에 대해 말해 보자. 그냥 사랑이란 무엇이라고 정의될 수 없다. 서로가 감정적으로 좋아하는 사이를 사랑이라고 하는 걸까? 좋다. 그것을 사랑이라고 말해 보자. 그러면 할아버지가 추운 겨울 손녀가 옷을 얇게 입은 것을 보고 두꺼운 옷으로 갈아입게 하였는데, 손녀는 거추장스러워서 벗어던졌다. 그것을 본 할아버지는 손녀에게 분노가 치밀어 야단을 쳤다. 손녀는 닭똥 같은 눈물을 뚝뚝 흘리며 다시 그 옷을 입고 불만스러운 표정으로 학교에 갔다. 표면적으로 볼 때 할아버지는 말을 듣지 않는 손녀에게 분노를 표출했다. 그런데 그 행동이 정말 분노로 해석되어야 할까? 대부분의 사람들은 할아버지가 쌀쌀해진 날씨에 혹 귀여운 손녀가 감기라도 걸리면 어떡하나 하는 염려와 관심이 손녀를 생각하는 사랑의 감정에서 나온 것임을 안다. 그렇지 않은가? 간혹 우리는 그런 감정들에서 동전의 다른 면인 한쪽만을 바라보고 있지는 않은가? 스스로 자문해 보라! 같은 동전에서 다른 동전의 앞면만을 보려고 하지 않는가? 아니면 그 사람의 진정한 의미는 바로 앞면에 있는데, 다른 뒷면만을 보고 오해를 만들지는 않았는지 말이다. 그럼 건설현장의 단점에 대해서도 이런 동전의 양면처럼 보면 그것이 장점으로 볼 수도 있을 것이다. 앞으로 몇 가지 현장의 단점인 듯 장점을 말해 보고자 한다.

건설현장은 한 곳에 머무르지 않는다.

우선은 근무 환경이 한 곳이나 사무실처럼 고정적이지 않다는 것이다. 누군가는 떠돌이 생활이라고 말할 수도 있다. 맞는 말이다. 한 현장을 착공해서 준공까지의 기간은 보통 2년에서 2년 반 정도 소요된다. 물론 더 큰 프로젝트인 경우 5년까지도 걸리는 공사가 있기는 하지만 통상적으로 최대 3년이면 끝이 난다. 그러면 다음 근무지는 어디로 갈지 전국 어디든 나의 근무지가 될 수 있다. 결혼을 하여 가정을 이루고 사는 사람이라면 더욱 곤란할 수도 있는 문제다. 아이가 어리다면 초등학교 다닐 때까지는 근무지로 이사를 가는 사람도 많이 봤다. 중 · 고등학생인 경우는 사실 이사는 어려운 문제다. 그래서 보통 지방근무인 경우 혼자 내려가서 숙소생활을 하고 주말에는 집으로 오는 주말부부 생활을 하게 된다. 그것도 매주 올라오면 그만큼 피곤하고 체력을 많이 소비하게 되어 몸이 약해지는 경우도 보았다. 만약 미혼인 경우는 어찌 보면 지방이 편할 수도 있다. 혹 연고지가 지방인 경우에는 크게 불만이 없는 친구들도 있다. 하지만 미혼인 경우도 젊은 세대들은 연고지가 수도권인 경우 지방근무를 만족해하지 않는다. 주말에 친구도 만나야 하고 연애도 해야 하고 여러 가지 여가를 즐겨야 하는데 지방에 있으면 그런 오고가는 시간 때문에 즐길 시간이 충분하지 않은 게 불만일 것이다. 나는 24년간 3개의 지역에 10개 도시에서 근무를 했다. 경기도 수원을 첫 근무지로 해서 오산시, 안양시, 강원도 춘천시, 다시 경기도 시흥시, 안산시, 화성시, 서울 북부 의정부시, 경기 최남단 안성시, 성남시 등으로 떠돌이 생활을 했다. 그래도 나의 경우는 강원도를 제외하고는 모두 수도권 지역이라 본집인 수원에서 모두 출퇴근을 했다. 길에다 많은 돈을 뿌리고 다닌 셈이다. 그래도 이렇게 하는 출퇴근이 나는 행복했다. 이 경우는 정말 행운이라 할 수 있다. 하지만 대부분의 건설회사 기술자들은 전국 어디든 갈 수 있다. 때론 해외까지도 근무할 수 있다. 하지만, 동전의 다른 면을 바라보자! 일반 사람들이 전국 다른 지역에서 살아보기란 쉽지 않다. 우리 인간은 오래전부터 정착하는 동물로 살아왔다. 인류가 수렵, 채집 생활에서 농경을 시작하면서부터 우리는 한 곳에 정착하는 생활에 익숙하다. 그곳에서 안정감과 편안함을 느끼는 것이다. '首丘初心(수구초심)'이란 말도 있지 않은가? 여우도 자기가 살던 지역이 그리워 죽을 때는 그곳으로 머리를 두고 죽는다는 말처럼 동물은 주로 자기가 사는 얼마간의 구역을 벗어나지 않는다. 오래전부터 그것은 자기 생존의 방식이 아닐까? 낯선 곳의 장소는 경계를 많이 해야 하니 당연한 이유가 될 것이다. 그러한 이유는 사람들도 다르지 않을 것이다.

오마하의 현인이라 불리는 워런 버핏(Warren Buffett)은 자기가 살던 지역을 한 번도 벗어나서 살지 않았다고 한다. 그는 지금도 그곳에서 살고 있다. 그래도 미국의 현인으로 살아가지 않는가? 어쨌든 우리 인간은 여러 곳에서 살아보는 경험을 하는 것은 어렵다. 그렇다고 이곳저곳을 옮겨 다니며 살아갈 수는 없다. 그런데 건설회사는 최소 2년 정도의 기간 동안 그 지역에서 살아 보며 경험할 수 있다. 그 지역의 아름다운 산과 들을 누비며 아무도 알지 못하는 기막힌 장소를 발견할 수도 있다. 이 얼마나 매력적인 기회인가? 나도 그런 지역에 살면서 그 근방의 많은 지역들을 탐험하고 경험해 왔다. 그리고 주말에는 내가 찾아낸 장소를 아이들과 아내에게 소개해 주는 짜릿함도 느낄 수 있다. 머무르지 않으면 그런 장소를 찾기도, 발견하기도 어렵다. 우리가 찾는 유명한 곳이라고 하면 모두가 알고 있는 명승지라는 곳뿐이다. 그러나 우리는 잘 알지 못하는 정말 아름다운 공간을 찾을 수 있다. 유명한 곳은 너무 개발이 되어 주차하기도 복잡하고 사람들도 너무 많이 다닌다. 주말이라면 차들이 좁은 길을 거북이걸음 하며 길에서 기다리다 돌아가곤 한다. 정작 아름다운 곳은 그냥 스쳐지날 뿐 그리 많은 시간이 우리에게 주어지진 않는다. 그러면 하루는 지나간다. 하지만 그 지역에 머무르는 사람은 그런 곳도 한적한 평일에 다녀갈 수 있고, 개발되지 않은 한적한 곳에서 여유를 만끽하며 감상할 수 있는 기회가 있다. 이 얼마나 좋은 경험인가? 이것이 동전의 다른 면이다. 별거 아니라고 누구는 하찮게 생각할 수 있을지 모르지만 한번 느껴본 사람은 통쾌한 기분을 알 것이다. 그렇지 못한 사람은 이제부터 느껴보라! 지금부터 당신은 여행자로 살게 될 것이다.

건설현장은 저녁 회식이 많다. 왜냐하면 많은 인간관계의 종합적 집합체이기 때문이다. 일반 제조업 같은 데는 일정한 사람들의 고정적인 업무와 일정한 작업시간으로 시스템이 형성되어 있다. 그런데 건설현장은 수많은 협력 업체, 자재 업체, 장비 업체와 근로자들이 산재해 있는 인간관계의 종합 선물세트라고 해도 틀린 말이 아니다. 그런 사람들과 업무적 협업이 필요하고 소통을 위한 자리를 마련하기 위해서 식사자리가 만들어질 수밖에 없다. 현장의 공사 과장이나 소장들은 수시로 그런 자리에 참석해야 한다. 물론 지금은 '김영란법' 시행 이후 지자체 공무원이나 발주자 등과는 그런 자리가 없어졌다. 그렇지만 현장의 업무를 위한 관련 업체와의 자리는 아직도 줄어들지 않았다. 52시간의 노동 단축으로 저녁 야근은 줄었다고 하지만 그것도 여전히 존재하는 게 사실이다. 그러면 저녁 식사를 하기 위해 현장 인근 식당으로 가야 한다. 이것 또한 신입 기사들이 꺼려하는 문화 중에 하나이다. 식사하는 중에 술을 또 빼놓을 수 없다 보니 잦은 음주로 인하여 건강에도 안 좋은 영향을 미칠 수도 있다. 하지만 현장의 특수한 환경이라고 생각하며 어쩔 수 없는 선택이라고 스스로 위로하기도 한다. 이제 현장의 문화도 어느 정도는 시대에 발맞추고 개선해 나아가야 한다. 그런 문화를 변화시키기 위해서는 솔선수범하여 현장 총책임자부터 생각의 전환이 필요하다. 현장 소장, 공사 부장, 그 밑으로 과장, 대리에 이르기까지 일정한 규칙을 정하여 시행하면 그런 일상적인 회식에서 조금은 벗어날 수 있을 것으로 본다. 예를 들면 일주일에 월, 금요일은 무회식의 날로 정하던지 일주일 최소 2회 이상 회식금지라고 정하던지 말이다. 그러면 직원들은 예측 가능한 계획이 가능해지지 않을까? 그럼 회식에서도 동전의 다른 면을 생각해 보자! 일단은 회식이 있으면 그 지역 인근에서 그래도 유명한 맛집들을 우선으로 하여 선정한다. 그러면 근처의 정말 맛집으로 알려진 곳은 다 가보는 기회를 얻는다. 어느 지역 하면 어느 음식이 유명하니까 꼭 그리 가 보라고 추천해 줄 정도가 된다. 나도 춘천에서 '뚝저구탕'이나 동해의 '곰치국'을 처음 먹어 보았다. 그리고 다음날 해장 시에는 꼭 그 집을 갔다. 해장으로 최고의 음식이 아닐 수 없다. 다른 곳에서는 먹을 수 없는 음식이다. 그 지역에 가거나 혹 다른 지역에서 가끔 가 보면 그 맛이 안 난다. 요즘 TV 프로그램에는 정말 많은 맛집들이 방영된다. 그 맛을 보려고 정말 머나먼 곳에서 와서 몇 시간을 기다리는 사람도 많이 나온다. 하지만 현장은 그럴 필요가 없다. 전국으로 분포된 현장은 어디든 내가 갈 수 있는 기회가 있다. 그러면 그곳의 맛집은 모두 꿰뚫을 수 있다. 이게 얼마나 좋은 경험이고 기회인가? 누구는 일부러 먼 거리를 달려와 독특한 맛을 느껴보려고 애쓰는데 말이다. 우리나라의 특징 중에 하나는 특색 있는 음식 문화가 아닌가 생각된다.

외국인이 우리나라에 와서 놀라는 것 중에 하나가 음식의 다양성이다. 그것도 아주 저렴하고 맛 좋은 여러 가지 산나물이나 해산물이 가득하다. 유럽여행을 가 보면 느끼는 것이 항상 단조로운 음식이었다. 물론 그 나라 특유의 음식이 있기는 하지만 어느 정도는 이름이 알려진 흔한 것들이었다. 하지만 우리나라의 많은 음식을 우리나라 사람도 다 알지 못한다. 하나의 음식이 혀끝에서 느껴지는 맛과 향이 모두 다르다. 삼면이 바다로 둘러싸인 곳에서 생산되는 천혜의 해산물이며 금수강산 첩첩산중의 각종 약용식물과 산나물, 버섯류 등 정말 음식의 다양성에서는 최고 수준이 아닐까 싶다. 우리는 그런 것들의 중심에 있고 언제나 가까운 곳에 있다. 찌르찌르는 파랑새를 찾아 먼 길을 떠났지만, 어디에서도 찾지 못하고 정작 자기가 사는 가까운 곳에 있다는 것을 깨닫지 않았는가? '행복은 찾는 것이 아니라 발견하는 것이다.' 라는 말의 진리가 새삼스럽게 느껴지는 것은 왜일까? 우리도 동전의 앞면에서 울지 말고 그 뒷면을 보면서 웃을 수 있는 파랑새를 찾아보면 어떨까? 그러면, 건설현장에 있는 당신은 이제부터 여행자이고, 맛 칼럼니스트가 된다.

08
한 번 해병은 영원한 해병이다

회자정리(會者定離), 거자필반(去者必返)이란 말이 있다. 법화경(法華經)에 나오는 말이다.

만남이 있으면 언젠가 헤어지고, 또 헤어짐이 있으면 언젠가 다시 만날 수 있다는 것이다. 우리 인간사에서 모든 세상에 적용되는 법칙이 아닌가 생각된다. 누구를 만난다는 것은 헤어짐을 전제로 해야 한다는 말과 같다. 그리고 그 헤어짐은 또 언젠가 만남을 전제로 한다는 얘기다. 하지만 이 원칙이 항상 적용되는 것은 아닌 듯 싶다. 누구는 평생 헤어짐이 없이 살 수도 있고, 누구는 헤어졌지만 한 번도 만나지 못할 수도 있다. 이 말은 부처님이 열반을 슬퍼하는 아난다 존자에게 한 말씀이다. 불교를 믿는 사람이건 믿지 않는 사람이건 우리들은 위대한 성인이 열반을 앞두고 얼마나 평온하셨고, 또 우리에게 무한한 진리를 말씀하고 가셨는가를 잘 알 수 있는 명언이다.

부처님께서 열반 3개월 전에 슬퍼하는 아난다에게 이렇게 말씀하셨다.

"아난다여! 내가 전에 사랑스럽고, 마음에 있는 모든 것과는 헤어지기 마련이고, 사라지기 마련이고, 달라지기 마련이라고 말하지 않았던가. 아난다여! 그러니 여기서 그대가 간청하는 것이 무슨 소용이 있겠는가? 태어났고, 존재했고, 형성된 것은 모두 부서지기 마련이다. 그런 것을 두고 '절대로 부서지지 말라'고 하면 그것은 있을 수 없는 일이니 슬퍼하지 말라."

세속의 사람들은 자기가 좋아하는 물건은 가지고 싶어 하고 오래도록 간직하고 싶어 한다. 사랑하는 사람이나, 좋아하는 친구나, 항상 곁에 있을 것 같은 가족은 오래도록 함께 하기를 희망한다. 그러나 물건조차도 나와 오래 머물 수 없고, 사람은 언젠가는 우리 곁을 떠나게 된다. 그러면 우리는 극심한 고통과 괴로움으로 눈물을 흘린다. 가슴은 찢어지고 마음은 너덜너덜 걸레가 된 듯한 심통한 감정을 감출 수가 없다.

위대한 성인 부처님께서는 이러한 사람들의 괴로움을 잘 알고 계셨던 분이셨다.

'영원한 것은 없다.'라는 진리를 설파하셔서 중생들에게 우리가 사랑하는 연인이건, 자식이건, 부모이건, 친구건 나의 곁에 영원히 머무를 수 없음을 깨닫게 해 주신 것이다. 그래서 그것을 받아들이되 같이 있는 순간은 사랑하며, 자비를 베풀어야 한다고 말씀하신 것이다. 그 또한 자신의 일과 다른 사람의 일을 서로 존중하고 협력하여 서로가 행복할 수 있는 길을 찾으라는 반증이 아니겠는가?

회자정리와 거자필반은 만해 한용운 님의 '님의 침묵'이라는 시로 인하여 모든 사람들이 잘 알고 있다. 여기서 그분의 조국에 대한 사랑이?얼마나 깊은지 알 수 있다.

님은 갔습니다. 아아, 사랑하는 나의 님은 갔습니다.(중략...)

사랑도 사람의 일이라, 만날 때에 미리 떠날 것을 염려하고 경계하지 아니한 것은 아니지만, 이별은 뜻밖의 일이 되고, 놀란 가슴은 새로운 슬픔에 터집니다.(중략...)

우리는 만날 때에 떠날 것을 염려하는 것과 같이, 떠날 때에 다시 만날 것을 믿습니다.

한용운 님이 위에서 읊으신 구절이 조국의 광복을 얼마나 염원했는지 그 애절함이 잘 나타나 있다. 그리고 1910년 조국과 헤어졌지만, 1945년 그 이별에서 다시 만났다. 그러할진데 하물며, 건설현장도 같은 이치를 따지고 보면 결코 이와 다르지 않은 듯하다. 수많은 사람들이 오고가는 곳이 현장이다. 한번 만났던 타일 반장을 다음 현장, 아니 몇 년 후 현장에서 만날 수도 있는 것이니까. 그들도 그런 경우가 있다는 것에는 공감을 할 것이다. 그러기에 현장에서 만나면 좋은 인상으로 대하고 좋은 기억으로 남아야 한다. 간혹 서로 안 좋은 감정으로 헤어지게 된다면 다음의 만남은 껄끄러운 관계가 되어 버릴 수밖에 없다. 미국의 프린터기 업체 휴렛팩커드(HP)의 공동 창업자이며 정치인이었던 데이비드 팩커드(David Packard)는 "좋은 사람을 만나는 것은 신이 주신 축복이다. 그 사람과의 관계를 지속시키지 않으면 축복을 저버리는 것과 같다.”라고 하였다. 1939년 그는 그의 사업 파트너 빌 휴렛(Bill Hewlett)과 HP를 공동 창업하여 훌륭한 기업으로 성장시켰다. 휴렛의 맏아들인 월터(Walter)는 둘은 끝까지 서로의 판단을 의심하지 않고 먼저 앞서 나가지 않으려는 관포지교(管鮑之交)를 유지했다고 이야기했다. 그토록 사람의 인연이란 소중하다. 특히, 현장의 인연은 후에 당신이 이직하거나 아니면 다른 기업의 이직 정보를 지금의 당신과 인연을 맺은 사람에게 전달받고 도움을 받을 수 있다. 왜냐하면 건설현장이라는 게 이 바닥 저 바닥 돌아다니다 보면 언젠가 만나는 기회를 가질 수밖에 없기 때문이다.

이왕이면 내가 있는 현장에서 좋은 인연을 유지하려면 지금부터 몇 가지 방법을 유념하여 실행해 보자. 우선은 같이 입사한 동기나 비슷한 연배의 동료들과 친해지자. 왜냐하면 그들과는 같은 심정으로 많은 것을 동감할 수 있다. 윗사람이나 나이 차이가 많은 선배와는 어차피 동감할 수 없는 것들이 많다. 그러니 이런 사람들과 오랜 인연을 유지해야 한다. 다른 곳으로 이직하더라도 틈틈이 서로 연락하고 만나 보자. 당신의 인생에서 좋은 친구로 남을 것이다. 후에 다시 만날 수 있는 관계는 동기이거나 같이 근무한 같은 연배의 동료일 수밖에 없다. 서로가 도움을 주고, 도움을 받을 수 있는 사이다. 두 번째로 확실한 멘토를 만들어라. 현장에서는 바로 위 기수인 사수를 멘토로 만들어도 좋지만, 멘토는 현장 경험이 많고 나에게 아낌없는 조언과 질책을 서슴없이 잘해 주는 선배가 도움이 된다. 항상 어려움이 있을 때 질문하고 답해 주는 선배가 있다는 것은 정말 좋은 인연이다. 그런데 현장이라는 것이 본인이 힘들게 경험하고 배운 노하우를 아무에게나 전수해 주지는 않는다. 그러려면 그 사람에게 신임을 얻어야 하고 신뢰를 받아야 하는 것이다. 당신이 항상 최선을 다하는 모습과 열정을 가진 모습을 그 사람에게 보여 주어야 비로소 그분은 마음을 열 것이다. '세상에는 공짜가 없다.' 당신도 내주어야 받을 수 있는 것이다. 그렇게 당신의 멘토가 되었다면 그때부터는 당신의 스승이 될 것이다. 그분은 당신의 길에서 방향과 방법을 알려 줄 것이다. 이 얼마나 소중한 인연인가? 마지막으로 지금 내가 있는 현장에 같이 근무하는 직장 동료들에게 관심을 갖고, 그들과 추억을 만들어라! 러시아의 대문호 톨스토이는 항상 세 가지 질문을 가슴에 담고 살았다고 한다.

첫째, 가장 중요한 일은 무엇인가? 지금 내가 하고 있는 일!

둘째, 가장 중요한 사람은 누구인가? 지금 내 앞에 있는 사람!

셋째, 가장 소중한 시간은 언제인가? 지금 이 순간!

정말 위대한 말이다. 지금 이 순간 내 앞에 있는 사람과 지금 내가 하고 있는 일이 제일 소중한 것이다. 나머지는 지나간 과거요, 오지 않는 미래다. 과거와 미래에 너무 집착하지 말란 얘기다. 지금 이 순간에 성실하면 당신의 과거는 소중해 질 것이요, 당신의 미래는 밝은 빛을 볼 것이기 때문이다. 사람을 만나는 것에 있어서도 같다. 지금 현재의 당신과 같이 근무하는 동료들에게 집중하라. 이미 지나간 전 현장의 사람들과는 자주 만날 수 없고 추억을 만들 수 없다. 그리고 다음 부서에서 만날 사람들은 누군지 모른다. 그런데 지금의 사람들에게 최선을 다하지 않으면 이곳을 서로 떠난 후에 과연 잘할 수 있을까? 그것은 도저히 불가능하다. 그래야 다음 어느 현장 어느 곳에서 다시 만나더라도 서로 반가워해 주고 서먹해지지 않는다. 나의 경우도 24년이 넘게 일하다 보니, 어떤 사람은 같이 근무한 사람인지 아닌지도 헷갈릴 경우가 있는데 그럴 때 아쉬운 후회를 한다. 하지만 그때는 이미 늦은 후다. 지나가다가 그냥 어떤 사람이 아는 척해도 '네, 반가워요!' 라는 인사치레를 하곤 한다. 20여 년이 지난 후에도 같은 현장에 같이 근무한 인연으로 지금까지도 만나는 사람들이 있다. 그때는 발주자와 시공업체 관계로 만났지만 지금은 서로 호형호제하는 사이가 되는 소중한 인연을 이어오고 있다. 이밖에도 많은 사람들과 인연을 이어가고 있다. 현장근무하면서 기술적인 문제가 생겼을 때든, 아니면 다른 현장은 어떻게 적용되는지 비교해 볼 때 나는 그분들과 연락을 한다. 그 사람들도 궁금한 것들이나 확인해 볼 사항이 있으면 언제든지 나에게 문의를 하곤 한다. 그 이유는 아마도 같은 현장에 있던 인연으로 서로에게 믿음이 생겼기 때문이 아닐까 생각한다. 인간 세상이든 사회생활이든 사람 사는 문화와 인간관계는 별 다름이 없다. 아마도 그 사람들과 평생 좋은 인연으로 이어갈 수 있을 것이다. 어찌 보면 오랜 시간 같은 기술자로서 많은 현장에서의 동질감을 함께 공유했기 때문인지도 모른다. 취업

포털 잡링크에 따르면 퇴사하고 싶은 이유 1위가 직장 내 힘든 인간관계 때문이라는 조사가 보고됐다. 그 비율이 33.2%인 것을 보면 작은 수치는 아니다. 그리고 직장 내 스트레스를 가장 많이 받는 이유도 인간관계〉업무량〉적합성 등으로 조사됐다. 우리나라 대부분의 직장인들은 인간관계 때문에 퇴사를 생각하고 인간관계 때문에 스트레스를 받는다. 모든 일은 사람이 하고 사람에서부터 나온다. 그러니 당연한 결과라고 할 수 있다. 그러고 보면 지금의 당신이 일하고 있는 이곳의 사람들과 어떻게 관계를 지속하느냐에 따라 우리의 운명은 달라질 수 있다.

어린 왕자의 작가 생텍쥐페리는 "인간은 상호관계로 묶인 매듭이요! 거미줄이요! 그물이다! 이 인간관계만이 유일한 문제다."라고 했다. 우리는 같은 현장에서 만나는 사람들과의 엉킨 매듭을 침착하게 풀어나가고, 서로의 인연으로 이어진 거미줄처럼 서로의 협력이 필요하며, 같은 인연의 그물처럼 언젠가 서로에게 큰 힘이 될 수도 있을 것이다. "한 번 해병은 영원한 해병이다!"라는 정신으로 말이다.

피천득 님은 "어리석은 사람은 인연을 만나도 몰라보고, 보통사람은 인연을 알면서도 놓치고, 현명한 사람은 옷깃만 스쳐도 인연을 살려낸다."고 하셨다. 이제부터 당신은 고된 건설현장에 있더라도 반드시 현명한 사람이 되어 소중한 인연을 꼭 살려내길 바란다!

Chapter 2

2부 : 새로운 삶의 도전
[최종정리]

1. 탈건(脫建)하라! 그곳이 천국이라면...

- 10대 건설사 직원 근속연수 : 대략 10년
- 52시간 근무제 ; 50인 이상~300인 이하 사업장은 '20년 시행예정이었으나 1년 유예됨
- "너의 길을 가라! 남들이 뭐라 하든지 간에 꿋꿋이 가라! 너의 길을 가다보면 열릴 것이다."(단테 신곡)

2. 90년생들아! 건달이 한번 되어 보자

- 90년대생 : 1990년~1999년 태생, 2020년 21세~30세
- 건달 : 산스크리트어인 간다르바에서 유래
  - 인도에서는 음악을 다스리는 신, 노래와 춤을 추는 신
  - 현장에서의 건달 : 건설의 달인을 흔히 건달로 불림

3. 워라 벨 우리도 할 수 있다

- 호모루벤스 : 즐길 줄 아는 인간
- 우리나라 경제규모 : OECD 11위, 1인당 개인소득 3만 불

- 직장인 1년 이내 퇴사율 : 28.9%(입사 후 3개월 내 퇴사율 63.5%)

4. 보이는 대로 보면 생각한 대로 행동한다.

- 현장기술자가 현장을 다르게 보기위한 방법

  1) 성실하게 현장을 부지런히 다녀야 한다

  2) 항상 공부해야 한다(지식은 훔쳐갈 수 없다)

  3) 현장에 대한 열정을 가져야 한다

5. 노가다란 말은 공룡도 알아듣지 못한다

- 대한민국 외국인 노동자 : 220만 명(건설노동자 : 54만 명 추정)
- 외국인 건설노동자 분포 : 중국인(42.7%), 베트남(7.6%), 캄보디아(7.5%), 우즈베키스탄(6.6%), 네팔(6.0%), 그 외 동남아 국가
- 우리나라 아파트가 세계최고인 점

  1) 주택의 내부 마감재 세계최고임

  2) 바닥이 온돌시스템인 난방으로 따뜻함

  3) 단기간에 완성되는 고층 주택건설 노하우

6. 김 대리는 어떻게 연봉 천만 원이 올랐을까?

- 취준생들이 대기업의 건설업체를 선호하는 이유

  1) 기업에 대한 이미지(25.1%)

  2) 대기업 연봉이 높다(12.8%)

  3) 성장성이 좋은 기업(8.0%)

- 30-50클럽 입성 : 2018년 7번째 국가됨

  (*30-50클럽: 1인당국민소득 3만 달러, 인구 5천만이상 국가)

- 건설업종의 장점

  1) 다른 어느 기업보다 연봉이 높다

  2) 복지후생이 좋은 편이다

  3) 건설회사 네임밸류가 높다

  4) 언제든 이직이 가능하다

7. 나는 언제는 여행자이고, 맛 칼럼니스트다

- "도가도 비상도, 명가명 비상명"(노자)

- 건설현장이 단점 같지만 장점

  1) 건설현장기술자는 한곳에 머무르지 않는다(여행자)

  2) 건설현장은 많은 맛집을 다닐 수 있다(맛칼럼리스트)

8. 한 번 해병은 영원한 해병이다

- 법화경 : 회자정리, 거자필반

- "좋은사람을 만나는 것은 신이주신 축복이다. 그 사람과의 관계를 지속시키지

  않으면 축복을 저버리는 것과 같다."(데이비드 팩커드)

- 건설현장에서 인연만들기

  1) 동기나 같은 연배와 친해지자

  2) 확실한 멘토를 만들어라

  3) 같은 현장 동료들과 추억을 만들어라

CHAPTER

3

3 부

멈추지 않는 고난의 여정

"훌륭한 목수는 연장을 탓하지 않는다"

건설현장은 수많은 변수들이 존재한다. 그래서 기술자들은 기본적인 지식은 항상 가지고 있어야 한다. 법보다 우선하는 것은 계약서 이다. 당연히 계약서에 있는 내용은 알고 있어야 하고, 설계서의 설계도면이나 시방서, 현장설명서 및 모델하우스에 변경된 자재와 조건 등은 필수적으로 기술자가 알고 있어야 할 항목들이다. 만약, 이중에 몇 가지를 인지하지 못하고 시공에 임한다면 나중에 커다란 비용과 민원이라는 희생을 치러야 한다. 그러고 나서 시공에 관련된 공법이나, 그냥 넘어가서는 안 되는 중요한 공정을 챙겨야 한다. 현장은 수많은 기능공들이 일을 하는 곳이다. 그런데 그들 중에 불만이나 비용처리에 문제가 생기는 불미스러운 일이 발생한다면 그들은 적으로 변모하여 당신을 궁지에 몰아넣을 수 있다. 부실시공이나 법위반등으로 기관에 투서를 한다거나 민원을 접수한다. 그러기 위해서는 하나하나에 원칙을 벗어나서는 안 되며, 특히, 안전사고나 재해가 많이 발생한다면 더 곤란한 경험을 하게 될 것이다. 또한 사망사고가 발생한다면 법조항의 업무상 과실의 책임을 면하지 못할 수도 있다. 그 순간 당신의 공든 탑은 한순간에 무너질 수 있다. 한 번의 실수도 용납되지 않는 곳이 건설현장이다. 그래서 현장이 힘든 곳이다. 또한 물을 잘 다스리지 못하면 명장이이라 할 수 없다. 외부의 물은 잘 통하여 밖으로 내보내야하고, 내부의 물은 잘 흐르게 하여 막힘이 없어야 한다. 그렇지 않으면 어디선가 문제를 일으키고 하자를 만들어 입주민의 민원을 당해내야 한다. 훌륭한 목수는 연장을 탓하지 않는 법이니까. 기술자들은 이모든 가능성을 예측하고 사전에 방지하기 위한 노력을 기울여야한다.

생명은 소중하다.
생명을 무엇보다 더 사랑하고
존중해야 한다.

01

계약조건 제대로 모르면
패가망신한다

현대의 21세기 모든 거래는 계약서에 의해 이루어진다. 하지만, 뉴욕의 맨해튼 전문 보석상들끼리는 계약서가 없다. 그곳을 장악하고 있는 보석상들은 유대인들이다. 그들 사이에서는 오랫동안 형성되어 오던 상호 신뢰가 두텁기 때문이다. 그 신뢰를 무너뜨리는 사람은 다시는 이곳에서 보석 거래를 할 수가 없다. 서로 간의 보증과 감시, 조사가 필요 없어 절차가 간편하고 시간과 비용을 절약할 수 있는 시스템이다. 이 금기는 지금까지 오랜 시간 동안 깨지지 않고 이어오고 있다. 이와 반면에 유대인들 사이에서는 한국인들은 계약을 자유자재로 바꾸는 사람들이라고 알려져 있다. 조금은 서글픈 얘기다. 어찌 보면 맞는 말이다. 우리는 계약서에 서로 서명이 되었다 할지라도 여건이나 사정이 달라지면 계약 내용을 수정할 수 있다. 이렇게 우리 사회에서는 일반적으로 인식되고 있는 게 사실이기 때문이다. 하지만 유대인들의 계약은 무척 까다롭고 분량도 어마어마하다고 한다. 외국인이 이스라엘 현지에서 주택을 임대할 때도 마찬가지라 한다. 계약하기까지 부동산 전문 변호사와 합의해야 하고 세부내용 또한 곳곳에 예상치 못한 조항들이 숨어있다고 한다. 그래서 유태인들은 계약에 관한 자부심이 대단하다고 한다. 미국의 유명 변호사 중에도 유대인들이 많은 이유가 그들 부모도 자녀들에게 법률가를 많이 권장한다고 한다. 물론 우리나라에서도 그렇지만 그들과는 무언가 좀 다른 의미가 있는 듯하다. 그들은 한국을 비롯한 아시아 국가들의 계약서를 알아주지 않는다고 한다. "그 계약서에는 원칙만 있고 알맹이는 없다"고 한다. 계약서의 조건이 엉성하다 보니 수출하고 대금을 못 받고 공사시도 예상치 못한 비용을 부담하는 경우도 있다고 한다. 그만큼 계약서가 중요하다는 반증이다.

우리나라에서는 발주자와 시공업체, 시공업체와 하도급 업체, 시행사와 건설업체, 발주자와 감리업체 등의 상호 이행 조건과 협의할 때 계약서를 작성한다. 계약서 맨 처음에 나오는 것은 "제1조 ○○공사와 계약 상대자는 공사도급 계약서에 기재한 공사의 도급계약에 관하여 제3조에 의한 계약문서에 정하는 바에 따라 신의와 성실의 원칙에 입각하여 이를 이행한다."이다. 여기서 가장 중요한 말은 "신의와 성실의 원칙"이다. 이 내용만 잘 지켜진다면 사실 계약서의 다른 조건들은 까다롭거나 어려운 내용은 없다. 나머지 내용들은 원칙이 지켜지지 않을 때 서로 간의 법적 대응이나 협의 내용이 들어 있다. 제3조에 해당하는 사항들은 공사도급 계약서, 설계서, 현장 설명서, 입찰 유의서, 공사계약 일반조건, 공사계약 특수조건, 산출 내역서등이 포함된다. 서로를 구성하는 내용들과는 상호 보완의 효력을 가지며 계약문서로써의 효력을 가진다. 건설현장에서 근무하는 모든 기술자들은 상호 간의 이해관계를 "신의와 성실의 원칙"을 고수하고 계약내용을 실행하는 수행자들이다.

유대인들의 보석상처럼 계약서 없이 공사를 할 순 없지만, 종종 서로의 계약에 관하여 분쟁이 발생하곤 한다. 특히 설계서와 현장여건이 상이하여 발주자에게 설계 변경을 요구할 때가 많다. 그렇다 보니 현장에서는 그때마다 현장 여건에 관한 설계 개선이라든지 설계 누락 등에 관하여 발주자나 건설사업 관리자의 승인에 불만을 가질 수 있다. 왜냐하면 그런 변경들이 모두 비용의 증가가 발생되고, 또 비용의 감액 사항이 발생하는 경우가 대부분이다 보니 서로 협의를 통한 일처리가 매끄럽지 않은 경우가 있는 것이 사실이다. 서로의 이해관계가 다르고 입장이 달라 의견 충돌이 생기거나, 주장하는 것에 대하여 계약서와 다른 부분들은 분쟁이 발생하여 법적 소송에 까지 이르는 경우가 많이 생긴다. 그렇기 때문에 현장 기술자들은 이러한 상황을 판단하여 긴급하게 결정해야 할 일이 발생한다. 현장일이라는 것이 바로 결정되지 않으면 진행이 지연되어 인력이나 자재의 수급에 문제가 생기게 되고 더 큰 비용증가를 수반하기 때문이다. 그래서 현장에서는 이러한 긴급한 상황이 발생하지 않도록 사전에 미리 협의하고 결정할 필요가 있다. 현장 기술자가 꼭 체크하고 검토해야 할 사항을 몇 가지 들어가 보도록 하자.

　첫째로 설계서를 확실히 숙지하자! 설계서에 해당하는 설계도면이나 공사 시방서, 산출내역서 등이 이에 속한다. 가장 기본이 되는 요소라고 할 수 있겠다. 많은 건설현장 신입기사들은 설계도면조차도 숙지가 안 되어 있는 경우가 많다. 현장에서 돌아다니고 바쁘다 보니 도면 볼 시간이 없다는 것은 핑계가 아닐까? 전쟁에 참여하는 병사가 총은 있는데 정작 총알이 없이 참전하는 것과 뭐가 다르겠는가? 정말 위험할 때 총알을 써야 한다. 그런데 총알 없이 칼로만 싸운다면 당신의 생존확률은 줄어들 것이다. 현장도 마찬가지다. 아무리 바쁘더라도 현장 설계도면은 항상 옆에 차고 다녀야 한다. 요즘은 스마트폰이나 태블릿 PC로 도면을 저장하여 다니는 기술자도 많이 봤다. 어느 정도의 경력 있는 기술자라면 대략 익숙해져서 기본 평형이나 상세도면을 숙지하고 있어 도면을 가지고 다니지 않더라도 금방 찾아서 확인할 수 있다. 그런데 익숙하지 않은 신입 기술자들은 찾고자 하는 도면이 어디에 있는지 잘 모른다. 현장의 기능공들은 반장이 시키는 대로 작업을 한다. 그런데 그 지시가 잘못되어 있는지 도면과 동일한지는 기술자가 최종 확인을 해야 한다. 그렇지 않으면 후에 잘못된 시공으로 인해 재시공한다면 비용과 노력은 헛수고가 될 것이다. 일하는 사람이라면 다시 시공하면 되지만 공사를 맡아하는 하도급업체나 전체 일을 맡아하는 팀장은 재시공 비용이나 투입인력은 비용을 추가 지불해야 한다. 그러면 손해를 보게 되고 다음의 공정에서는 제대로 품질에 맞는 제품이 나올 수가 없다. 왜냐하면 그전의 손해를 만회하기 위해서 빠른 시간에 많은 공사를 재촉할 것이기 때문이다. 그러면 당연 품질은 거칠어지고 하자는 늘어가게 되는 악순환이 계속되는 것이다. 반드시 현장의 기술자들은 도면과 시방을 숙지하고 항상 찾을 수 있도록 몸에 지니고 다니자.

둘째로 '모델 하우스(Model House)'라 일컫는 견본주택 내의 모든 변경 내용을 알아야 한다. 물론 모델 하우스라는 것이 설계도면과 같게 시공되어 일반 사람들에게 개방되어야 하지만, 분양성이나 홍보를 위해 설계도면과 다르게 개선하거나 새로운 고급 자재로 변경하여 분양하는 경우가 많다. 그런데 그런 것에 대하여 인지하지 못하고 현장에서 설계도면과 동일하게 시공한다면 추후 입주자들의 민원은 감당을 할 수 없는 사태가 일어날 것이다. 또한 내용을 인지하였더라도 잘못된 시공으로 사용에 불편을 초래한다면 입주 시 전 세대를 재시공하여야 하는 황당한 사건이 일어날지도 모른다. 예전 어느 현장에서의 일이다. 일반 분양 후 한참 골조공사가 완료되고 내부 마감공사가 이루어질 때의 일이다. 입주자란 사람이 전화가 와서 왜 우리집이 분양 팸플릿과 다르게 시공되고 있냐고 항의한 사실이 있다. 그래서 설계도면과 팸플릿을 검토해 보니 설계도면대로 시공은 되고 있었으나, 분양 팸플릿에는 방의 발코니창이 분합문(창문의 밑틀이 방바닥과 같은 위치까지 내려온 창의 구조)으로 표기되어있었던 것이다. 입주자는 방에서 외부 풍경을 볼 수 있게 분합문으로 시공되고 있는 줄 알았는데, 주말에 현장에 와서 확인한 결과 창문으로 시공되고 있었단 얘기였다. 그제야 부리나케 외부의 창문 크기의 골조를 분합문 밑틀까지 절단 후 새로운 창틀로 재시공하는 수고를 해야 했다. 현장의 기술자들 모두 황당한 사건이었을 것이다. 그나마 다행인 것은 공사가 준공이 안 된 시점이라 재시공의 비용이 적게 들었다. 그래도 들지 않을 비용이 들었으니 재시공된 것은 기술자들의 실수였음을 부인할 수 없으리라. 만약 입주 후 이런 사실이 발견되었다면 어떠했겠는가? 비용은 둘째 치고라도, 입주 지연과 입주자 민원을 받아야 하는 정말 끔찍한 사건이 일어났을 것이다. 아마 언론에도 대서특필되었을 것이다. 최근 언론 보도된 어떤 현장에서는 주방에서 발코니로 나가는 다용도실 문의 크기가 작아 세탁기가 들어갈 수 없다는 기사가 쏟아진 적이 있다. 입주는 시작했는데 세탁기가 들어가지 못해 입주자들의 민원이 폭주했다. 정말 심각한 상황이 아닐 수 없다. 시공할 때 최소 문의 오픈 크기만이라도 검토했더라면 이런 일은 일어나지 않았을 것이다. 그 회사는 나쁜 이미지로 각인되고 공신력을 잃어 분양시장에서 밀려나게 될지도 모른다. 재시공에 따른 추가비용은 상상할 수 없을 정도로 증가할 것이다. 우리 기술자들의 생각이 얼마나 중요한가를 알 수 있는 사건이었다. 항상 우리 기술자들은 생각하고 확인해야 한다. 설마 이곳 현장은 그렇지 않겠지라는 생각은 당장 떨쳐 버려라!

조금이라도 의심스러우면 설계도면을 확인하고 분양 팸플릿을 확인하고 혹 있을 오류에 대하여 항상 날카로운 매의 눈을 가져야 한다. 유명한 '명상록'의 저자 마르쿠스 아우렐리우스는 "생각의 실타래가 풀리지 않을 때는 새의 시각으로 세상을 보라!"라고 했다. 이 말은 본인의 시각에서 멀어져 더 넓은 눈으로 큰 틀을 보라는 말일 것이다. 문제를 객관화시키면 그동안 보지 못했던 부분이 보이고, 새로운 해결의 가능성을 찾을 수 있다. 현장의 기술자들은 항상 다른 사람의 시각으로든 모든 사물을 객관화시켜 바라보자. 그러면 그동안 보이지 않던 것도 볼 능력이 생기기 시작할 것이다.

마지막으로 시공방법이 하자가 발생할 수 있는지 검토해 보자!

단순한 하자로 인한 입주자의 심각한 민원은 발생하지 않는다. 그러나 물이 안 나온다거나, 겨울에 온수가 안 나온다거나, 화장실의 물이 안내려 간다거나, 내부의 전기가 안 들어온다거나 하면 즉각적으로 사람들은 민원을 접수하고 불만을 토로할 것이다. 그렇지만 그래도 이런 하자는 아무것도 아니다. 당장은 불편하더라도 곧 보완이 될 수 있으니 말이다. 그렇지만 천장 슬래브에서 누수가 된다거나 윗집 화장실 바닥에서 아래층으로 물이 새어 나온다면 정말 심각한 일이다. 민원뿐만 아니라 이런 하자를 보수하고, 조치하기 위해서는 많은 비용과 고통이 따르게 마련이다. 10여 년 전에 있었던 일이다. 입주한 지 몇 달밖에 지나지 않은 국민임대 단지였다. 저녁에 집에서 식사를 하고 TV를 보던 중이었다. 어느 입주한 단지에 최상층 세대의 천정에서 빗물이 새기 시작하여 방의 내부 가구며 집안 물품이 한강에 있는 것처럼 둥둥 떠다니는 것을 보도했다. 아니 어떻게 저럴 수 있지? 최상층에는 지붕도 있고 방수도 했을 텐데 저렇게 빗물이 스며드는 것은 지붕에 구멍이라도 나지 않으면 있을 수 없는 일이었다. 그러나 원인 없는 결과는 없다. 나중에 조사해 보니 보통 골조공사를 하기 위해 아래층 자재를 위층으로 운반하기 위한 자재 인양 구를 뚫어 놓는데 그 현장은 최상층에도 그것을 뚫어 놓았던 것이다. 그런데 그곳을 방수와 조인트 면을 잘 처리해 놓았어야 했는데 그렇게 하지 못했던 것이다. 설마 이곳에서 빗물이 스며들어 아래층으로 흘러내릴 줄은 몰랐을 것이다. 하지만 제대로 시공을 해 놓지 않으면 이런 황당한 하자가 생긴다. 보통은 최상층은 그런 이유로 자재 인양 구를 만들지 않는다. 그곳 현장은 조금이라도 편하기 위해 인양 구를 뚫고 제대로 처리를 하지 못했던 것이다.

모든 큰일은 사소한 것에서 시작한다. 우리는 설마 사소한 것에서 상상할 수 없는 큰 사건이 발생하리라고는 생각하지 못한다. 그러나 사소한 것 때문에 많은 고통과 비용을 부담해야 하는 어리석음을 저지르면 안 된다. 현장에 있는 기술자는 앞에서 말한 세 가지는 꼭 명심하자! 설계도 검토하고, 팸플릿 확인하고, 하자 여부를 검토하자! 이것만 명심해도 당신은 이미 최고의 기술자 반열에 들어선 것이다.

02

낫 놓고 ㄱ자도 모르는
기술자가 되지 말자

우리나라 옛 속담에 '낫 놓고 기역자도 모른다.' 라는 말이 있다. 이 말이 단순히 무지함을 탓하는 말로 들릴지 모르겠지만, 여기의 뜻은 낫과 ㄱ자의 연관성을 인식하지 못하는 당신 자신의 창의적 사고를 나무라는 말인 것 같다. 옛날 사람들은 한글을 배우지 못해 낫을 놓고도 'ㄱ'이라는 한글의 기초 모음도 생각하지 못했으니 얼마나 무지했던가? 그렇지만 현재의 우리나라는 세계에서 문맹률이 최저인 나라가 되었다. 그만큼 우리나라 한글은 이미 세계적으로 배우기 쉽고 과학적으로 창제된 위대한 글자가 아닐 수 없다. 2009년 인도네시아의 '찌아찌아' 족은 그들의 문자가 없어 한글을 공식 문자로 선정했다. 하지만 한국의 지원이 소홀해지자 그들은 다시 라틴어로 바꾸었는데 그것으로는 그들의 소리를 온전히 기록하지 못해서 다시 한글로 쓰고 있다는 보도를 접한 적이 있다. 인도네시아는 1천7백 개의 섬에 300개의 부족이 있으며 700개의 언어를 사용한다고 한다. 한글이 얼마나 많은 소리를 표현할 수 있으며, 독창적인지 여기서도 증명이 된 셈이다. 어쨌든 이렇게 쉬운 한글을 낫 놓고 'ㄱ'자도 모르면 도대체 어쩐란 말인가? 그만큼 한글을 배우기 시작하면 낫을 놓고도 한글을 깨칠 수 있다는 우리 선조들의 교훈이 아니겠는가?

건설현장 기술자는 '콘크리트를 타설'하며 무엇을 깨닫고 있어야 하나? 우리가 '기술자'라고 하는 사람들은 수많은 공학적 기술이나 최첨단 공법을 배운 사람들이다. 하지만 정작 현장에서는 기술자가 꼭 알고 있어야 할 기본적인 '낫'을 보는 시선을 잃어버리는 건 아닐까? 논어 학이 편에 공자는 제자 유자에게 이렇게 말했다. '君子務本 本立而道生(군자무본, 본립이도생)' 해석하면 '군자는 근본에 힘쓸 것이니 근본이 서면 도가 생길 것이다.'라고 번역되지만, 다른 말로는 근본에 힘써야 하고, 근본이 확립되면 방법이 생겨난다는 말이다. 곧 사람은 무슨 일을 행함에 있어 너무 형식적인 것에 구애받지 말고 그 기본을 파악해야 하고, 기본적인 것을 시행하면 자연히 다른 방안이 뒤따르게 되는 것이다. 서두르지 말고 기본이 무엇인지 잘 생각해 보자. 이제부터 이야기하는 몇 가지는 현장에서 꼭 기술자가 기본적으로 생각하며 가져야 하는 것들이다. 어쩌면 그냥 지나치고 당연하다고 생각했던 것일지 모르지만 항상 가슴에 새기고 기술자로서의 기본을 생각한다면 당신은 언젠가 훌륭한 기술자로 성장할 것을 믿는다. 지금부터 건설현장의 기술자로서 기본으로 돌아가는 여행을 시작해 보자.

우선은 기초 면을 잘 관리해야 한다. 기초 터 파기 시 지내력 기초인 경우 기초 콘크리트가 타설 될 원래의 지반면을 흩트리지 말고 잘 보양해야 한다. 대부분 공사할 때 파일 기초인 경우 요즘은 대부분 SIP로 설계되어선 굴착 후 PHC 콘크리트 파일로 시공하는 추세이다. 그러면 원지반에 굴착 기계가 들어가서 지반이 침하되지 않고 지지가 된다면 원지반의 보양 여부는 현장에서 판단하여 조치하면 될 것이다. 가령 비가 온다면 장비 주행성이 안 좋아지니까 비닐 등으로 덮어 놓던지 주변 배수로를 설치하여 비가 올 때 빗물이 잘 배수되도록 조치하면 된다. 그러나 파일 기초가 아니고 원지반에 지내력 기초로 설계되었다면 버림 콘크리트 타설 시 제대로 된 보양이 필요하다. 버림 타설 전 10cm 정도는 덜 파고, 버림 타설 직후 원지반까지 터 파기 후 버림 콘크리트를 타설해야 한다. 보통 현장에서는 종종 이런 사실을 간과하여 지내력 지반을 우수나 장비 등의 주행으로 흐트러뜨리는 경우가 있는데 절대 피해야 할 조건이다. 건물이 지탱하기 위해서는 제일 아랫부분인 기초가 튼튼해야 한다. 그렇지 않으면 건물 준공 후 침하가 발생하여 기울어지는 건물을 가끔 언론에서 본 적이 있다. 그것은 기초부위의 잘못으로 인한 경우가 대부분일 것이다. 그만큼 원지반의 지내력 확보는 가장 중요한 일이다. 또한 당연히 지내력 시험을 통한 지반의 강도 확보는 필수이다. SIP 시공 시에도 기본이 있다. 그것은 페이스트의 충진이다. 1차 굴착 후 보링된 구멍에 페이스트를 채우고 1차 PHC 파일을 집어넣고 삽입하여 떨어뜨린다. 그다음 외부까지 흘러내린 페이스트가 공벽과의 공극에 스며든 다음 2차 페이스트 충진을 하여 파일 두부 위까지 페이스트가 흘러넘치도록 해야 한다. 선 굴착 파일 공법의 지지력과 주변 마찰력의 반발력으로 상층 하중에 지지를 할 수 있다. 그런데 대부분 시공할 때 작업자의 충실도나 시공업체의 페이스트 물량 과다에 의한 비용증가 등으로 충진에 소홀할 수 있는 가능성이 항상 존재해 왔다. 그 다음으로 파일 두부 정리 후 매트 기초를 타설하는 본격적인 골조공사가 진행될 것이다.

콘크리트 타설할 때도 기본적인 것들이 많이 존재하지만 가장 중요한 것을 몇 가지 이야기해 보겠다. 우선은 콘크리트 타설 구간을 일체화하는 게 중요하다. 연속 타설이 불가능한 시공이 발생되는 것은 어쩔 수 없다지만 시공 조인트는 최소화시켜야 한다. 더군다나 콘크리트 타설이 지연되어 조인트를 만드는 것은 절대 삼가야 할 사항이다. 타설 계획을 정확히 하여 레미콘 업체와 긴밀한 협의를 통한 물량 조절이 필수이다. 콘크리트는 일단 조인트가 발생하면 그곳에서 누수가 발생되거나 면이 불량하게 되어 마감이 조잡하게 시공될 가능성이 높아진다. 특히 외부의 주차장 옹벽이나 지하층의 외부벽체는 두께가 두껍고 외부로부터의 누수를 방지하기 위하여 밀실하게 조인트 없이 타설을 해야 한다. 그 부분은 흙이 덮이는 되 메우기 부위로 추후 비가 올 때나 장마기간에 지하수위의 상승을 일으켜 배수가 잘 안 된다. 벽으로 가로막히기 때문에 콘크리트는 방수 기능을 유지해야 한다. 아파트 외부 누수의 원인 대부분이 외부 조인트와 콘크리트의 밀실이 미흡하여 일어나는 경우가 많다. 후에는 그 조치방안이 여간 어려운 일이 아닐 수 없다. 외부 흙에 묻히는 부분이라 시공할 때 가장 먼저 챙겨야 할 기본 중의 기본이다. 또 한 가지는 콘크리트 타설시 상부 면을 요철이 없이 매끈하게 처리해야 한다. 만약 주차장 바닥의 콘크리트 타설면이 좋지 않다면, 바닥에 배수판을 깔고 누름 콘크리트 타설할 때 맞닿지 않아 배수판과의 들뜸으로 차로 부위인 경우 소음이 발생한다. 그 면이 주차장 상부면이라고 하면 방수층 시공할 때 프라이머 바탕 정리 후 시트를 부착하여 누름 콘크리트로 마감을 완료하게 된다. 면이 매끄럽지 못하면 시트와 바탕면의 부착이 제대로 되지 않고 추후 시트의 틈 사이로 물이 스며들고, 하부 층의 주차장 슬래브에서 누수가 생기는 하자가 발생한다. 주차되어 있는 고급 승용차에 내용물이 떨어진다면 당신이나 당신 회사는 그 차량을 다시 구입해 주어야 할지도 모른다. 세대 내 바닥면은 방바닥 온돌 시스템을 만들기 위해 먼저 스티로폼이라는 단열재를 바닥에 깔아야 한다. 그러면 면과 단열재 사이의 공극으로 위의 기포나 미장 몰탈을 시공한다 하여도 밀착되지 않아 아래층의 소음에 취약해질 수밖에 없다. 어쩌면 그로 인해 위층과 아래층의 갈등으로 싸움이 유발되고 돌이킬 수 없는 범죄의 현장이 될 수도 있다. 간혹 이런 사건을 언론보도로 접하는 경우가 종종 있다. 건설현장에서 콘크리트 일체화, 바닥면 수평을 유지하는 기본을 세우지 않으면, 정말 상상할 수 없는 일이 일어난다. 불특정 다수의 행복이 당신의 손에 달려 있다면 어찌하겠는가? 아니 그 사람들이 나와 가까운 형제나 친척이나 지인일 수도 있다. 우리가 있는 현장은 80%이상이 콘크리트로 이루어져 있다. 이런 부분을 잘 지켜준다면 그로 인한 많은 하자, 민원으로부터 다른 사람의 행복까지도 지킬 수 있다.

또한, 마감할 때 기본이 되는 공종은 창호다. 우리는 설계도면에 있는 창호 등의 오픈 크기를 창호 틀과 골조 사이의 여유를 너무 많이 두어 틀 자체의 비틀림이나 외부 누수, 소음에 취약한 계획을 많이 한다. 보통 외부 창호인 경우 양쪽의 여유 치수는 틀보다 +15mm 정도 여유를 두고, 내부 창호인 경우 틀보다 +10mm로 계획을 한다. 이보다 더 크거나 작으면 시공 후 많은 문제점이 발생할 수 있으니 폼 계획할 때 충분히 검토해야 한다.

조적공사의 기본이 되는 것은 무엇일까? 수평, 수직 쌓기! 몰탈 배합비! 1일 쌓기 단수! 물론 중요하지 않은 것이 없지만 기본은 상하좌우 벽돌과의 몰탈 사춤이다. 이것이 제대로 이루어지지 않는다면 조적 벽은 결합이 약해지고 가벼운 외부의 힘으로도 붕괴되어 위험해질 수 있다. 또한 사춤이 제대로 안될 시 인접 방과의 간벽 사이에 공극이 생겨 공간 사이의 소리가 전달되기 때문에 프라이버시가 침해될 수 있다. 그것이 공유시설이라면 곤란한 상황이 발생되어 분쟁의 소지도 있을 수 있다. 하지만 조적공사 기능공들은 비용 증가나 하자 발생에 대하여는 무딘 것이 사실이다. 현장 기술자들은 이런 면에서 공종마다 항상 체크하는 습관을 생활화해야 한다.

타일공사의 기본은 수평, 수직, 타일 간 턱이 없이 벽에 잘 붙이는 일일 것이다. 타일이라는 자재를 벽에 붙이는 시공법에는 많은 공법이 있다. 시공방법에는 본드 붙임 공법, 몰탈 압착 공법, 떠붙임 공법 등이 있다. 벽체에 타일을 붙이기 위해서는 본드나 몰탈이 필요하다. 하지만 이 재료의 배합 시간이 지나면 접착력은 급속히 떨어진다. 이것을 시공 용어로 오픈타임이라고 한다. 보통은 15분에서 20분가량 된다. 그런데 현장에서는 기능공들이 한꺼번에 많은 양을 시공해야 하기 때문에 배합을 많이 해 놓아서 오픈타임을 넘겨서 시공을 한다. 그러면 당분간은 타일이 붙어 있겠지만 시간이 지나 수분이 흡수되고 나면 점점 접착면은 힘을 잃고 탈락의 쓴맛을 보아야 한다.

이밖에도 도배나 도장을 할 콘크리트면은 바탕 처리가 기본이다. 바탕처리가 미흡하면 아무리 좋은 페인트나 도배지를 시공하더라도 표면의 거친 면을 숨길 수 없다. "만일 나에게 나무를 베는데 한 시간이 주어진다면, 먼저 도끼를 가는 데 45분을 쓸 것이다." 링컨이 한 유명한 말이다. 그만큼 본 작업을 위한 사전 기초 작업이 얼마나 중요한지를 가르쳐 주는 명언이다. 이 말을 기술자에게 이렇게 바꾸고 싶다. "도장, 도배하는데 한 시간이 주어진다면, 나는 면 처리하는 데 45분을 쓰겠다." 본 시공 전 바탕면 처리에 4분의 3 이상의 노력은 하지 않더라도 최소 50% 이상의 노력은 기울여야 한다. 기초화장이 중요하듯 바탕면 처리는 가장 기본이다. 면 처리하지 않은 거친 면들은 갈아내거나 미장으로 덧붙여지거나 다른 마감재로 숨기는 수밖에 없다. 그렇지 않고는 거친 면이 노출되어 예술적인 면으로 탄생될 수 없다. 최근 일부 상가나 카페 등에서 거칠고 울퉁불퉁한 면을 그냥 노출시켜 그대로 두는 경우도 있다. 하지만 그런 곳은 비용적인 문제가 많이 개입되었기 때문이다.

주방가구나 일반가구에서 기본은 전도 방지를 위한 가구의 고정에 있다. 주방가구는 특히 상부장의 경우 선반에 주방물품을 수납했을 때 300~400kg의 무거운 하중이 걸린다. 혹 벽체와의 고정이 불량하다면 큰 하중을 버티지 못하고 전도되어 사람을 다치게 할 수 있다. 그래서 현장에서는 골조와 상부장과의 앙카 시공에 많은 심혈을 기울여야 하는 것은 자명한 일이다. 몇 년 전 한 부산의 아파트에서 초등학생 어린이가 신발장이 넘어져 사망하는 안타까운 사건이 발생했다. 정말 어처구니없는 일로 그때 담당자들이 곤욕을 치르는 경우가 있었다. 얼마나 끔찍한 일이던가? 고의가 아니어도 어린 생명을 앗아간 이런 사태는 기술자로서의 책임을 통감하지 않을 수 없었다.

앞에서 말한 '기본이 서야 모든 일이 순탄하게 돌아간다.' 라는 말은 기술자들의 가슴에 새기고 뼛속까지 박아 기억해야 한다. 기본이 서지 않아 소중한 생명을 앗아 갈 수 있다는 위기감을 가져야 한다. "본립이도생" 기본으로 돌아가자! 그러면 새로운 길이 열릴 것이다. 낫 놓고 ㄱ 자도 모르는 기본 없는 기술자는 되지 말아야 한다.

03

오늘의 친구가 내일의
적이 된다

　　건설현장에서는 오늘의 친구가 내일의 적이 되는
경우가 종종 발생한다. '사기열전'에 나오는 이야기를 먼저 꺼내 보려 한
다. 손빈과 방연은 절친한 친구 사이였다. 중국 춘추전국시대의 혼란한
사회는 많은 영웅호걸과 그 밑의 책사들의 이야기가 많이 나온다. 손빈과
방연도 제나라와 위나라의 책사였다. 둘은 원래 스승 귀곡자의 문하에서
동문수학한 친구 사이였다. 방연은 자신보다 뛰어난 손빈을 항상 마음속
으로 시기하고 있었다. 방연이 먼저 위나라에 출사하게 되자, 손빈을 위
나라로 불러들였다. 당시 위나라의 적국이던 제나라가 손빈을 기용할 것
을 두려워한 방연의 술책이었다. 그리고 손빈이 위나라의 왕에게 발탁될
까 두려워 음모를 꾸몄다. 손빈이 적국인 제나라와 내통한다는 거짓 정보
로 모함을 한 것이다. 결국 이 사건으로 손빈은 무릎 아래 정강이뼈 밑을
잘리는 빈형(臏形)에 처해져 평생 앉은뱅이로 살아야 했다. 그러나 손빈은

자신이 사형에 처해질 것을 친구 방연이 나서서 빈형으로 감형시켜 준 것으로 알고 큰 은혜를 입었다고 생각했다. 그래서 손빈은 자신의 조상이 저술한 손무의 병법서까지 알려 주려고 노력했고 방연을 자기의 목숨을 살린 진정한 친구로 생각했다. 그런데 방연이 감시자로 붙인 사람이 손빈을 딱히 여겨 그 내막을 낱낱이 알려주게 되었다. 방연의 계략에 속은 것을 깨달은 손빈은 제나라에서 온 사신과 접촉해 은밀히 위나라를 탈출했다. 제나라로 도망 온 손빈의 재능을 알아본 제왕은 그를 군사로 천거하게 되었다. 군사가 된 손빈은 방연에게 복수하기 위해 많은 세월을 기다렸다. 마침내 제나라가 위나라를 공격하기 위해 쳐들어갔다가 도망치는 척하며 계략을 썼다. 방연이 마릉으로 군사를 몰아 제나라의 군사를 섬멸할 목적으로 쫓아가기 시작했다. 날이 저물어 마릉이라는 협곡을 지날 때 앞에 가던 군사가 방연에게 고했다.

"적들이 우리의 앞길에 나무를 쌓아 길을 막아 놓았습니다."

방연이 말에서 내려 보니 갑자기 앞에 껍질이 벗겨진 나무 하나가 보였다. 어두워 글자가 보이지 않자 방연은 군사들에게 횃불을 가져오라 명령했다.

"횃불을 가져와라!" 군사가 횃불을 들어보니 글자가 하나 보였다.

"龐涓死于此樹之下！(방연사우차수지하) - 방연이 이 나무 밑에서 죽는다."

"우리가 속았다! 일제히 후퇴하라!" 횃불이 밝아오자 매복해 있던 제나라 군사들은 일제히 화살을 쏟아내기 시작했다. 그때서야 방연은 손빈의 계략임을 알아차리고 빠져나갈 수 없는 상황에 절망하고 스스로 목을 베어 그 자리에서 자살을 했다. 그러면서 방연이 탄식하며 말했다. "내가, 손빈에게 제나라의 명성을 떨치게 해 주었구나!"

이 사건으로 마릉 전투에서 제나라 군사는 위나라 군사 10만 명을 대파하고 대승을 거두는 쾌거를 달성했다. 이것을 계기로 방연의 마지막 말대로 손빈은 최고의 병법가로 명성을 날리게 되었다. 그 후 제나라의 권력 다툼에서 벗어나 속세로 숨어 들어가서 집필한 것이 바로 유명한 「손빈병법」이었다. 손빈은 그만큼 지혜롭고 똑똑했으나, 간교한 친구의 술책을 눈치채지 못해 앉은뱅이로 사는 운명을 맞아야 했다. 어쩌면 같이 동문수학한 친구의 호의에 아무 의심 없이 고마운 마음이 앞서 그의 심성에 경계를 하지 않았을 것이다. 그렇지만 그런 믿음은 자신의 몸을 망치는 결과를 낳았다. 또한 방연도 친구를 시기하는 마음으로 친구에게 해를 끼치고, 결국은 그 해가 자기 자신에게로 돌아온다는 진리를 깨닫지 못했다. 방연의 어리석음이 자신의 목숨까지도 빼앗아가는 파멸을 맞았고, 오래도록 역사의 길에서 친구를 배신한 불명예를 남겼으니 방연은 너무나도 크나큰 대가를 치르게 되었다. 因果應報(인과응보)라는 말이 언제나 진리처럼 다가온다. 세상사는 일이 모두 자신이 행한 인연은 좋은 결과로 도움을 받고, 악한 행동에는 반드시 그 대가를 치르게 되어 있다.

건설현장에서 기술자인 관리자로 일하게 되면 그곳에서도 비슷한 경험을 언젠가는 겪게 될지도 모른다. 어느 정도 경력 있는 기술자라면 한두 번은 경험했을 몇 가지 이야기를 꺼내 놓아 보겠다. 2001년경 안양 임곡이라는 주거환경개선지구 공동주택 현장에서 있었던 이야기다. 어느 날 시공업체 공사과장한테서 전화가 걸려 왔다.

"윤 감독관님! 큰일 났어요?" "무슨 일이신데요?" 놀라서 물었다.

"철근업자가 주차장 보 부분에 철근을 누락시키고 시공을 했다고 감사원에 제보를 했어요. 그래서 조만간 감사원에서 현장을 확인하러 방문한다고 합니다."

아, 이런 황당한 사건이 있나? "그런데 제보한 사람이 누군데요?"

"아 네! 그게 철근업체 이사라는 사람인데요."

"뭐라고요? 자기들이 시공했잖아요?"

"네 맞습니다." 그 후 전후 사정을 알아보았더니 이유는 이러했다.

철근 이사가 원하는 것은 돈을 더 달라는 거였다. 그렇지 않으면 계속해서 다른 기관에도 제보를 하겠다는 협박이었다. 계약할 때 철근 물량보다 더 많이 시공을 했으니 돈을 더 달라고 했는데 시공업체에서 설계물량으로 계약을 했는데 시공하면서 늘어난 물량은 비용을 추가 지급해 줄 수 없다고 한 것이다. 작은 차이의 물량이라면 그 업체도 지나갔겠지만 그때 당시 몇 천만 원 정도의 꽤 큰 금액이었던 것으로 기억한다. 그래서 설계물량과 실제 시공물량이 왜 차이가 나는지를 확인해 보도록 했다. 확인결과 실제로는 차이가 별로 없었다. 그러니 그 사람의 주장은 어찌 보면 무턱대고 돈을 더 달라는 핑계였을 뿐이다. 만약 설계물량이 다르다고 판단되면 추가 설계변경을 통해서 비용을 증액시켜주면 되는 일이었다. 그러면 주차장 슬래브 보의 어느 쪽에 철근을 누락시켰냐고 추궁해 보니 보부분의 늑근(보 둘레를 감싸는 철근)을 시공하지 않았다는 것이다. 만약 그것이 사실이라면 주차장 슬래브 위의 방수시공 후 누름 콘크리트까지 타설 완료된 상태였기 때문에 정말 큰일이 아닐 수 없었다. 재시공에 대한 비용이 천문학적으로 발생할 것이며 부실시공으로 인한 시공업체 제재 조치며, 기술자들의 개인 신상에도 좋지 않은 결과가 내려질 것은 당연한 일이었다. 정말 심각한 상황으로 치닫고 있는 위기에서 우리는 보의 늑근 철근이 정말로 누락되어 있는지 확인할 방안을 찾았다. 그 방안은 철근 탐지기를 사용하여 주차장 천정의 보에 늑근 시공 여부를 확인하는 방법이었다. 2층으로 이루어진 주차장 천정 보를 전부 조사하는 것은 정말 불가능해 보였다. 그러나 그때 당시 시공업체 김 대리라는 기술자가 본인도 시공할 때 확인하며 다녔는데 누락시켰다고 하니 기분이 몹시 상했던 것 같다. 그 사건은 기술자의 자존심에 많은 상처를 입혔다. 물론 현장에 참여한 모든 기술자들이 같은 심정이었을 것이다. 철근 유무를 조사하려면 이동식 비계에 올라가서 일일이 보 부분에 철근 탐지기를 천정 밑부분에 끌면서 스캔하며 간격을 분필로 표시하는 고된 작업이었다. 주차장 전부를 그렇게 조사하는 데는 적어도 일주일은 걸릴 듯했다. 그런데 한 3일 정도 지나 김 대리에 연락이 왔다.

"주차장 보에 철근 탐지 모두 끝냈습니다."

"아 그래요 어떻게 이렇게 빨리요?"

"네, 제가 3일 밤새서 조사했습니다." 순간 가슴이 울컥하여 눈물이 날 뻔하였다. 기술자의 노고에 너무 감명을 받아 어찌할 바를 몰랐다. 그래서 직접 확인하기 위해 현장으로 갔다. 주차장 천정을 바라보는 순간 분홍색의 분필 자국이 기다란 보들 사이로 빼곡히 칠해져 있었다. 마치 분홍빛의 진달래가 피어오른 것 같은 장면이었고, 놀란 나의 눈으로 기술자의 위대함을 본 광경이었다. 늑근 간격이 일정하지는 않았지만 누락되어 시공된 곳은 한 군데도 없었다. 그때 나는 휴! 하며 안도의 숨을 쉴 수 있었다. 처음 겪어보는 황당한 사건이어서 정말 어떻게 처리해야 할지 답답한 마음이었다. 그런데 어려운 문제를 며칠간의 밤샘으로 확실하게 확인시켜준 김 대리가 너무도 감사했다. 이런 마음가짐이 진정한 기술자구나! 그 당시 감탄하고 또 감탄했다. 그때의 인연으로 김 대리와는 20여 년의 만남으로 이어졌고, 그 후 건설회사 소장을 맡다가 최근에는 다른 회사로 이직해 본사 총괄 품질 팀장을 하고 있다. 나보다 3살 어린 그 친구는 나를 형님으로 부른다. 서로의 어려움이 큰 인연으로 다가와 평생 친구로 지낼 수 있는 기회가 되었다. 그 후 철근 이사와 담판을 지었고 제보한 내용은 철회하여 마무리가 잘되었다. 물론 추가비용에 대한 것도 어느 정도 보전을 통하여 해결을 보았다는 말을 들었다. 기술자들은 많은 고생을 하고 고통을 당했지만, 정작 그 사람의 목적은 어느 정도 달성된 셈이다. 하지만, 그 사람이 다른 현장에서 일한다는 소식은 그 후 듣지 못했다.

　또 하나의 사건은 2014년 동탄에서 근무할 때 일어났다. 고등학교 공사 중 골조공사 하도급 업체의 대표라는 사람이 고의적으로 공사를 지연시키고 지금까지 시공된 공사비를 얼토당토않은 금액에 내놓으라는 식으로 우리를 괴롭혔다. 공사 전 선급금으로 받아간 대금은 공사를 위해서 쓰지 않고 다른 곳에 유용하였다. 노무자들의 노무비가 지급되지 않고 고의적으로 소요사태를 일으켜 추가 대금을 요구하는 상황이었다. 공사가 계속 지연되면 다음 연도에 학교 개교를 하지 못하는 사태가 일어날 수도 있는 심각한 위기였다. 입주를 시작한 주변 아파트 단지에서 아이들이 학교를 가지 못하는 상황이 벌어진다면 큰 사건이 발생할 것이라는 예상은 불 보듯 뻔한 것이었다. 아마 그런 사태가 발생되면 공사를 책임진 시공 업체는 제재를 면치 못할 것이고, 더 이상 공공건물에 입찰을 하지 못하는 기업 존폐 위기마저 생길 수도 있다. 물론 참여한 기술자들에게 경고장 발급이나 부실벌점 부과 등의 조치는 말해 무엇하겠는가? 설상가상으로 대표라는 사람은 국정감사라는 기회를 이용하여 동탄 지역의 학교 공사 전체에 부실시공이 자행되고 있다고 제보를 하였다. 그 이후부터 그런 터무니없는 정보에 국감 담당자들은 한건 잡았다는 집념으로 학교공사 12개 지구를 쥐 잡듯이 뒤지게 되었다. 또한 부실시공에 대한 확인을 위하여 외부 시험기관을 끌어들여 온 현장의 콘크리트 코어를 채취하고, 레미콘 타설할 때마다 공시체(강도 시험용 콘크리트 몰드)를 만들어 갔다. 그들이 선정한 시험기관이 휩쓸고 다니다 보니 거대한 태풍이 지나간 것처럼 현장과 기술자들의 마음은 걸레처럼 너덜너덜해진 기분이었다. 정말 기술자로서 자존심에 상처를 받고 막무가내 가해진 힘에 아무것도 할 수 없다는 무력감에 큰 상실감을 맛보았다. 그래도 이 모든 현장에 참여한 기술자들을 그렇게 죄인처럼 만들 수 없어서, 반박할 수 있는 자료를 만들고 소명하기 위해 밤을 새워가며 힘을 쏟았다. 그동안 많은 위기와 어려움이 있었지만 개인적으로 현장관리하면서 겪은 최고로 힘든 경험 중에 하나였다. 또 다른 방연에 속수무책 당하는 나 자신이 정말 무력했다. 어쨌든 두어 달 간의 국감은 끝났고 결과도 어느 정도 소명이 되어 부실시공에 대한 누명은 벗어 날 수 있었다. 그 일이 있은 후 계속해서 대표라는 사람은 추가비용을 요구하며 우리들을 괴롭혔다. 공사는 계속 지연되고 있었다. 공동 도급업체도 공사 준공의 책임이 있어 울며 겨자 먹기로 요구를 들어주고 공사를 마무리하였다.

현장에서는 모든 것을 확인할 수는 없다. 그러나 기본을 항시 생각하고, 원칙에 벗어나는 경우를 보았을 때 절대 그냥 넘어가는 우를 범하지 않기를 바란다. 누군가 그것을 보고 있을지도, 증거를 확보하고 있을지도 모른다. 오늘 얼굴 보며 같이 웃던 사람이 원하는 것이 생길 때 내일은 그가 약점을 가지고 나에게 화살을 쏠지도 모른다. 현장에서는 오늘의 친구가 내일의 적이 되는 경우는 흔하다. 원칙만이 그런 올가미에서 벗어날 수 있는 비책이 된다.

04

공든 탑도 언제든
무너질 수 있다

'공든 탑이 무너지랴!' 라는 우리나라 속담이 있다.

이 말은 '어떠한 일에 정성을 다하면 반드시 좋은 결과가 생기게 마련이다.' 라는 因果(인과)법칙의 고정적인 관념이다. 이 속담이 어떻게 생겼는지 동화 같은 이야기를 한번 들어보자. 어느 마을에 밤새도록 천둥번개와 비바람이 마을을 괴롭히는 일이 있었다.

"이런 또 도깨비들이 장난을 치고 있구나!"

날이 갈수록 도깨비들의 장난이 심해지자 마을 촌장이 도깨비들을 직접 찾아가 담판을 짓기로 했다.

"도깨비들은 냉큼 나와라!" 촌장이 고함을 쳤다.

"누가 감히 시끄럽게 우리를 부르는 거야?" 도깨비들이 화를 내며 나타났다.

"마을을 더 이상 괴롭히지 말고 썩 마을을 떠나라!" 촌장이 다그쳤다.

〈마이산의 공든탑〉

"그럼 우리하고 내기를 해서 당신들이 이기면 우리들이 마을을 떠나겠다." 원래 도깨비들은 장난과 내기를 좋아한다고 한다.

"보름의 시간을 줄 테니 저 바윗돌 위에 절대 쓰러지지 않을 높은 탑을 쌓아라!"

그 이후 마을 사람들은 돌을 다듬고, 갈고 하여 틈이 생기지 않도록 정성을 다하여 탑을 쌓았다. 손가락 껍질이 까지고, 발톱이 빠지도록 아이 어른 할 것 없이 일을 했다. 드디어 약속한 보름이 지나자 도깨비들이 나타났다. 돌탑을 보던 도깨비들은 그것을 무너뜨리기 위해 방망이로 때리고 치고 하였지만 탑은 꿈쩍도 하지 않았다.

"도깨비들아! 튼튼한 탑을 보았느냐! 이제 마을을 떠나거라!"

도깨비들은 울상을 지며 그 마을을 떠났다고 한다. 마을 사람들은 기뻐하며 잔치를 열었다. 정성을 다하면 절대 헛되지 않다. 그 후 '공든 탑이 무너지랴!' 라는 말이 생겨나기 시작했다는 옛날이야기다.

뜬금없이 웬 동화 같은 이야기냐고?

우리는 이 원칙이 절대 변하지 않기를 바라는 마음에서 도깨비 이야기를 꺼내 보았다. 그렇지만 이 말이 적용되지 않는 곳이 있다. 바로 건설현장이다. 누가 봐도 잘 돌아가고 있는 현장이라고 생각되는 곳도 '안전사고' 라는 재앙이 발생한다면 공든 탑은 여지없이 무너져 내린다. 그동안 품질이 우수하고 준공에 전혀 지장이 없는 현장이었지만, 이 사고를 계기로 그곳은 이제 청천벽력 위기의 탑이 흘러내리기 시작한다. 아래 표는 고용노동부의 2018년 4월 27일 보도 자료이며, 최근 10년간 산업재해 발생 현황이다.

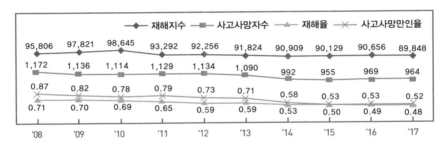

(사고사망만인율(‰, 퍼밀리아드): 노동자 10,000명당 사고사망자 수 비율)

위 집계 표에서 보듯이 매년 산업재해는 눈에 띄게 감소하지는 않는다. 그것은 많은 산업체에서 근로자의 산업재해 발생률 감소에 획기적인 시스템이나 작업여건을 개선하지 못하고 있다는 반증이 아닐까? 특히, 업종별 사망수를 비교해 보면 2017년 기준 건설업이 506명, 제조업이 209명, 운수창고업이 71명, 기타 사업이 144명으로 나타났다. 건설업에서 사망자율이 50%이상이 넘어서고 있다. 재해 유형별로는 가장 많이 발생되는 것이 떨어짐 사고가 38%, 끼임 사고가 11%, 부딪힘 사고가 10% 순으로 발생했다. 고용노동부에서는 2018년부터는 건설업에 대하여 입찰참가자격 사전심사(PQ)시에 산재은폐 기업에 감점을 부과하고, 산재발생 보고 시 노동자 대표 확인을 의무화하겠다고 발표했다.

"생명은 소중하다. 우리는 생명을 무엇보다 더 사랑하고 존중해야 한다. 인간은 생명이 있음으로써 행복을 비롯하여 여러 가지 가치를 추구하며 살 수 있다." 이 말은 국가생명윤리 심의위원회에서 발표한 '생명존중 선언문' 의 내용이다. 모든 인간은 이러한 생명존중의 가치를 소중히 여기며 서로 간의 생명을 유지하고 돕고 살아가야 한다. 그런데 이런 생명을 앗아가는 지옥 같은 분야 중에 하나가 건설업 현장이라는 곳이다. 매년 사망자가 최고 많은 분야는 당연 교통사고로 인한 사망이다. 2018년에 국토교통부에 따르면 교통사고 사망자 수는 3,781명으로 집계됐다. 이중에 보행 중일 때가 40%, 자동차 승차 중일 때가 36%로 나타났다. 실제적으로는 차동차를 타지 않을 때가 교통사고를 더 많이 당한다니 정말 아이러니가 아닐 수 없다. 정작 우리가 일반적으로 걸어 다닐 때를 더 조심해야 하고, 승차해 있을 때 보다 위험이 더 많이 존재한다는 것이다. 물론 교통사고가 건설현장 사고보다 3배로 월등히 높다. 하지만 건설현장이 자동차보다 많지 않으며 건설노동자는 대략 200만 정도라고 추정한다면 5천만 인구에 비해서 월등히 높은 비율이다. 여기서 10,000명당 사망자율인 만인율로 따져보면 교통사고는 0.06명이고, 건설업은 0.5명이 계산된다. 건설업 사망률이 교통사고 사망률보다 10배는 더 높은 수치가 나온다. 그러니 당연히 건설현장은 사망률을 낮추기 위해서 안전시설 개발이나 제도를 획기적으로 개선해야 한다. 그렇지 않으면 사망자는 줄어들지 않을 것이다. 그럼 주로 건설현장에서 많이 발생하는 위험작업이나 불안전한 상황은 어떤 것들이 있는지 살펴보기로 하자.

첫 번째로 건설현장은 추락될 수 있는 위험한 곳이 많다.

우리나라의 건축물은 해외에 비해 고층화되어 그곳에서 작업하는 근로자들 또한 고소 작업이 많다. 건축물을 저층으로 바꿀 수는 없으니, 고소 작업할 때 철저한 안전시설 설치나 근로자의 안전교육이 더욱 필요하다고 할 수 있다. 작업 전 매일 아침마다 하는 안전체조나 TBM 같은 안전회의는 추락사고 방지에 큰 도움이 되지는 않는 것 같다. 옛날 시골에서는 가을이면 감나무 위에 올라가 감을 따곤 했다. 그런데 어른들은 높은 나무 위에 있을 때는 조심하라는 말씀을 하지 않고 항상 중간쯤 내려오면 조심하라고 크게 외치신다. 아주 높은 위치에서는 자신이 알아서 조심하지만 중간 높이의 위치에서는 긴장이 풀리고 높지 않다고 얕잡아 보다가 떨어지곤 한다는 말을 하셨다. 마음이 몸보다 먼저 내려오기 때문이다. 추락사고의 40%가 건설현장에서 발생하고, 이중 60%가 3m 미만의 비교적 낮은 위치에서 많이 발생한다고 하니 감나무 이치와 어찌 다르다고 하겠는가? 이 높이에서는 작업자들이 위험인지 수준이 낮아 높은 곳보다 부주의한 것으로 나타났다. 이 높이가 현장에서 사용하는 비계의 2단째 발판이 시공되는 위치 정도가 된다. 실제 이 높이에서 작업하는 근로자가 안전고리나 발판을 사용하여 작업하는 것을 본적이 별로 없는 것 같다.

10여 년 전 나의 이모부 되시는 분이 일반주택에서 작업하시다가 추락하셔서 병원에 1년 정도 고생하시다가 돌아가셨다. 외부 가설비계에서 작업하시다 아래로 떨어지셨는데 그때의 높이가 2층 정도의 높이였다. 현장에서 많이 경험했던 나로서는 믿지를 못했었던 기억이 난다. 왜냐하면 첫 번째 현장인 오산에서 일어났던 얘기를 하자면, 그때 당시 15층 정도 되는 아파트 외부 갱폼 해체 공사 중 한 근로자가 실수로 아래로 추락하는 사고가 일어났었다. 그 말을 듣는 순간 나는 당연히 사망사고라 생각했는데 아래 추락 방지 망을 뚫으며 떨어지다가 완충되어서인지 엉덩이뼈만 골절되고 그 외에는 크게 다친 곳이 없었다. 그러니 2층 높이에서 떨어졌는데 사망할 정도였으니 믿지 못할 만도 하였다.

한번은 2007년 정도로 기억된다. 경기도 시흥지구에서 근무할 때였다. 오후에 전화를 받았다. 외부에서 도장 작업하던 근로자가 추락해서 사망했다는 비보를 들었다. 급하게 현장에 가서 상황을 확인해 보니 작업은 다 마치고 내려왔는데 한 4층 정도의 높이에 그려야 할 동표시를 다시 그리기 위해 올라가다가 사고를 당한 것이다. 로프를 걸었다고 생각했는지 아니면 잠깐이면 되니까라는 안일한 생각을 했는지 보조 로프는 빠져 있었고 최상층 지붕에 묶여 있어야 할 로프는 풀린 상태로 추락할 때 같이 떨어진 것으로 확인됐다. 자신의 생명이 걸린 작업인데도 우리는 가끔 익숙하다는 이유로 이것쯤이야 하고 사소한 것을 간과하기 쉽다. 그런데 사고는 그런 이유로 대다수가 일어난다. 도대체 어떻게 죽고 사는 문제에 사소한 일이라 생각할 수 있는가? 세상의 큰일도 사소한 것에서 시작한다. 반드시 기술자라면 현장에는 사소한 것에도 절대 지나치지 말아야 한다는 것을 명심하자!

두 번째 가스 질식사고가 많이 발생한다.

우리나라는 사계절이 뚜렷하기 때문에 겨울이 되면 추워도 공사를 중지할 수 없다. 왜냐하면 3개월 정도 공사가 중지되면 그만큼 준공이 지연되고 기술자들은 그래도 상주해야 하기 때문에 관리비가 많이 들어갈 것이다. 또 다른 이유는 공사가 중단되면 건설현장에서 노동해서 그 일당으로 먹고사는 근로자들은 겨울 동안 손가락 빨고 살아야 한다. 최소 한 달에 20일 정도는 일을 해야 한 달 생활하는데 지장이 없을 것이다. 그런데 겨울 동안 일을 못하면 가정이 있는 사람은 생활이 어려워질 것이다. 이런저런 이유에서든 겨울이라도 공사는 중단할 수 없다. 골조공사가 마무리되고 내부 마감 공사하는 공정이라면 바닥 난방을 하거나 전기난로 등으로 작업온도를 유지하며 시공을 한다. 그렇지만 골조공사가 한창이던 공정은 콘크리트를 양생시키기 위해서는 주변을 온통 천막 등으로 차단하고 그 안에 갈탄이라는 열원을 태워야 한다. 혹 겨울 야영을 해 본 적이 있다면 알 것이다. 추운 겨울에는 텐트 안에 있어도 춥기 때문에 안에서 전기난로나 가스 열원을 사용하여 내부 온도를 상승시켜야 추운 겨울밤을 보낼 수 있다. 똑같은 원리라고 생각하면 된다. 텐트 안에 콘크리트가 있다고 생각하면 된다. 그런데 갈탄이라는 것이 타면서 CO(일산화탄소)가스를 발생시킨다. 갈탄 교체 작업하러 콘크리트 양생 중인 공간으로 들어가서 가스에 중독되어 쓰러지면 사망사고로 이어지는데, 이런 사고가 겨울철에는 간간이 일어난다. 몇 년 전 안양의 현장에서 옥탑 층에서 양생 중이던 곳에 직영 반장이 확인하러 갔다가 다음날 쓰러진 채로 발견되는 사고도 있었다. 또 3년 전쯤 화성에서도 작업자 둘이 들어갔지만 둘이 모두 쓰러져 사망하는 사고가 일어났다. 일산화탄소는 무색무취의 맹독성 가스다. 그래서 사람들은 가스에 대한 인식을 하지 못하다가 몸속에 일산화탄소가 차면 정신을 잃고 쓰러지기 때문에 무척 위험하다. 그래서 이제는 갈탄 대신 열풍기를 사용하여 보양하도록 권장하고 있는 실정이다. 비용 면에서 효율이 좋지 않다 보니 업체에서는 적극적으로 사용을 앞장서지는 않는 형편이다.

이 지구상의 모든 생명은 소중하다. 하물며 인간의 생명을 말해서 무엇하랴! 안타까운 것은 인간의 실수로 또 다른 생명을 잃는다면, 도대체 우리 인류는 어떻게 인간성을 유지할 수 있겠는가?

05

당신도 누군가의
피의자가 될 수 있다

최근 사회 전반적으로 안전에 대한 이슈가 점점 부각
되고 있는 추세에 있다.

1994년 10월 21일 성수대교 붕괴사고로 22명의 학생과 시민들이 아까
운 희생을 치러야 했다. 다음 해 1995년 6월 29일 삼풍백화점 붕괴사고로
502명이라는 많은 국민들이 목숨을 잃는 어처구니없는 사고가 발생했다.
일찍이 우리나라의 급속한 산업사회로의 발전에 맞추어 안전보다는 빨리
완공한다는 목표를 가지고 건설해 온 인재의 재앙이 발생한 것이다. 그동
안 만연하여 온 안전 불감증으로 온 국민들이 경악을 금치 못하던 시절이
있었다. 그러나 20년이 지난 후 세월호 사건이 터져 많은 젊은 학생들이
빛도 보지 못한 채 푸른 바다 속으로 젊은 청춘은 사라져 갔다. 이런 안타
까운 대형 참사는 더 이상 있어서는 안 될 것이다. 2018년 현재 산업재해
로 인한 사망자는 매년 1천여 명 정도로 여전히 발생되고 있는 실정이다.

특히 건설현장에서 이들의 50%이상이 안타까운 죽음을 맞이하고 있다.

'고의에 의한 대통령령으로 정하는 시설물의 구조에서 주요 부분에 중대한 손괴(損壞)를 일으켜 사람을 다치거나 죽음에 이르게 한 자는 무기 또는 3년 이상의 징역에 처한다.' 건설기술진흥법 제85조 1항의 내용으로 2018년 12월 31일 새로 개정된 법이다.

과실에 의한 벌칙 규정은 '업무상 과실로 제85조 제1항의 죄를 범하여 사람을 다치거나 죽음에 이르게 한 자는 10년 이하의 징역이나 금고 또는 1억 원 이하의 벌금에 처한다.' 이며 법 제86조의 내용이다.

우리는 건설 기술자로 현장에 근무하며 그곳에서의 안전사고로 인하여 사망사고가 발생되면 기술자들은 위 법 조항의 벌칙 규정에 의해 처벌을 받을 수 있다. 고의에 의한 사고는 없다고 치더라도 업무상 과실에 대한 벌칙은 기술자 누구나 받을 수 있는 조항들이라는 것을 명심해야 한다. 물론 현장의 모든 기술자들이 사고에 대한 책임을 묻는 것은 아니지만, 보통 현장 총괄 안전책임자인 현장 소장과 안전관리 전담자인 안전 관리자는 이 벌칙을 피해 갈 수 없는 것이 사실이다. 그만큼 현장 기술자들은 안전사고 예방에 심혈을 기울여 현장관리에 임해야 한다.

'2014년 10월 23일' 판교 테크노밸리의 가을 하늘은 청명했고 콘서트가 시작되기 전 공연을 보기 위해 2,000여 명의 관중들은 발 디딜 공간도 없이 빽빽하게 가득 찼었다. 예상과 달리 너무 많은 사람들이 모여 준비

했던 500석의 좌석은 이미 부족했고 공연장 주변 여기저기에는 서있는 관중들로 가득했다. 그러나 5시 53분경 주차장과 연결된 상부 환풍구 위에서 공연을 구경하던 사람들은 6층 높이의 20m 아래 바닥으로 추락하였다. 이 사고로 16명이 사망하고 11명이 부상을 입는 대형 참사가 발생하게 되었다. 유족과의 사고 수습과 장례절차는 급속히 합의되었고, 사고 원인 규명에 초점이 맞춰졌다. 주요 요인은 부실시공으로 판명됐다. 환풍구의 스틸 그레이팅이라는 자재가 설계하중의 60kg을 견디게 설계되었으나 시공 하도급 업체에서 20kg의 자재로 시공한 것으로 판명되었다. 여러 사람들이 그 위에 올라가 있다 보니 하중을 견디지 못하고 철재가 무너지면서 그 위에 있던 관중들이 아래로 추락한 것이다. 다음 해인 2016년 1월 12일 수원지방법원 성남지원 형사재판에서는 시공사와 주최 측 등 관련자들에게 실형을 선고하였다. 그중 5명은 실형, 3명은 집행유예, 1명은 무죄가 선고되었다. 그리고 시공사와 하도급 업체에 벌금 200만 원~1,000만 원이 선고되었다. 선고 내용은 다음과 같다.

- 환풍구 시공업체 현장소장 : 금고 2년 6개월에 벌금 200만 원

- 공정관리 책임자 : 금고 2년에 벌금 200만 원

- 하도급 업체 대표이사 : 징역 1년

- 실제 시공업체 대표 : 징역 10개월에 벌금 200만 원

- 건축 감리업자 : 금고 1년

- 행사 주관 총괄본부장 ; 1심에서 금고 1년, 2심에서 집행유예
- 행사 주관 관계자 : 1심에서 금고 1년에 집행유예 2년, 2심에서 감형
- 행사 공동개최 관계자 : 1심에서 금고 1년에 집행유예 2년, 2심에서 감형
- 행사 업체 대표이사 : 구속기소 되었으나 1심에서 무죄

이상 9명의 관계자들에 대한 형사재판 결과이다. 문제는 이 환풍기 공사가 재하도급되고 설계도면을 완전히 무시한 부실시공의 결과였다는 것이다. 죄 없는 불특정 다수의 수많은 사람의 생명을 앗아 갔고, 시공에 관여한 기술자들에게는 지옥보다 더 깊은 고통과 함께 평생 전과자라는 낙인이 찍힌 것이다. 현장 기술자들은 설계서에 의한 원칙을 고수하고, 시공 자재가 규정에 맞게 반입되었는지 항상 확인해야 하는 이유다.

2015년 11월 중순경 한통의 전화가 걸려왔다.

"여보세요? 혹시 안양 소재 현장에서 건설관리자로 근무하신 적이 있으신가요?"

"아 네 맞는데요."

"그러면 다음 주 수요일 이곳 안양경찰서 형사계로 와주시겠어요?"

"무슨 일이신데요?"

"그곳 입주단지에서 초등학생이 환기탑으로 떨어져 사망했습니다."

"네? 그래요?"

"그 당시 관리자이셨으니까 참고인으로 출두 좀 해 주셔야겠어요."

"네, 알겠습니다." 하고 전화를 끊고 나서 관련 내용을 알아보았다.

그달 10월 12일, 12년 전 입주 완료한 안양 임곡이라는 아파트 단지에서 사건은 일어났다. 한 초등학교 3학년생이 화단에서 놀다가 미끄러졌는데, 환기탑 지붕의 폴리카보네이트(둥글게 씌운 덮개)가 젖혀지면서 2층 콘크리트 바닥으로 추락하여 사망했다는 비보였다. 그곳 관리소장은 경찰조사를 받았고, 그것을 시공한 업체의 당시 현장 소장도 조사를 받게 되었다는 사실을 알게 되었다. 전년도 판교 환기탑 사고가 일어난 지 1년 후에 또다시 비슷한 사고가 일어난 것이었다. 그 현장 공사 관리자였던 나도 피해 갈 수 없는 사건 관계자의 줄에 서게 된 것이다. 판교사건 당시 국토부에서는 모든 시설물의 환기구 등에 안전시설을 설치할 것을 권고한 상태였다. 그런데 관리소에서는 그런 조치를 하지 않아, 아까운 어린 아이의 생명을 하늘나라로 보냈다. 조사받기 전 주말 내내 그 사건의 생각으로 잠이 오지 않았고, 가슴이 쿵쾅대고 어찌할 바를 모르는 극심한 불안 상태가 지속되었다. 전화를 받은 그 다음 주에 나는 안양경찰서로 출두했다. 경찰서로 들어서는 중에도 왠지 죄인 같은 심정으로 혹시 피의자가 되지 않을까? 하는 조바심에 제대로 다리가 떨어지질 않았다.

"저기요, 김 형사님을 찾아왔는데요?"

"아 네, 접니다! 잠깐 이쪽으로 오시겠어요?" 그러면서 그 형사는 조그맣고 침침한 작은 방으로 나를 안내했다.

"일단 여기 앉으세요." 형사의 한마디는 마치 내가 죄를 지어 범죄자 심문하는 듯 퉁명스러운 말투였다. 순간 가슴이 확 쫄려 두근거렸다. 나는 작은 방에서 형사의 취조에 답하기 시작했다. 막상 내가 잘못한 일이 없었음에도 왠지 모르게 주눅 든 분위기가 침침한 방에 유유히 흐르고 있었다. 어쩐지 모를 음산한 기운도 함께 말이다. 형사의 취조가 시작되었다.

"처음 시공하던 그 당시 환기탑 지붕을 너무 허술하게 시공한 것 아닙니까?"

"아닙니다. 저희는 설계와 시방에 맞게 확인하고 시공한 걸로 기억합니다."

"그런데, 이 환기탑의 지붕에 설치되어 있는 철재 지지 바에 문제가 있는 것 아닌가요?" "네 그것은 그냥 주차장의 단면을 표시한 것인데, 단순한 이해를 돕기 위한 그림이고요. 실제 상세도에 맞게 시공되었습니다. 또한 현장일이라는 게 현장여건에 맞게 그때그때 검토하고 확인하는 과정을 거치기 때문에 시공에 대한 잘못은 없다고 봅니다."

"아~ 그래요! 그런데 완벽하다면 어떻게 아이가 그곳으로 떨어질 수 있죠?"

"시공이 완벽하다고 해도 시간이 지나면서 노후화에 따른 파손이나 훼손은 관리소에서 보수를 하는 등의 조치를 해야 한다고 생각합니다."

"아 그럼 시공관리자는 잘못이 없다는 거네요?"

"저희 기술자들은 도면과 시방을 준수하여 시공을 합니다. 그런데 이후 시설을 관리하는 책임은 관리소라고 생각합니다."

5시간이라는 지루한 취조는 정말 길었다. 대략 12장 정도의 진술서 형식의 다발을 나한테 던져주고는 읽어보시고 사실이 아닌 부분은 수정해 달라고 했다. 나는 혹 불리한 진술이 있는지 열심히 훑어보고 여러 군데 수정을 요구하고 형사에게 넘겼다. 사실, 여기 경찰서로 오기 전 직접 그 단지에 가서 사고 현장을 보았었다. 12년이 지나서 그런지 조금은 낯설게 느껴졌지만 시공 당시의 기억은 남아 있었다. 환기탑 주위로는 안전라인이 쳐져 있었고 사고 현장은 씁쓸한 정막만이 맴돌고 있었다. 세월이 흐르다 보니 환기탑에 씌운 덮개의 나사는 낡았고, 코킹은 덮개를 유지해 주지 못할 만큼 헐거운 상태였다. 이 사건 이후로 모든 환기탑에는 하부 추락방지망인 철재 안전망이 추가되었고 상부 높이도 법적 안전기준으로 개선되었다. 조사 이후 피의자로 관리소가 책임을 물게 되었다는 정보를 들었고, 시공업체에는 민사소송이 진행되고 있다고 들었다. 처음으로 책임 기술자로 있었던 현장에서 사고가 나다 보니, 그 후 더욱더 신중하게 원칙과 기준을 준수해야겠다는 굳은 결심을 하게 되었다.

2017년 10월 10일 의정부 건설현장에서 타워크레인 해체 중 전도사고가 발생했다.
명절연휴를 끝낸 다음 날 오후 1시 40분경 한통의 전화를 받았다.

"소장님! 타워 해체하던 중 크레인이 전도되어 작업자 4명이 추락했습니다. 병원으로 이송 중인데요... 3명은 사망한 것으로 확인되었습니다."

그날 정신없이 사고 수습에 사고 보고에 내가 그때 살아있었나? 하는 의문이 들 정도로 모든 게 내 몸에서 빠져나간 기분이었다. 정말 심각한 중대 사고라서 언론은 대서특필을 했고 네이버 실시간 검색순위 1위를 달리고 있었다. 고용노동부 장관과 서울지방국토관리청장과 우리 회사 사장님도 방문하여 사고 현황을 보고 받았다. 전에도 몇 번의 타워 사고가 있었기에 관심은 더 커졌고, 3명이나 사망하다 보니 언론의 목소리도 커져갔다. 우선은 사망자 유가족과의 빠른 장례절차와 보상 합의가 이루어져서 사고 수습은 제대로 마무리가 되었다. 다음날 의정부경찰서에서 출두하라는 연락이 왔다. 총괄 관리자인 사업단장, 중간 관리자인 소장, 그리고 담당감독이 참고인 조사차 소환되었다. 3년 전 경찰서 조사 이후 두 번째라지만 마음 한구석에 찜찜함은 안양사건 때와 다르지 않았다. 형사들은 항상 무언가 누구에게서 잘못된 점을 찾으려고 노력하는 것 같았다. 우리의 죄목은 업무상 과실에 해당하는 법 조항이었다. 여기에 해당하는 순간 최소 10년 이하의 징역이나 1억 원 이하의 벌금에 처해진다. 다행히 이때의 풍파는 빠른 조치와 해당 업체의 신속한 보상으로 빨리 마무리가 되었다. 타워사고로 공사비의 5% 이상의 비용이 보상비와 추가 공사비로 투입되었다. 두 번의 사고에서 경찰조사를 받았고, 기술자로서의 책임과 의무가 얼마나 중요하고 고귀한 것인지 새삼 깨닫게 되는 계기가 되었다.

당신이 만약 현장 기술자로 있다면, 명심하라! "나도 누군가의 피의자가 될 수 있다."는 각오로 항상 현장 일에 최선을 다 해라! 세상에 지나쳐서 좋은 것은 많다. 그중에 하나가 '안전관리'이다. 안전관리만큼은 꼭 지나칠 정도로 해야 한다. 그것이 한 사람의 생명을 구할 수 있기 때문이다.

그 후 3년이 지난 2020년 1월 말 당시 현장 소장에게 한통의 전화가 걸려왔다. 그때의 타워사고가 '혐의 없음'으로 종결되었다는 소식이었다. 한편으론 안도의 한숨을 쉬었지만, 가슴 한편으로는 씁쓸함이 밀려왔다.

06
물을 다스리지 못하면
명장이 될 수 없다

건설현장에서 물을 다스릴 수 없다면 당신은 명장이 될 수 없다.

인류가 탄생한 이래 治水(치수)는 생존의 문제였고, 삶의 필수 방식이 되어 왔다. 인류의 최초 4대 문명의 발생지 또한 물이 가까이 있는 큰 강을 위주로 발달되어 왔다. 물을 떠나서는 살 수 없는 인간의 본성이 있기 때문이다. 그러나 인류는 물에 의해 많은 재앙을 받으며 살아왔고, 또한 물에 의해 많은 혜택을 받으며 생존해 왔다. 중국의 최초 왕조인 夏(하)나라는 황허 강 근처에서 시작되었다. 그 길이가 5,000km나 되는 강줄기로 비만 오면 범람하여 백성을 괴롭히고 큰 재해를 입히기 일쑤였다. 그래서 요임금은 물을 다스리기 위해 '곤'이라는 사람을 등용시켰다. 그는 재주와 힘이 뛰어났으며, 강직한 성품으로 많은 사람들이 그를 따랐다고 한다. 그가 물을 다스리는 방법은 막고, 메우는 것이었다. 그래서 물이 범람할 때는 제방을 쌓아서 물줄기를 막고, 침수되기 쉬운 곳은 흙으로 메워서 땅을 평평하게 만들었다. 그렇게 9년의 시간이 흘렀고, 적은 물에는 제대로 효과가 있었다. 그러나 물이 많이 쏟아지는 장마에는 쌓아놓은 제방이 무너지고 저지대로 물이 흘러들어 침수가 되곤 하였다. 이에 격분한 요임금은 그의 치수사업에 실패를 핑계로 유배를 보내고 마침내 그곳에서 죽임을 당하는 일이 발생했다. 요임금이 세상을 떠나고 순임금이 왕위를 계승하였다. 순임금은 또다시 물을 다스리기 위해 '곤'의 아들인 '우'를 등용해 명을 내리게 된다. '우'는 아버지와 달리 민첩하고 인자하여 사람들과 친화력이 좋았다. '우'는 아버지 곤이 치수사업 실패로 죽임을 당하자 몹시 마음 아파했고, 반드시 물을 다스려 아버지의 한을 풀어 드리고 싶었다. 13년간 집밖에서 일하면서 자기 집을 세 번이나 지나쳤는데도 들르지 않았다고 하니 그의 집념이 대단하였다. 오랜 세월 아버지의 실패를 면밀히 검토한 끝에 물은 '통과시키고, 이끄는 것'이라 판단하여 물길을 만들고 여러 갈래로 물을 분산시키는 작업을 시작했다. 드디어 '우'는 물은 막는 것이 아니라 자연스럽게 흐르게 하는 것이 자연의 이치라는 것을 터득하게 된 것이다. 그는 13년 동안 직접 모든 하천을 답사하고, 특성을 파악해 강제로 막힌 제방을 열기도 하고, 강바닥을 파내고 물을 흐르게 하였다. 치수사업은 성공을 이루어 모든 백성들이 홍수의 재앙에서 벗어났고, 가뭄의 재해에서 많은 곡식을 생산하게 되어 백성은 행복해졌다고 한다. 그 후 순임금은 '우'를 후계자로 삼아 왕위를 물려주게 되었고 그 후 은나라에 멸망할 때까지 400여 년 간 태평성대의 세습왕조가 탄생하게 되었다고 한다. 이 이야기는 사마천의 '사기'를 근거로 구성한 것이다. 우리나라 건국신화인 단군왕검이 夏(하)나라와 같은 연대로 추정하며 '한단고기'에 우가 고조선에 도움을 요청했다는 기록이 남아있다. 중국에서는 하왕조를 전설상의 시대로 생각했지만, 최근 들어 역사적 사실에 입각하여 연구가 진행되고 있다고 한다. 어쨌든 고대 시대에도 물을 다스리는 것은 국가를 운용하는 데에 중요한 요건 중의 하나인 것만은 확실한 것 같다.

우리가 살고 있는 현시대도 태풍이나 홍수에 많은 피해를 입는 것을 보면 물이라는 것이 '필요악'이라 해도 과언이 아닐 정도다. 많아도 안 되고 적어도 안 되니 말이다. 우리 은하에 지구가 생성된 45억 년 전부터 우주에서 온 물은 지구상에 존재해 왔다. 지구상 모든 생명체는 물로부터 왔으며, 물로 돌아간다. 물은 없어서는 안 되는 생명의 근원이지만, 또 그것으로 인해 생명이 소멸되고 사라진다. 그렇기 때문에 물은 인간이 살아가는 어디든 존재해 왔다. 우리나라를 대표하는 4대 강인 한강, 영산강, 금강, 낙동강이 한반도를 타고 흐르고 있다.

우리나라 한반도는 지리적으로 1대간, 1정간, 13정맥으로 이루어져 있다. 여암 신경준의 '산경표'에 의하면 백두산을 시작으로 지리산에 이르는 백두대간이 있고, 그곳을 근간으로 북쪽으로 뻗어있는 장백정간, 그리고 백두대간에서 이어진 13정맥으로 분포되어 있다. 산맥이라는 말은 일제 강점기 일본의 민족말살정책의 일환으로 한민족의 정기를 끊기 위해 산맥이라는 명칭으로 바뀐 것이다. "산줄기는 강을 건널 수 없고, 물은 산을 넘을 수 없다." 이것은 물의 속성을 가장 잘 표현한 말이 아닐 수 없다. 왜냐하면 물은 높은 곳에서 낮은 곳으로 흐르기 때문이다. 그런데 우리는 이런 4대 강에 댐과 보를 만들어 물을 막아 흐름을 방해하는 사업을 해 왔다. 현재 4대 강에서 많은 부작용이 일어나고 있는 것은 물의 이치를 파악하지 못한 처사가 아닐 수 없다. 물론 필요한 곳에 댐을 만드는 것은 최소한으로 충분한 검토가 필요하다고 하겠다. 우리는 후손들에게 깨끗하고 풍성한 자연을 돌려주어야 할 의무가 있다. 어쨌든 거시적인 이야기는 접어두고 현장의 이야기로 들어가 보겠다. 건설현장에서도 물은 항상 존재한다. 우리 기술자들은 그런 물을 잘 다스려 문제가 없도록 방책을 세워야 한다. 그럼 몇 가지 물에 관한 현장의 문제와 대책에 대해 살펴보도록 하자.

첫째는 지하수위 문제다. 지하수위가 기초 저면보다 월등히 낮으면 큰 문제는 발생하지 않는다고 보아도 맞을 것이다. 그런데 지하수위가 기초 저면에서 1m 이내거나 높다라면 이에 대한 대책을 세워야 한다. 일반적으로 지반조사를 할 때 지하수위에 대하여도 조사를 하기 때문에 기초설계의 지질 주상도(지층의 상태를 표시하는 그림)에 지하수위 깊이를 표시하게 된다. 대체적으로는 설계할 때 지하수위를 감안하여 설계를 하겠지만, 막상 현장에서 직접 터 파기를 할 때 지하수위에 변화가 발생하는 경우도 많음을 주지해야 한다. 지하 저수조나 전기실 등은 주로 다른 구조물보다 4~5m 이상 아래에 있기 때문에 그 위치에 지하수위가 존재한다면 건물 부상의 위험이 있기 때문에 부상 방지를 위한 설계가 되어 있는지 확인해야 한다. 그렇다면 주로 어스 앙카, 락 앙카 등이 설계되어 있는지 확인하고 누락되었다면 추가로 설계 변경을 해서라도 개선해야 한다.

오산 현장에 있을 때의 일이다. 한 여름 장마철에 비가 억수로 쏟아져 주차장의 기초가 부상하여 기둥은 뒤틀리고 바닥은 균열되어 큰일이 났었던 적이 있다. 아직 상부 층이 제대로 올라가지 않은 상태에서 되 메우기가 늦다 보니 덩그러니 기초는 노출되고 터 파기해 놓은 공간 등으로 우수가 유입되어 부력이 발생했다. 정말 상상도 못 할 일이 벌어진 것이다. 그때 당시 직접 보고도 눈을 의심할 정도로 믿지 못하였다. "어떻게 저렇게 커다란 건물이 물에 뜰 수가 있지?" 그때의 충격은 말로 표현할 수가 없다. 거대한 크루즈도 바다에 뜬다는 사실을 모르는 것도 아닌데 말이다. 그 당시 부상된 건물로 인하여 구조물 안전진단과 함께 구조 보완 방안을 설계하여 재시공하느라 비용과 노력을 엄청나게 들여야 했다. 그런 지역에서 기초보다 지하수위가 높다라면 터 파기할 때 항상 물이 차서 공사를 할 수 없는 상태가 된다. 그러면 흙막이 설계가 차수벽 형태의 시트 공법인지도 확인해야 한다. 만약 파일시공으로 설계되어 있다면 항타 장비가 들어가지 못할 정도로 장비의 주행성에 많은 지장을 받는다. 그러면 장비가 다니는 가설도로나 기초부위에 자갈 등으로 치환하여 시공해야 할지 모른다. 혹 기초 저면보다 높다라면 콘크리트 타설 전 바닥에 배수로를 깔아 지하수가 그것을 통해 흐를 수 있도록 유도해야 한다.

〈계곡의 폭포수〉

둘째로는 건물 외부에서 들어오는 물이 문제다. 외부에서 오는 물은 대부분이 우수에 의한 문제라고 해도 틀리지 않는다. 우선은 공사할 때 우수에 대한 대책이 필요하다. 터 파기는 우리가 흔히 말하는 도로의 레벨보다 한 층당 3.5m 낮은 곳에 있다. 만약 2층 건물이라면 도로보다 7m 아래에 기초 저면이 존재한다는 말이다. 그런데 비가 많이 오지 않는 계절이라면 낮은 바닥에 우수가 고이는 일은 많지 않을 것이다. 하지만 기초공사가 장마가 한창인 6월~7월 사이에 들어간다면 간단한 문제가 아니다. 우수가 그대로 기초바닥에 고이게 되면 철근 배근 전 바닥청소와 배수 작업을 해야 하고 철근이 배근된 후 물이 고인다면 문제는 더욱 심각해진다. 물에 잠김 철근은 바로 녹이 발생하게 된다. 그러면 그 녹을 모두 제거하고 다음 작업을 진행해야 되기 때문에 공사가 지연될 것이다. 그래서 터 파기 후 건물 기초 주변에 가배수로를 바닥보다 2~3m 낮게 파서 물을 받을 수 있게 하고, 주변 흙이 흘러내리지 않게 천막을 둘러 침사지라는 커다란 물구덩이를 설치해야 한다. 그리고 안에 배수펌프를 설치하여 물이 넘치기 전에 외부 우수관 쪽으로 배수를 계속해야 한다. 물론 대지가 넓은 현장은 전체적으로 수량에 맞게 3~4개를 더 설치해야 우기철에는 배수를 원활히 감당할 수 있다. 현장의 레벨이 다를 때도 단차가 나는 위치에 서로 우수를 받을 수 있도록 각자 집수정을 설치한다. 특히 유의해야 할 경우는 현장이 산 쪽에 가깝거나 단지 북쪽으로 산을 끼고 형성되어 있다면 집중강우 시 산의 높이에 따라 우수 유량 면적이 커서 낮은 지대인 현장 안으로 어마어마한 물이 유입될 수 있다. 그럴 경우 먼저 산 쪽의 단지 경계선을 기준으로 설계된 산마루 측구를 선시공하여 우수를 다른 쪽으로 유도하여 내부로 유입되는 수량을 줄이는 게 좋은 방법이다. 어느 입주한 단지에서 여름 집중강우로 산마루 쪽의 측구에 우수량이 증가하여 물량을 받아내지 못하고, 오버플로 되어 단지 안으로 흘러들어와 홍수 사태가 일어난 사건이 있었다. 그때 당시 단지가 쑥대밭처럼 엉망이 된 보도를 본 적이 있다. '설마가 사람 잡는다.'란 속담이 있다. 나는 현장에서 항상 설마 하다 사람 잡는 경험을 많이 했다. 현장 기술자들은 반드시 설마가 아니라, 최소의 경우와 최대의 사태를 예상해서 기술적이고 공학적인 해석을 통하여 판단하기를 바란다.

　　셋째로는 단지 내부의 물이 문제다. 내부의 물은 대체로 설계 시 반영이 잘되어 단지 내 우수관을 통하여 외부관으로 연결이 된다. 그러나 최상층에서 내려오는 우수관에 문제가 생기면 역류되어 1~2층 세대로 물이 넘쳐나서 사건은 크게 발생한다. 보통 옥상에서 받은 우수가 1층 바닥에 있는 홈통에서 막히거나, 공사할 때 쓰레기나 자재의 유입으로 우수관 어딘가가 막히면 집중강우 시 세대로 넘쳐나는 경우가 종종 발생한다. 지표에 떨어진 우수는 도로나 외부 주차장인 경우 우수 측구로 연결되어 외부로 빠지게 설계된다. 그러나 주차장 상부 조경공간은 1m 정도의 토심에 나무 등 식물이 자라는 공간으로 배수가 원활하지 못하여 흙속에 고여 있어 식물 고사의 원인이 된다. 또한, 고인 물은 취약한 주차장 방수층을 뚫고 하부 주차구역으로 누수가 되는 경우도 종종 있다. 때론 사람이 통행하는 보도 부위나 차로 부위에도 물매가 맞지 않아 항상 물이 고여 통행에 불편을 주는 경우가 있으니 시공할 때 꼭 확인해야 하는 사항이다. 기술자란 문제 발생 후에 대책을 세우는 것이 아니라, 항상 시공할 때 현명한 예측을 통하여 문제를 사전에 방지하는 노력을 해야 한다. 내부 물 중에 기계적으로 강제하는 경우가 있다. 세대 화장실에서의 수돗물 공급, 급탕, 주방의 수도, 세탁실의 수도, 방바닥 온돌시스템의 온수 공급, 소화시설에 해당하는 스프링클러 배관의 물 공급 등은 기계적으로 문제가 없는지 자재 검수 및 시공할 때 철저한 확인은 필수라 하겠다.

고대시대에도 '우' 임금처럼 물을 막지 않고, 분산하여 그 이치를 깨닫고 자연적으로 흐르도록 하여 다스릴 수 있었다. 우리 기술자들도 현장에 있으면서 항상 물의 흐름을 생각하고 막히는 곳이 없는지 분산되지 않는 곳은 없는지 물의 본성을 잘 연구해 보자. 그러면 당신은 기술자로서의 자질을 충분히 갖춘 훌륭한 명장이 될 수 있음을 보증한다.

07
한 번 실수는 병가지상사
(兵家之常事)라고?

　한 번 실수는 兵家之常事(병가지상사)란 말이 있다. 옛날 당나라 황제 헌종이 나라가 쇠약해지자 횡포가 심한 지방 절도사인 오원제를 정벌하기 위해 한 장수를 보냈다. 그런데 그 장수가 오원제와의 싸움에서 패하고 돌아오자 신하들은 더 이상 싸움은 무리라며 황제를 말렸다. 다시 싸움을 계속하기 위해 황제는 패한 장수에게 "勝敗兵家之常事(승패병가지상사)"라는 말로 위로하고 개혁의 의지를 굽히지 않았다.

　"장수가 싸움을 하다 보면 이길 수도 있고 질 수도 있는데 한 번 졌다고 싸움을 포기하면 대의를 이룰 수 없는 법이다. 큰 뜻을 이루기 위해서는 한두 번의 작은 승패에 집착해서는 안 된다." 이 말을 들은 신하들은 더 이상 반대를 하지 않았고, 헌종의 이런 노력으로 당나라는 중흥기를 맞이할 수 있었다. 현대에 와서 우리들은 어떤 일에 판단을 잘못하거나 실수를 하여 실망하는 사람에게 "한 번 실수는 병가지상사다."라고 위로의 말을 한다. 이 말의 뜻은 "한 번의 실수는 용납할 수 있지만, 같은 실수를 두 번하면 용서할 수 없다."라는 뜻으로 풀이해도 좋을 것이다. 우리는 누구나 실수를 하며 그것을 통해서 성장해 간다. 대부분의 스포츠 경기에서도 마찬가지다. 농구, 야구, 축구 할 것 없이 팀이 실점을 안 하고 승리할 수는 없다. 서로의 상대팀이 누가 더 적게 실점을 하느냐가 그 경기의 승패를 가른다. 빨리 실수를 극복하고 상대편보다 조금 더 득점하는 것이 승리의 비결이 된다. 모든 인생은 실패의 연속이다. 그 실패에서 배우고 경험하여 큰일을 이루어 내는 사람들을 많이 보아왔다. 유명한 발명가 에디슨은 "난 실패를 한 적이 없다. 그것은 단지 성공으로 가는 과정이었을 뿐이다."라고 말했다. 성공하기 위해서는 무수한 실패를 거듭해야 성공의 길이 보인다는 얘기다. 하지만, 실패에 좌절하고 재도전하지 않는 사람은 성공의 단맛을 느껴 볼 수 없다.

그런데, 한 번의 실수라도 용납돼서는 안 되는 분야들이 있다.

그것은 바로 사람의 생명을 다루거나 직접적으로 연관이 있는 일들이다. 의사가 실수하면 소중한 생명을 잃을 수 있다. 그래서 의사들은 한 번의 실수라도 용납하지 않기 위해 수많은 연습과 훈련을 한다. 의과대학을 졸업하고도 병원에서 인턴이나 레지던트라는 절차를 밟는 것이다. 훌륭한 전문의가 탄생하기 위해서는 10년 이상의 기간이 필요하다. 몇 년 전 유명한 가수의 사망도 의사의 실수에 의한 것이었다. 어찌 보면 심각한

수술이 아니었는데도 의사의 판단에 작은 실수가 있다 보니 어이없게도 다른 부작용이 발생해서 소중한 생명을 잃었다. 참 어처구니없는 일이다. 항공이나 선박만 하더라도 배의 항로를 책임지는 항해사나 하늘에서 비행하는 조종사의 한 번의 실수가 수많은 생명을 앗아갈 수 있는 것을 보아왔다. 그것뿐만이 아니라 체르노빌 원자력발전 사고나, 2011년 일본의 후쿠시마 원자력발전소 사고 등은 수많은 사람들의 생명에 영향을 끼쳤다. 설계사가 건물을 설계하면서 구조적 실수나 결함을 검토하지 못하고 실수를 한다면, 그 건물에 거주하는 많은 사람들의 생명이 위태로워질 수 있다. 건축물이라는 것은 수백 년 동안 존재할 수도 있고, 몇 년 조차도 버틸 수 없는 위험한 건물이 될 수도 있다. 설계가 아무리 잘되어 문제가 없다 하더라도 건물을 시공하는 기술자가 설계서와 맞지 않게 시공하거나 구조적 문제가 있는 자재를 사용했다고 해 보자. 그러면 건물에 심각한 위험을 초래하고 그곳에서 거주하는 사람들의 생명은 보장할 수 없게 된다. 우리는 그동안 이 같은 참사를 많이 겪어 왔다. 성수대교 상판 붕괴 사고를 겪었고, 삼풍백화점 건물 전체가 우르르 무너져 내리는 엄청난 사고에 경악을 금치 못하며 안타까워했던 때가 있었다. 앞에서 우리는 기술자가 실수하여 인간의 생명에 해를 입힌 자는 법에 의해 처벌받을 수 있음을 언급하였다. 언젠가 당신도 현장 총괄 책임자가 될 것이고 안전관리 책임자가 될 수 있다. 어찌되었든 현장 기술자들은 한 치의 실수라도 용납되어서는 안 된다. 그것은 곧 나의 신상에 안 좋은 일이 발생할 수도 있는 치명적인 운명이 되어 돌아올 수 있다는 뜻이다.

2002년 8월 31일 안양 임곡이라는 현장에 근무할 때 사건은 발생했다. 그때 당시 태풍 '루사'가 최대풍속 39.7m/s, 강우량 870.5mm의 어마어마한 위력으로 한반도에 상륙했다. 당시 123명이 사망하고 60명이 실종되었으며, 2만 7천 세대 8천6백만 명의 이재민이 발생했다. 건물과 농경지, 전국의 도로, 철도 등 주요 기반시설 등이 붕괴되거나 마비되어 약 5조 5천억 원의 재산 피해를 냈다고 정부에서 발표했었다. 태풍이 예상되는 날은 현장에서 방재근무를 서야 한다. 강력한 태풍이 온다고 기상청에서는 연일 태풍 경로를 추적하여 철저한 대비를 하라고 보도했다. 그날은 일찌감치 저녁을 해결하고 현장 비상근무체제에 들어갔다. 물론 두 개의 건설현장 시공을 담당하는 건설업체에서도 비상근무 체제로 들어갔다. 비상시 긴급 복구를 위한 중장비나 자재 등을 준비하고 비상 연락망을 정비하여 일제히 긴급 가동할 수 있는 준비를 하고 있었다. 현장 주변은 외부 산마루 쪽의 배수로인 콘크리트 측구를 점검하고 현장 내 우수를 받아 외부 우수관으로 연결되는 경로를 확인하였다. 현장 내 집수정과 침사지 등을 다시 정비하였고 건물 외부 되 메우기를 통한 빗물이 고이는 곳에 문제가 없도록 완벽한 태풍 준비를 하였다고 생각했었다. 그런 준비 태세에도 저녁 오후에는 별로 비가 오지 않아 그냥 대충 넘어가려나? 하는 안도의 숨을 쉬고 있었다. 시간은 흘러 11시쯤 돼서야 빗줄기가 점점 거세게 내리기 시작하더니 강수량이 늘어나기 시작했다. 그래도 이 정도쯤이야 보통 여름 장마처럼 보여 심각한 수준은 아닌 걸로 판단하고 있었다. 기상뉴스를 틀어 놓고 현장 사무소에서 계속해서 주시하고 기상청 발표에 귀를 기울이고 있었다. 그러더니 거의 자정이 가까워 오자 빗줄기는 거대한 대나무가 하늘에서 쏟아지듯 거세게 땅을 향해 내려 퍼붓기 시작했다.

"어, 이상하다. 너무 많이 오네..."

"이러다간 우수관 넘치겠는데요?"

현장 점검을 돌기 위해 시공업체 근무자와 주변을 확인하는 중이었다. 몇 분의 시간이 지나자 슬슬 산을 끼고도는 작은 계곡에 물이 넘치기 직전이었다.

"이렇게 비가 오다간 그냥 넘치겠는데요?"

순간 계곡에서 내려오는 나무토막이나 여러 가지 잡다한 잡목들이 우수관에 걸리고 점점 물이 넘쳐나기 시작했다. 물은 넘쳐나서 현장 아래쪽 마을의 낮은 지대인 주택가로 흐르기 시작했다. 순식간에 쏟아지는 강우는 사람의 힘으로 막기에는 역부족이었다. 자칫 잘못하면 우수관 안으로 휩쓸려 들어가 큰일이 날지도 몰랐다.

"안 되겠어요. 위험하니 어서 피해요!" 어쩔 수 없이 빠르게 그곳에서 벗어나 위험을 피했지만, 하염없는 홍수에 저 멀리 주택가의 흙탕물로 넘쳐나는 물바다를 멍하니 쳐다볼 수밖에 없었다.

"아! 이거 큰일 났구나..." 아무 힘이 없음을 깨닫고 당시 현장 직원들에게 비상 콜을 했다. 새벽에 갑자기 받은 엄청난 비보 전화로 그날 새벽에 모든 직원들이 현장에 도착했다. 그날 새벽에 내린 강수량이 1시간에 200mm라고 나중에야 알게 되었다. 어느 정도 비가 그치고 물이 줄어드는 아침에 당시 경기본부에 근무하는 많은 직원들이 비상근무로 출동했다. 그리고는 팀을 이루어 주택가 집집마다 들어간 흙으로 인한 진흙을 청소하기 시작했다. 주택 50여 채가 물난리를 당하다 보니 재난 현장이 아마 이랬을 것이다. 다행인 것은 새벽에 그렇게 갑자기 물난리가 났지만 다치거나 사망한 사람은 없었다는 것이다. 근처 계곡의 주택가에서는 사망사고가 있었다. 그래도 불행 중 다행이라고 안도의 한숨을 쉬었다. 현장에 직접적인 원인이 있었던 것이 아니었는데도 그곳 사람들은 현장 때문에 이 난리가 났다고 죄를 뒤집어씌우듯 막무가내로 항의를 하기 시작했다. 물론 자연적 재해로 자신의 집이 물로 잠기어 엉망이 된 것을 누구에게라도 하소연하고 싶었을 마음은 이해가 간다. 그래도 어쨌든 책임자들이 피해에 대해서 엄밀히 조사 후 보상을 하겠다고 결정을 하여서 그날부터 침수지역의 피해상황 파악에 들어갔다. 조사하는 내내 우리는 주민들로부터 갖은 욕설과 원망과 죄인 취급당하는 신세가 되어야 했다. 두어 달 가량의 전수 조사를 마치고 집집마다 보상이 이루어졌고, 그 사건은 어느 정도 마무리가 되어가고 있었다. 동시에 현장으로 쏟아져 들어온 진흙을 치우고 물청소하는데도 여간 힘이 들어간 것이 아니었다. 이래저래 그때 '루사'로 인한 피해는 주민들이건 현장 업체건 기술자들이건 크나큰 상처로 남았다. 현장의 실수는 아니었지만, 현장이라는 곳이 바로 거기 있었기 때문에 우리는 실수 아닌 실수를 저지르게 된 셈이었다. 그 이후 다른 현장에서도 두 번의 실수를 하지 않기 위해 항상 태풍이나 강우로 인한 대책을 철저히 하는 버릇이 생겼다. 우리는 예측할 수는 있지만, 가정하지는 못한다. 자연은 상상할 수 없을 만큼 비정상적이다. 기술자는 예측하는 것에 최대 2~3배 이상 가정하여 대처하는 준비를 해야 한다. 만약 우리가 그때 우수관 입구보다 더 앞쪽에 잡목 등을 거를 수 있는 철제 망을 설치하였더라면 피해를 최소한으로 줄일 수 있지 않았을까 가정해 본다.

2013년 8월 20일 의왕 포일 5단지에서 또다시 비보가 전해졌다.

입주한 지 4개월이 지났지만 아직 입주자 대표회의에 인계인수가 이루어지지 않은 단지였다. 그날 새벽 3시 56분경 주차장의 어디선가 불꽃이 발화되어 차량 15대를 전소시켰다. 주차장 천정은 마치 자연동굴처럼 신비한 그을음으로 새까맣게 화염의 흔적을 남겼다. 다행히도 입주민이 다치지 않았고 연기로 인한 주민 30여 명이 병원에서 치료받고 퇴원했다. 발화지점의 차량 2대는 국립과학수사팀으로 인계되었고 전소된 차량의 처리와 보수보강 방안을 위한 TF팀이 현장에 꾸려졌다. 나는 두어 달 동안 매일 그곳으로 출근을 했다. 화염으로 인한 주차장 천정 슬래브는 구조안전 진단을 통한 보수보강이 이루어졌고, 천정은 면 처리 후 도장공사로 마무리가 되었다. 피해차량 소유주는 보험회사에 보상 청구하고 보험회사는 LH에 구상권을 청구한다는 것이었다. 특히, 그 당시 CCTV 분석 결과 차량 내부에서 의문의 불꽃이 발생했으나 주차장 스프링클러에서는 감지기가 작동되지 않았고 화재 발생 당시 소화 시스템에 문제가 있었던 것은 사실이었다. 어쨌든 관리소 인계 전에 발생된 사건으로 입주민에 대한 피해보상은 신속히 이루어졌다.

위에서 두 번의 사례를 보았듯이 한 번의 실수가 심각한 사태를 일으킬 수 있다는 사실을 알았다. 다행히도 사람의 생명을 앗아가는 불행은 없었지만, 조금이라도 상황이 변하였다면 속수무책으로 사망사고가 일어날 수도 있었던 끔찍한 사건이었다.

"한 번 실수는 병가지상사다." 물론 그렇다고 생각하겠지만, 우리 기술자들은 두 번의 실수가 아니라 한 번의 실수도 용납될 수 없다. 왜냐하면 그 한 번의 실수가 소중한 사람의 생명을 빼앗아갈 수 있는 심각한 위기를 초래하기 때문이다. 세상에는 예상을 뒤엎는 많은 일들이 일어난다. 예상할 수 없는 일을 사전에 차단하는 것은 끊임없는 기술자의 사전대책에 있다. 또한, 최대로 심각한 상황을 가정하여, 혹시나 일어날지 모르는 상황까지도 예측하는 넓은 시야를 갖자. 기술자는 한 번의 실수도 용납될 수 없기 때문이다.

08
훌륭한 목수는 연장을
탓하지 않는다

"훌륭한 목수는 연장을 탓하지 않는다."란 말이 있다. 하지만, 정작 훌륭한 목수는 훌륭한 연장을 가지고 있다. 자기만의 연장을 자기 손에 맞게 사용함으로써 솜씨 있는 기술을 발휘할 수 있는 것이다. 연장이 상관없다면 어째서 연주하는 사람들은 수천 만 원 하는 악기를 확보하려고 하는 걸까? 그만큼 좋은 악기가 좋은 소리를 내고 좋은 화음을 내기 때문일 것이다. 훌륭한 프로골퍼들도 골프를 칠 때 공이 잘 안 맞으면 채를 바꾼다고 한다. 그만큼 연장이 좋으면 기술도 좋아질 수 있는 가능성이 있는 것은 사실이다. 위에서 언급한 몇 가지 사항들이 현장 기술자로 있는 순간 당신의 연장이 될 수 있도록 노력해 보자. 그렇게 시간이 흘러 경험이라는 연장을 가진다면, 당신은 그 어떤 것도 탓하지 않을 정도의 훌륭한 목수가 되어 있지 않을까?

주나라 군주인 견공이 공자에게 물었다.

"정치란 무엇입니까?" 견공의 나이 50세 때라고 한다. 공자와 맹자는 혁명가적인 사상가였다. 만약 군주가 정치를 못하면 쫓아내고 갈아치워야 한다고 생각했다. 이 물음에 공자는 이렇게 답했다.

"君君臣臣父父子子 – 임금은 임금다워야 하고, 신하는 신하다워야 하고, 아버지는 아버지다워야 하고, 자식은 자식다워야 한다." 이렇게 하면 정치는 잘될 것이다.

이것을 '定命論(정명론)'이라고 하는데 그 이름에 맞는 행실을 했을 때 정치는 올곧아진다는 얘기이다. 우리가 살아가는 모든 사회에 적용되는 말인 것 같다. 건설회사 경영자는 경영자답게 기업을 운영해야 하고, 건설현장 총책임자인 현장 소장은 소장다워야 하고, 전체적인 공사를 이끄는 공사 과장은 중간 관리자다워야 한다. 물론 관리자 아래의 직원인 기사들은 기술자다워야 한다는 것은 말할 것도 없다. 그럼 기술자다움이란 어떻게 하는 것이 기술자다움인가? 지금까지 이 장에서 언급한 모든 것들이 기술자다움을 만드는 과정이며, 기술자로서 최소 이겨내야 할 덕목이라 하겠다. 그럼 몇 가지를 정리하여 보자.

첫 번째로 계약조건은 항상 숙지해야 한다.

우리가 생활하는 인간관계 어디든 계약은 존재한다. 특히 부동산 계약에는 월세, 전세, 매매계약 등이 모두 계약서에 의해 성립된다. 계약서 내용을 잘 살피지 않고 그냥 지나치는 경우 낭패를 볼 수 있다. 오래전 전세 계약 시 이사하려는 집의 현관에 신발장이 없었다. 그래서 집주인에게 신발장을 놓아달라고 하니 계약서에는 지금 현재 있는 상태에서 임차한다는 내용이 들어 있었던 것이다. 전세 들어가는 사람이 약자인 관계로 그때 신발장을 새로 구입하여 이사를 했던 기억이 난다. 그때 계약 당시 기본적으로 필요한 가구는 집주인이 해야 하는데도 말이다. 울며 겨자 먹기로 비용을 들여야 했다. 그처럼 계약서의 내용은 중요하다. 건설현장에서 기술자로서 관리하는 위치라면 당연 서로 간의 계약에 관한 내용을 숙지하고 있어야 한다. 그렇지 않으면 추가적으로 하지 않아도 될 공사와 자재를 투입하여 비용을 들여야 할지도 모른다. 기술자는 항상 계약서 내용을 반드시 제대로 숙지하고 공사하는 습관을 갖자.

두 번째로 기본을 바로 세워야 한다.

현장은 많은 일들이 일어나는 곳이다. 그때마다 기술자들은 판단을 내리고 다음 공정을 진행시켜야 하기 때문에 머뭇거리지 못한다. 그런데 이때 기본을 생각하지 않으면 예상하지 못한 상황이 일어날 수 있다. "이 정도면 이상 없겠지! 아무 문제없을 거야!" 이런 마음은 절대 안 된다. 그것으로 인해 어마어마한 비용과 공사기간의 지연을 초래할 사태가 일어날 수 있다. 가령 주차장 상부는 방수하기 위한 중요한 콘크리트면이다. 이면을 평탄하게 잡지 않으면 추후 방수에 문제가 생기고 입주 후 누수

등으로 큰 피해를 입을지 모른다. 내가 안성에서 근무할 때의 일이다. 공사가 준공되고 입주 전 준비할 시기였는데 주차장 슬래브에서 누수가 일어나기 시작했다. 비가 오는 날이면 하늘은 막혔는데 주차장 천정에서 부슬부슬 비가 오듯 물이 쏟아져 내렸다. 문제는 공법이나 자재나 시공 시의 잘못도 있었겠지만 콘크리트면과 방수제와의 밀착이 좋지 않아 그 사이로 빗물이 스며들었기 때문이었다. 아마 콘크리트 타설시 수평면 고르기에도 많은 문제가 있었을 것이다. 보통은 주차장 상부 타설 시 피니셔(콘크리트면을 눌러주며 평탄 작업하는 기계)를 사용하여 작업을 한다. 그러면 그 면이 평탄해 질뿐만 아니라 양생 시 콘크리트 수축에 의한 균열을 어느 정도 대응할 수 있다. 아마 그 당시 어느 기술자는 그런 기본을 지키지 않았음이 틀림없다. 주차장 천정 보수공사로 3억 원 이상이 재투입되었다.

세 번째로 현장에서는 적을 만들지 않는 것이다.

현장에서 마주치는 모든 근로자들은 나와 같은 파트너들이다라고 생각하자. 사실은 맞는 말이다. 그들이 생계를 위해 하루의 일당을 받는 노동자라 하지만, 그들 또한 이 프로젝트를 완성시키기 위해 도움을 주는 조력자이기 때문이다. 현장의 노동자라 해서 그분들을 하대하거나, 업신여긴다면 당신의 삼촌이나 형제들도 그렇게 대접받을 수 있다. 종종 현장 기술자들이 나이 많은 기능공에게 함부로 반말하거나 악을 쓰는 경우를 봤다. 하지만 그렇게 해서는 안 된다. 서로가 존중하고 그들의 기술을 인정하고 협력해 주어야 한다. 오래전 어떤 조적 기능공이 PD(배관 등이 지나는 통로)에 쓰레기를 많이 버리고 공공기관에 제보한 사실이 있었다. 당시 모든 현장의 조적 공간에 CCTV 내시경을 가지고 확인하는 황당한 사건이 있었다. 아무 감정이 없는데 그런 행동을 한 사람이 재미로 그러지는 않았을 것이다. 분명 당시 현장에서 감정을 상하는 일이나, 불만이 쌓였던 것이 원인이었을 것이다. 현장에서 만나는 모든 사람들에게 "수고 많습니다."라는 따뜻한 말 한마디라도 전한다면 얼마나 고마워하겠는가. 공사에 동참하는 모든 사람들과는 적을 만들지 말자.

네 번째로 공든 탑을 무너뜨리지 말자.

매년 건설현장에서 안전사고로 사망하는 사람은 500여 명 정도로 줄어들지 않고 있다. 현장 근로자들은 우리나라 사회계층으로 따져보면 취약계층에 해당된다. 그런 사람들도 가정이 있을 것이고 부모형제의 인연을 가지고 있을 것이다. 만약 현장에서 목숨을 잃는다면 가정생활에 커다란 타격을 받음은 물론이거니와, 유가족의 슬픔이야 어떻게 위로를 하겠는가? 현장 기술자들은 언제든 현장을 누비고 다닌다. 그럴 때마다 안전에 위험이 있다고 판단되는 것은 즉시 시정하고 보완해야 한다. '괜찮겠지!' 그런 마음은 버려라! 사고는 사소한 것에서 일어난다. 내가 겪은 대부분의 사고는 '이상하다! 어떻게 이런 사고가 났지?' 하고 의문이 드는 경우가 많았다. 정말 어처구니없는 상황에서도 사고는 일어난다. 사고가 발생하면, 지금까지 이루어 놓은 당신의 노력은 바로 헛수고가 된다. 아무리 공사가 잘되고 품질이 좋고, 문제가 없었다고 해도 사고 한 번이면 '도로 아미타불'이 되어 버린다. 그때부터 현장은 기울어지기 시작하고 현장 기술자들은 고난의 구렁텅이에서 눈물을 먹고 인고의 세월을 견뎌야 한다. 관련자들 또한 신상에 처벌을 받을 것이고 건설업체는 벌점 부과에 벌금형에 치명타를 맞아 입찰조차도 참여하지 못할 수도 있다. 추가 비용이 지불되는 것은 차치하더라도 엄청난 피해를 감수해야 한다.

다섯 번째로 현장에서는 누구든지 피의자가 될 수 있다.

위에서 말한 것과 같이 안전사고가 발생하면 제일 먼저 고용노동부에서 조사를 한다. 만약 그 사고가 3명 이상의 사망사고인 중대재해라면 경찰조사를 시작으로 검찰조사까지도 받아야 한다. 우리나라의 건설기술진흥법 제86조의 기술자 업무과실이 있는지를 조사하게 된다. 보통 1명의 사망사고 시는 안전시설에 문제가 없을 시 사고자의 과실에 많은 비중이 있는 것으로 판명이 난다. 그러한 경우 건설업체 부실벌점이나 현장 소장의 벌점으로 제재를 받는다. 하지만, 중대재해 시는 사고의 엄중한 책임을 물어 담당자들은 형사처분을 피해 가지 못할 수도 있다. 그것을 예방하기 위해서는 현장 안전에 관한 사항들은 지나치게 할 필요가 있다. 그렇게 해서도 작업자의 실수는 어쩔 수 없다지만, 현장의 시설이나 교육

등의 부재로 사고가 발생한다면 본인이 직접적인 피의자가 될 수 있다. 그러므로 현장에서는 지나쳐도 좋은 것은 '안전' 뿐이다.

여섯 번째로 현장에서는 물을 잘 다스려야 한다.

프로젝트가 시작되고 끝날 때까지 현장은 물과의 싸움이다. 아니 준공하고 입주 후에도 그 건물이 사라질 때까지도 물은 따라다닌다. 그만큼 물은 현장에서 없어서는 안 되는 친구 같은 존재다. 지반에서 올라오는 물이며, 현장 외부에서 현장 안으로 흘러 들어오는 물이며, 단지 내부에서 밖으로 흘러 내보내는 물이며 다양하다. 이런 물들을 얼마나 잘 흐르게 하고, 유도해야 하는지를 제대로 아는 기술자라면 더 이상 배울 게 없어 하산해도 되는 상황이다. 물 때문에 곤욕을 치르는 현장은 아주 많다. 그러니 훌륭한 기술자는 물을 어떻게 다스릴 수 있을지를 항상 연구해야 한다.

마지막으로 현장에서는 한 번의 실수도 용납하지 않는다.

우리 모든 인간은 실패에서 배운다. '실패는 성공의 어머니다.' 라는 말은 성공을 위해서는 실패가 당연한 것이라는 말이다. 하지만 현장에서는 성공을 위해서 실패가 당연한 것이 아니다. 필요충분조건이 아니라는 얘기다. 왜냐하면 한 번의 실수가 수많은 생명을 앗아갈 수 있기 때문이다. 모든 인간은 공간이라는 영역에서 살아간다. 공간의 붕괴나 재난에 사람들이 탈출할 수 없다면 그야말로 심각해진다. 기술자 한 사람의 실수가 많은 생명에 위험을 초래한다면 그런 실수는 용납할 수 없다. 우리는 성수대교나 삼풍백화점이 붕괴되는 현실을 지켜보며 경악했다. 그것 모두가 설계하거나, 시공할 때 사소한 일도 쉽게 지나칠 수 없음을 의미한다.

위에서 말한 것들이 모두 훌륭한 목수가 되기 위한 연장인 것이다.

추사 김정희 선생이 제주도에 유배 생활할 때 제자 이상적이 서적을 보내온 것에 답례하기 위해 '세한도'라는 그림을 그려 보내줬다. 세상살이에 온갖 역경과 고난이 있더라도, 굽히지 않고 소나무 같은 삶을 살아야 한다고 제자에게 말하고 싶었던 것이다. 건설현장 기술자도 이와 같은 이

〈추사 김정희의 새한도〉

치가 아닐까? 어떠한 비바람 속에서도 꿋꿋이 길을 가야 한다. 훌륭한 기술자는 소나무같이 견디며 푸름을 자랑하는 것이다.

Chapter 3

3부 : 멈추지 않는 고난의 여정
[최종정리]

1. 계약조건 제대로 모르면 패가망신한다

- 맨해튼의 유대인 보석상 : 계약서가 없다(상호신뢰가 계약서)
- 건설공사 계약서 제1조 : 신의와 성실의 원칙
- 현장기술자가 반드시 검토해야할 사항

  1) 설계서를 확실히 숙지하자

  2) 견본주택의 변경사항을 확인하자

  3) 공법 및 자재 선택 시 하자발생 여부를 검토하자

2. 낫 놓고 ㄱ자도 모르는 기술자가 되지 말자

- 건설현장 기술자가 기본에 충실해야 하는 사항

  1) 기초바닥면을 잘 관리해야 한다

  2) 콘크리트 타설은 일체화 및 면은 매끄럽게 하자

  3) 창호개구부는 정확하게, 조적 몰탈 사춤 빈틈없이 하자

  4) 타일공사시 Open Time은 정확하게 지킨다

  5) 도배공사, 도장공사전 바탕처리는 철저하게 한다

3. 오늘의 친구가 내일의 적이 된다

- 사기열전 : 손빈과 방연의 절친간 배신으로 손빈병법이 탄생함
- 현장의 기본은 원칙과 시방에 충실해야 적을 만들지 않는다

4. 공든 탑도 언제든 무너질 수 있다

- 산업재해자 : 건설업(506명), 제조업(209명), 운수창고업(71명)
  - 건설업사망자율 : 50%이상, 추락이 38%
  - 건설현장사고위험 : 추락사고, 질식사고, 화재사고

5. 당신도 누군가의 피의자가 될 수 있다

- 건설기술진흥법 제 85조 1항 : 고의로 사람을 다치거나 죽음에 이르게 한자
  는 무기 또는 3년 이상의 징역에 처한다
- 건설기술진흥법 제 86조 1항 : 업무상 과실로 제 85조 1항의 죄를 범한 자는
  10년 이하의 징역이나 금고 또는 1억 원 이하의 벌금에 처한다

6. 물을 다스리지 못하면 명장이 될 수 없다

- 중국 순임금의 치수사업에 등용시킨 우 : "물이란 통과시키고, 이끄는 것"
- 현장에서 물을 다스려야 하는 3가지
  1) 지하수 2) 외부 유입수 3) 내부의 물

7. 한 번 실수는 병가지상사(兵家之常事)라고?

- "승패병가지상사" : 당나라 황제 헌종
- 한 번의 실수라도 용납될 수 없는 곳이 현장이다
  - 안양임곡 침수사건, 의왕포일 화재사건

– 현장의 실수는 다른 생명을 위태롭게 할 수 있음(의사와 같음)

8. 훌륭한 목수는 연장을 탓하지 않는다

- 건설경영자, 현장소장, 기술자의 덕목 : "군군신신부부자자" (맹자)

- 훌륭한 목수가 되기 위한 조건

  1) 계약조건을 잘 숙지하자

  2) 기본을 바로 세우자

  3) 현장에서 적을 만들지 말자

  4) 안전사고가 공든 탑을 무너뜨린다.

  5) 현장은 누구나 피의자가 될 수 있다

  6) 물을 잘 다스려 명장이 되자

  7) 현장은 한 번의 실수도 용납하지 않는다

CHAPTER

4

4부

실행하는 호모 아키텍처스

"기술자는 변화에 빨리 적응해야 한다"

호모사피엔스란 지혜로운 인간이란 뜻이다. 그러면 인간+건축기술자를 HO-ARCHITECTURES라 말한다면, 현장기술자들인 호모 아키텍처스는 지혜로운 기술자라 하겠다. 호모 아키텍처스는 현장에서 무엇을 해야 하는가? 첫째가 현장을 프레젠테이션 하여 최적의 건설 환경을 만들어야 한다. 인간이 머물 곳을 만들기 위한 작업이니만큼 인간이 작업하기 좋은 환경을 만들어야 하는 것은 당연하다. 기술자는 변화에 빨리 적응해야 한다. 오래전 공룡이 멸종한 것은 그 또한 변화하는 환경에 빠른 적응력을 대비하지 않았던 이유일 것이다. 카멜레온처럼 몸집을 줄이고 변화된 환경에 빠르게 적응하여 생존한 것처럼 말이다. 그러기 위해서는 3C를 적극 적용하여 변화에 대응하고, 최고의 현장기술자를 목표로 최상위 고객의 니즈에 발 빠르게 적응해야만 한다. 현장은 항상 의심하고, 확인하고, 실행하자! 기술자는 다른 눈으로 보아야 한다. 우리 선조들은 우수한 기술과 문화로 창조적 기술을 만들어 냈다. 금속활자, 거북선, 한글 등 얼마나 위대한 우리의 유산인가 말이다. 우리 민족의 혼에는 장인의 정신이 깃들어 있다. SPIDER 이론을 되새기며 생각하는 기술자라면 언젠가는 존경의 대상이 될 것이다. 고객의 요구는 날로 높아져 가고 있다. 이러한 변화 속에서 현장에서는 농작물을 가꾸는 농부의 발자국 소리처럼 우리 기술자들도 같은 마음으로 현장을 누비기를 바란다. 그러면 보이지 않던 것도 보이고, 볼 수 없었던 것도 보이게 될 것이다.

우리의 선배들이 그러했듯
당신도 후배를 위해서 우리의 경험을
물려줄 때가 올 것이다.

01

현장을 프레젠테이션
(Presentation)하자!

우리 원시인류는 태초에 자신의 의사를 전달하기 위해 무엇부터 시작했을까? 모든 생명체는 서로가 의사를 전달하려는 욕망을 가지고 진화해 왔다. 작은 생물의 단세포적인 몸짓에서부터 생명을 지키려는 협업 본능이 생존에 유리했을 것이다. 그렇게 하기 위해서는 생명체 간의 전달 의도가 중요하다. 세포 간의 소통이 다세포적인 변화에 더욱더 가까운 접근방법이었을 것이다. 영겁의 세월을 지나는 동안 척추동물에 이르기까지 무한한 소통을 이루려 발전해 왔을 것이다. 그런 소통이 생명체의 진화에 필수적이었으리라. 그러한 이유로 지구상 모든 동물들도 같은 종족끼리의 소통을 통해 생존할 수 있었다. 특히 영장류인 침팬지나 고릴라 등은 그들의 소리와 행동으로 서로 간의 의사를 표현한다. 침팬지를 연구하는 동물학자들은 그들이 거짓으로 같은 동료들에게 천적이 왔다고 놀리는 경우도 있다고 한다. 그들도 서로 간의 유희를 즐길 줄 안다는 것이다. 모든 동물이 같은 종족끼리의 협력을 통해 생존에 유리한 우위를 점하기 위한 의사소통을 한다는 것을 알았다. 그렇지만 유일하게 인간만이 의사전달을 위해 언어와 문자를 사용한다. 이것은 지식과 함께 후세들에게 전달되고, 문명은 계속해서 발전해 왔다. 현대 인류는 여러 가지 방법으로 타인과의 소통을 갈구해 왔다. 물론 언어와 문자가 소통의 가장 탁월한 도구 중에 하나라는 것은 인정한다. 하지만 소통하는 것만이 목표가 되는 시대는 지났다. 현시대는 일방적인 소통에서 개인의 감정에 공감하고, 설득시켜야하는 시대에 도래했다고 해도 이상 할 게 없다. 공감과 설득의 가장 좋은 방법으로 "프레젠테이션(Presentation)"을 얘기할 수 있다. 학교에서는 자신의 생각이나 이론을 설명하거나 주장할 때 프레젠테이션을 한다. 기업에서도 자신의 기획안을 발표하고, 새로운 제품을 출시했을 때 고객을 대상으로 프레젠테이션을 한다. 우리 생활 전반에 이런 방법이 파고들지 않은 곳이 없을 정도다.

〈스티브 잡스(Steve Jobs)〉

'프레젠테이션(Presentation)' 계의 신적인 존재 중 한 사람은 스티브 잡스(Steve Jobs)이다. 모두가 알고 있듯 그는 미국의 애플사를 창립한 기업가다. 그는 제품을 출시할 때마다 많은 청중 앞에서 간결하고 명쾌하게 제품의 우수성에 대하여 설파한다. 2007년 1월 8일은 세계의 첨단기계사에서도 획기적인 날이었다. 우리가 그동안 경험해 보지 못한 핸드폰, 카메라, TV, MP3 등의 모든 기계가 융합되는 역사적인 날이기 때문이다. 그날의 아이폰 출시 Presentation은 충격적이었고, 한편의 영화나 드라마를 보는 것처럼 모든 청중들이 흥분했다. 당시 세계 어느 기업도 생각하지 못했던 것이고, 출시하지 않았던 것이며, 시도되지 않았던 혁명적인 제품이었다. 이후로 많은 기업들이 애플사 뒤를 따라 유사한 기기들을 출시하게 되었다. 스티브 잡스의 이런 선구자적 생각이 아니었다면, 어디에도 이런 기기가 탄생하지 않았을지도 모른다. 기업의 입장에서는 이런 통합된 기기를 한 번에 판매하는 것보다 각각의 기기로 판매하는 것이 매출 면에서 월등했기 때문이었을 것이다. 어쨌든 그때의 Presentation을 YouTube에서 한번 감상해 보라고 권하고 싶다. 그의 PT는 간결하고 단순하다. 그곳에는 감동이 있고, 웃음이 있고, 경이로움이 있고, 스토리가 있다. 가끔은 그가 창업자인지, 개발자인지, 아니면 전문 프레젠터인지 헷갈릴 정도이다. 그의 Presentation은 그를 주인공으로 한 한편의 영화를 보는 것 같고, 한편의 드라마를 본 것 같은 행복한 감동이 있다. 그의 능력은 하루아침에 형성된 것이 아니다. 무수한 연습이 그를 만들었다.

"지나친 리허설은 없다."라고 말한다. 끝없이 반복적인 리허설이 더 훌륭한 실전을 낳는다. 그럼 이쯤에서 'Presentation'이라는 단어의 사전적인 의미를 풀어 보자. 명사로는 '설명하거나 보여주는 방식' 동사로는 '특정한 방식으로 보여주다, 나타내다, 묘사하다, 사람들이 보거나 검토하도록 제시하다.'의 뜻이 있다. 건축에서의 다른 의미로는 '도면. 모형. 슬라이드. 비디오에 의해 계획이나 설계, 시공의 내용을 시각적으로 표현하는 것을 말한다.'로 설명되어 있다. 앞에서 Presentation은 현대 누구나 어디서나 사용되고 있는 일반적인 소통과 설득의 방식이 되어 가고 있다고 설명했다. 이보다 더 효과적인 방법은 없을 것 같다. 그러면 건축 설계에서도 사용하는 흔한 방식을 왜 현장에서는 사용하지 않는 것일까 생각해 보려고 한다. 분명 사전적 의미에서도 '시공의 내용을 시각적으로 표현하는 것'이라고 설명되어 있는데도 말이다. 현장에서도 이런 Presentation을 시각적으로 표현하는 방법을 몇 가지 알아보도록 하자. 이것을 나는 '현장관리의 예술'이라고 감히 얘기하고 싶다.

첫째는 현장 정리정돈 Presentation이다.

현장은 정리정돈하기 어려운 곳이다. 많은 기능공들이 작업을 하고, 온갖 자재가 쌓여있는 곳이기 때문에 그때그때 정리가 잘 안 되는 곳이다. 하지만 정리정돈이 안 된 곳에서 안전사고 등의 확률은 높아진다. 깨끗한 현장에서는 작업자도 함부로 쓰레기를 버리지 못한다. 그곳에서 작업하는 근로자들이 마음가짐을 깨끗이 하고, 안전에 대하여 항상 생각하면서 작업을 하게 되면 그만큼 사고율이 줄어든다.

'깨진 유리창 이론'이라고 들어 본 적이 있는가? 1982년 범죄 심리학자인 제임스 윌슨과 조지 켈링이 발표한 이론이다. 한 도시에 두 대의 자동차를 놓아두었다. 한 대는 보닛을 열어놓고 또 한 대는 보닛을 열고 유리창을 조금 깨진 채로 놓아두었다. 그런데 1주일이 지나자 보닛을 열어둔 차는 멀쩡하게 그냥 있었는데 창문을 깨뜨린 자동차는 완전 폐차가 되었다. 이런 사실이 말하고 있는 것은 '작은 무질서가 심각한 범죄로 이어질 수 있는 연결성이 있다.'라는 이론이었다. 추가적으로 어느 빈집에 유리창을 깨뜨려 놓았는데 그곳 역시 시간이 흐른 뒤 폐가가 되었다는 것으로 이론을 증명했다. 1996년 뉴욕시장 루돌프 줄리아니는 범죄를 줄이기 위해 우범지역의 낙서를 지우고 깨끗한 거리를 조성하기 위해 노력했다. 그 결과 범죄의 75%가 줄었고 그는 다음 뉴욕시장에 재선을 하게 되었다. 우리나라에서도 서울역 지하 노숙인이 가득했던 거리가 그곳에 꽃길을 조성하면서부터 깨끗한 거리가 되었다. 작은 변화가 사람들의 마음을 움직일 수 있는 커다란 작용을 한다는 것이다. 현장을 정리정돈하는 것도 '깨진 유리창 이론'과 같은 이치다. 현장 입구를 항상 깨끗이 하고 화단도 조성하고, 작업통로에는 쇄석을 깔아 작업자 통로 표시를 해 놓는다면 모든 작업자들의 마음을 움직일 수 있을 것이다. 각 동의 골조 주변은 즉시되 메우기를 하여 조경 레벨에 맞춰 흙을 고르고, 외부 벽체 주위로 접근

방지 가설 울타리를 설치하고, 2층 하부 외벽 골조에는 흰색의 도장을 미리 시공한다면 현장은 밝아질 것이다. 그때부터 현장의 변화는 시작될 것이다. 인간은 주변 환경에 영향을 받는 동물이기 때문이다.

둘째는 안전시설 Presentation이다.

현장 입구 작업자 통로는 추락하는 물건에 보호될 수 있는 가설 지붕과 안전울타리를 설치해야 한다. 그러면 외부에서 공공기관이나 노동부 등에서 점검 시에 안전관리가 우수한 현장으로 인지하게 될 것이다. 실제로 그런 현장들은 점검을 받을 때 지적사항이 줄어들고, 좋은 인상을 주기 때문에 많은 혜택을 볼 수도 있다. 그만큼 현장의 PT는 중요하다. 각종 개구부에 수평면에는 철재로 제작하여 뚜껑을 만들어 닫고, 수직면에는 안전망과 가림 막을 설치한다면 현장은 깔끔해질 것이다. 또한 타워크레인 입구 주변에는 접근방지 망과 잠금장치 설치로 아무나 출입할 수 없게 통제시설을 설치한다. 만약 통제할 수 없다면 가끔은 체불당한 어느 노무자가 올라가서 고공 농성을 하는 힘겨운 싸움에 마주칠 수도 있다. 때로는 건설노조에서 자기들의 주장을 관철시키기 위해 타워 운전석까지 점거해 몇 달간 공사를 중지해야 할 위기에 처할지도 모른다. 종종 현장에서는 그런 일이 일어나곤 한다. 동별 호이스트 주변에 낙하물 방지와 각 층 입구에 안전문이 잘 작동되는지를 확인해야 할 것이다. 안전문이 닫히지 않으면 호이스트는 작동되지 않는다. 혹시 열려있는 곳에서 추락사고가 일어날지도 모르기 때문이다. 안전시설은 항상 넛지(Nudge)의 개념을 적용해야 한다. 이 말은 '팔꿈치로 슬쩍 찌르다', '주의를 환기시키다' 란 말이지만 미국 시카고대 행동경제학자 리처드 세일러(Richard H. Thaler) 와 캐스 선스타인(Cass R. Sunstein)이 공저한 「넛지(Nudge)」란 책에서 알려지기 시작했다. 이것은 타인의 선택을 유도하는 부드러운 개입이라는 의미로 어떤 장치나 선택권을 부여해 다른 사람이 올바른 선택을 하도록 유도하는 데 목적이 있다. 또한, 강제적이지 않고 선택의 자유를 침해하지 않는 의도적 방안에 의미를 두고 있다. 우리나라에서 흔히 볼 수 있는 고속도로에 '넛지' 가 사용되고 있는 것을 볼 수 있다. 고속도로 톨게이트의 하이패스 구간에는 하늘색 표시로 운전자가 쉽게 선택할 수 있도록 유도한다. 그뿐만 아니라 고속도로 JC나 IC에도 어느 쪽 방향인지를 색으로 구분해 놓아 운전자가 실수로 다른 노선으로 가지 않도록 유도하고 있다. 현장에 적용할 수 있는 '넛지' 는 무엇이 있는지 잘 연구해 보자.

셋째는 근로자 편의시설 Presentation이다.

현장을 문제없이 잘 관리하기 위해서는 그곳에서 작업하는 근로자들이 불편함이 없어야 한다. 특히 공중화장실을 깨끗이 하고, 샤워실이나 휴게시설을 설치하여 휴식시간에 편리하게 쉴 수 있도록 해 주어야 한다. 이런 시설들은 작업 시 위험을 줄이고 안전사고를 예방할 수 있다. 근로자들은 점심시간에는 잠깐의 수면을 취하고, 추운 날 아침에는 몸을 녹여

긴장을 풀어 줘야 한다. 그러기 위해서는 휴게실에는 여름에는 에어컨 시설을, 겨울에는 난방시설 등이 설치되어 있어야 한다. 뜨거운 여름날은 작업을 마치고 샤워할 수 있는 샤워장은 필수다. 요즘은 여성 근로자들도 늘어나는 추세이다 보니 여성들이 사용할 수 있는 시설도 설치해 주어야 한다. 현장 시설들은 열악하다. 그러니만큼 신경을 아주 많이 써야 하는 것도 현장 편의시설이다. 흔히 '함바'라고 불리는 현장 식당은 더욱 그렇다. 싸고 맛이 좋아야 하지만 위생시설이나 깔끔한 주변 환경도 아주 중요한 사항이다.

위에서 언급한 세 가지의 Presentation만이라도 완벽하게 할 수 있다면 그 현장은 더할 나위 없는 훌륭한 현장이 될 것이다. 인간은 아름다운 환경에서 살아갈 권리가 있고, 그것을 추구하며 살아간다. 행여 그곳이 아무리 열악한 작업 환경이라 해도 더 깨끗한 분위기를 조성하기 위해 노력해야 한다. 인간의 행동은 사소한 환경에서 영향을 받고, 인간의 심리는 그런 환경에서 사소하지만 긍정적인 변화를 일으킨다. 그만큼 환경은 현장에서도 중요해진다. 그곳에서 기술자들은 환경 Presentation을 통해서 많은 작업자들의 마음에 변화를 줄 수 있다. 더불어 건설 관리자로서 근로자를 위한 편의시설 설치의무를 다할 수 있다면 당신은 스티브 잡스보다 더 가치 있는 Presenter가 되는 것이다. Presentation은 '인간이 만들어낸 최고의 가치를 구현하는 훌륭한 예술'이다.

02

공룡이 될 것인가?
카멜레온이 될 것인가?

지구는 약 45억 년 전에 만들어졌다. 그리고 지구 전체 시대를 선캄브리아대, 고생대, 중생대, 신생대로 구분한다. 파충류인 공룡과 카멜레온은 중생대인 2억 2천만 년 전의 트라이아스기에서 쥐라기, 공룡 멸종 시기인 백악기 말기까지 1억 5천만 년 동안 지구를 지배하며 살아왔다. 최초의 인류가 탄생한 시기를 지금부터 50만 년 전으로 생각한다면 공룡은 우리 인간보다 300배가 넘는 기간 동안 장수를 누려온 지구의 정복자인 셈이다. 지금 인류가 멸망하고 다시 299번 재탄생하는 것과 같은 기간이 된다. 정말 어마어마한 영겁의 세월 동안 파충류의 세계가 지구를 지배해 왔다. 어찌 보면 인간은 정말 잠깐 지구에 나타난 생물이다. 유발 하라리의 저서 「호모 사피엔스」에 언급한 것을 보면 지구의 나이가 하루라고 가정할 때 인류는 23시 59분 55초에 탄생하였다고 말했다. 인간은 고작 지구의 역사에서 5초간 생존하고 있는 하루살이 인생보다 더 짧은 생을 살고 있는 것이다. 오랜 세월 살아온 지구의 정복자들인 공룡이 왜? 어떤 이유로 멸종됐을까? 하는 질문에 여러 주장이 있지만, 가장 강력하고 설득력 있는 가설은 지구의 소행성 충돌설이다. 지금으로부터 6600만 년 전 멕시코 반도 부근에 대략 직경 10km의 소행성이 충돌했다. 거대한 충격으로 땅에는 먼지와 가스, 지진과 화산 폭발이 일어나고 바다에는 해일이 일었다. 그것은 2차 대전 시 사용된 원자폭탄 100억 개와 같은 위력으로, 지구를 온통 생지옥으로 만들었다. 그 충돌로 인하여 어마어마한 유황이 대기 중으로 퍼졌고, 가스가 하늘의 태양빛을 차단하여 지구 냉각기가 시작되었다. 그로 인해 광합성을 하지 못하는 지구의 식물들은 죽기 시작했고, 그것을 먹고사는 거대 초식동물도 점차 사라지기 시작했다. 초식동물을 잡아먹는 육식 동물도 같은 운명을 맞이하며 서서히 공룡의 시대는 막을 내리게 되었다. 미국 텍사스대 지구물리연구소 션 굴릭(Sean Gulick) 교수 연구팀은 그곳 시추공에 채취한 암석을 분석하고, 토양균류, 화학적 생체지표를 발견하는 등 이 가설을 신빙성 있게 증명하고, 미국 국립과학원 회보(PNAS)에 발표했다.

재미있는 주장이 하나 더 있다. 그것은 만약 소행성이 30초만 빨랐거나, 늦었다면 공룡은 멸종하지 않았을 것이라는 주장이다. 소행성이 대서양이나 태평양 쪽 바다에서 충돌했다면 피해는 훨씬 적었을 것으로 추측하지만, 유감스럽게도 육지에 떨어지는 바람에 피해는 상당히 커졌다. 지구상의 생명 4분의 3을 순식간에 멸종시켰기 때문이다. 생존한 공룡도 얼마 지나지 않아 마지막으로 모습을 감췄다. 공룡의 멸종으로 인류는 지구상의 새로운 종으로 탄생할 수 있었다. 대형 육식 파충류가 사라지자 움츠리고 살고 있던 작은 포유류들은 생존의 위협에서 자유로워졌다. 그러면서 8kg밖에 되지 않던 포유류는 100만 년 정도가 지나자 50kg까지 몸집이 커지게 되었다. 덴버 자연사 박물관의 연구원들은 신생대 초기 지층의 화석 등을 연구하여 이 같은 사실을 밝혀냈다. 어찌 보면 정말 우연 같은 행운으로 지구상에 인류가 탄생한 것이다. 이토록 믿기지 않은 우연에서 생명체는 진화를 계속하고 있는 것이다. 소행성 충돌이 공룡만을 멸종시킨 것이 아니라 지구상의 많은 생명체를 멸종시켰다. 션 굴릭 교수는 "진짜 살인자는 대기다."라고 했다. 오늘날 대기 중의 CO_2에 의한 온실효과로 지구가 점차 온난화되고 있다. 이것은 오래전 지구상의 지배자였던 공룡과 같은 운명을 맞이할지도 모른다는 뜻이다. 공룡은 1억 5천만 년 동안 아무런 변화가 없던 지구의 환경에 군림하며 살아왔다. 그러나 급변하는 환경에 적응하지 못하고 멸종되었다. 너무 오랫동안 안주하며 살아왔던 이유로 몸집은 커졌고, 짧은 기간에 커져버린 몸으로는 변화에 적응하기가 쉽지 않았던 것이다. 같은 파충류인 카멜레온은 몸집을 줄이고 주변 환경에 빠른 변화를 시도했다. 주변 상태에 따라 자신의 몸에 온도를 변화시키고, 주변 색을 바꾸고 생존을 계속 진행해 왔다. 2014년 8월 18일 마이클 로건 다트머스 대학 공동 연구팀은 미국 국립과학원회보를 통해 바하마 제도에 사는 도마뱀들은 지구 온난화에 빠르게 적응하고 있다고 발표했다.

〈공룡의멸종〉

사실 열대지역에 사는 도마뱀들은 생존할 수 있는 온도의 범위가 매우 좁다고 한다. 그러나 이 연구팀은 이 도마뱀을 평균기온이 조금 높은 환경으로 옮기자 자신의 체온을 그곳 온도에 맞추고 생존하고 있었다는 것이다. 변온 동물인 도마뱀은 전에 살던 온도보다 높은 환경에서 살아남기 위해 스스로 자신의 체온을 높여 적응했던 것이다.

지금까지 우리는 공룡이 왜 멸종되었는지, 카멜레온이 어떻게 살아남았는지를 알았다. 왜 이런 얘기를 꺼낼 수밖에 없는 것일까? 건설현장이라는 하나의 프로젝트를 완성하기 위해서는 앞에서 언급한 적응성에 관한 얘기를 하고 싶어서다. 세상에는 수많은 건물이 존재하지만 같은 건물은 없다. 오로지 단 하나의 건물과 단 한 번의 공사 수행이라는 여건만 있을 뿐이다. 이런 곳에서 기술자는 온갖 다양한 경우의 변수에 대응하여 목적을 완수해야만 한다. 한번도 겪어 보지 못한 상황에 유연히 대처해야 하고, 예상하지 못한 환경에서도 변함없이 살아남아야 한다. 이곳이 마치 자연 생태계의 이론과 다르지 않다. 당신은 공룡이 될 것인가, 카멜레온이 될 것인가는 당신의 선택에 달려있다. 소행성의 충돌과 같은 예측 불가한 상황은 현장에서도 발생한다. 급변하는 환경에서 그곳에 맞는 적응성을 한껏 발휘해야 하는 것이다. 이런 급박한 상황은 언제 어떻게 일어나는 것일까? 몇 가지 일어날 수 있는 예를 한번 살펴보기로 하자!

첫째, 현장 협력업체의 부도가 발생하는 것이다.

하도급 업체나 자재업체의 부도는 작업을 중지시키고 공사를 지연시키는 요인으로 작용한다. 만약 조적공사업체가 부도가 났다고 가정한다면, 조적공사는 다음 작업을 위한 선행 공사이기 때문에 내장공사, 창호공사 등이 동시에 지연되게 된다. 각자의 공정은 다음 작업을 진행하는 데 많은 영향을 받는다. 그렇게 때문에 이중에 한 공정이 문제가 생긴다면 그 이후 모든 공사가 중단될 위기에 있는 것이다. 그러면 최대한 빨리 부도업체의 자금 문제든 소속 업체의 기능공 노임문제든 빠른 해결을 위해 노력해야 한다. 지금까지 시공한 물량과 금액을 산정하여 재입찰할 수밖에 없다면 다른 업체를 긴급히 다시 선정해야 한다. 하지만 이런 문제는 정리가 쉽지는 않다. 재입찰을 위한 잔여 공사의 금액이 적거나 이익이 되지 않는다면 어떤 업체도 입찰에 참여하지 않기 때문이다. 그러기 위해서는 잔여금액에 추가비용을 더하여 입찰 조건을 붙일 수밖에 없다. 이 방법도 어려워 다른 업체를 참여시킬 수 없다면 직영처리로 공사를 계속 진행할 경우도 있을 것이다. 직영이란 기존의 작업자와 직접 계약하여 남은 공사를 마무리하는 조건과 인센티브로 비용을 추가 지급할 수 있도록 협의를 하여야 한다. 기술자의 빠른 대처가 추후 밀려올 손해를 감소시키는 최적의 방안이 될 것이다.

둘째, 건설 노조의 파업이다.

현장의 노조는 종류도 많다. 타워크레인 노조, 장비 노조, 덤프 노조, 기능공 건설 노조 등 여러 분야의 노조들이 존재한다. 노조는 각각 민노총 소속과 한국노총 소속으로 양분화되어있다. 노조 중 하나의 분야에서 파업이 시작되면 공사는 또 중단해야 하고 지연될 가능성이 있다. 대부분은 전국적으로 1주일간이든 2주일간이든 전체 파업에 들어가기도 하지만 현장별로 파업을 강행하는 경우도 있다. 이런 파업은 우리의 의지와는 상관없이 막연하기 때문에 현장의 관리자 입장에서는 참 어려운 상황이다. 노조 집행부에서 정부와의 협상을 관철하기 위한 조건도 있고, 그들 전체의 요구를 건설업체에 주장하는 경우도 있을 수 있다. 이럴 때 기술자들은 파업 철회 시까지 마냥 기다리는 수밖에 없다. 현장에서는 철회될 때까지 최대로 가능한 작업과 사전공사 준비를 철저히 해두어야 하는 것은 말할 것도 없다. 특히 골조공사에서 지하층 작업을 주로 하는 건설노조의 개입은 공사가 지연되는 원인이 되기도 한다.

셋째, 주변 인근 주민과의 민원발생이다.

택지개발지구 같은 계획적인 도시는 그나마 인근 민원이 많이 발생하지는 않지만, 일반주택이나 재개발, 재건축 지구는 주변에 기존 주택이 즐비하기 때문에 많은 민원이 발생한다. 공사현장에서 작업 중 발생하는 소음이나, 주변도로의 덤프트럭이 오고가는 중 발생되는 비산먼지로 인한 주민 민원은 항상 존재해 왔다. 예전에 있던 안양 현장의 일이다. 그곳은 주거환경개선지구로 인근에 주택이 빼곡한 마을 중심에 공사를 하였다. 그곳 주민들로부터 소음 민원이나 비산먼지 등으로 공사가 중단되는 경우가 자주 발생했다. 백호로 터 파기하는 중에도 인근 주민들이 몰려와 못살겠다고 백호 버킷에 할머니, 아주머니들이 드러눕기 일쑤였다. "시끄럽고 먼지가 많아 문을 못 열어놓으니 대책을 세워라!" "안 그러면 한 발짝도 이 현장에서 못 나간다!" 주민대표와 불만 많은 주변 상가나 주택 입주자들은 몇 대의 버스를 대절해 본부나 본사 정문에 와서 집회를 하는 등 확성기로 소리 내어 읊어 대는 일이 자주 있었다.

〈찰스 다윈〉

　찰스 다윈(Charles Darwin)은 「종의 기원」에서 '적자생존'이란 얘기를 했다. 이 말의 핵심은 '강한 자가 살아남는 것이 아니라, 환경에 적응하는 자가 살아남는다.'이다. 만약 어떤 종에서 식량부족 상태가 된다면 자연적인 요소가 개입해 그 종에서 가장 허약한 개체는 절멸된다. 물론 부 적자가 생존할 수 있는 다른 환경이 주어진다면 절멸하지 않고 그곳에서도 살아남을 수 있다고 얘기한다. 다윈은 1834년 12월부터 5년 10개월간에 '비글호'를 타고 세계 일주를 했다. 1835년 9월 15일 남아메리카의 갈라파고스 섬에 머무를 때 다윈은 그곳에서의 생물 다양성에 대하여 많은 연구를 했고, 생물표본을 채취하여 돌아왔다. '진화론'의 이론은 이미 완성했으나 이것으로 인한 사회의 파장을 생각해서 발표하지 못하고 있었다. 왜냐하면 이 이론은 '창조론'에 대한 반역이었으며 종교계의 이단자가 될 것임이 명백했기 때문이다. 그러던 1858년 6월 18일 동인도 제도에 사는 앨프리드 러셀 윌리스라는 사람이 다윈에게 편지 한 통을 보냈다. 그의 주장은 다윈의 이론과 우연히도 일치했으며 서로 합의하여 공동으로 발표하자고 협의했다. 1858년 7월 1일 「자연선택에 의한 종의 기원, 즉 생존경쟁에서의 유리한 종족의 존속」이라는 제목으로 '린네학회지'에 논문으로 발표했다. 그 당시 이 논문은 일반인뿐만 아니라 과학자, 신학자들에게 충격적인 영향을 주었고, 많은 사람들로부터 논쟁을 일으키는 계기가 되었다. 어쨌든 「종의 기원」은 19세기 자연과학의 분야에서 인간의 사고방식이나, 종교적 신념에서부터 정치적 논란에 이르기까지 수많은 반응과 이슈를 만들기에 충분했다. 아직까지도 많은 연구자들은 생물학적 해석과 이론에서 '자연선택'이라는 진화에 대한 기반을 「종의 기원」에서 언급하고 있다. 현장에서 기술자는 위에서 언급한 갑작스러운 환경에 당황하는 경우가 많다. 하지만 그때마다 그에 맞는 적응성을 길러야 한다. 공룡이냐? 카멜레온이냐? 선택은 당신의 몫이다.

03
현장에서는 3C를 실천하면
살아남는다

우리는 주로 마케팅의 전략으로 3C를 얘기한다. Company(자사분석), Competitor(경쟁자분석), Customer(고객분석)가 3C의 구성이다. 많은 기업에서는 이 마케팅 분석법을 이용하여 새로 출시한 제품에 대한 분석을 주로 한다. 자사가 가지고 있는 장점이 무엇인지, 단점이 무엇인지, 기회가 무엇인지, 위협하는 점은 무엇인지, SWOT 분석을 한다. 그리고 나서 경쟁사의 제품에 대한 분석을 통하여 최신 제품을 비교 홍보한다. 끝으로 이 제품을 사용하는 고객들은 무엇을 원하는지, 이 제품에 대한 니즈가 무엇인지를 파악하여야 신제품에 대한 기업의 매출과 이익에 도움이 될 것이다. 그만큼 3C분석을 통한 신제품 생산성과 가치 창출은 기업의 존폐를 다툴 정도로 중요해졌다. 그럼 건설현장에서도 프로젝트를 하나의 제품이라고 생각하면 3C분석 정도는 해야 하지 않을까? 마케팅에서 사용하는 3C가 아니더라도 다른 의미의 3C에 대하여 한

건설의 숲에서 인문의 길을 걷다

번 이야기해 보도록 하자. 우선은 현장에서의 3C를 얘기하자면 그것은 Change(변화), Construction Engineer(현장 기술자), Customer(고객)라고 말하고 싶다. 머물러만 있다면 변화와 성장은 멈출 것이다. 현장에 있는 기술자라면 최소 3C정도는 가슴속에 새기고 한 번쯤 자신이 어디에 멈추고 있는지를 곰곰이 생각해 볼 시간을 가져 보자.

우선은 Change(변화)에 당신은 얼만큼 민감한 감각을 가지고 있는지 생각해 보자!

우리 사회 산업전반에 가장 민감한 변화의 속도가 느껴지는 곳은 당연 IT업계일 것이다. 이곳은 수시로 오늘의 기기가 내일은 구식의 기기로 전락하는 변화 속도가 최고로 빠른 곳이다. 그래서 이곳 기술자들은 이런 변화의 흐름 속에서 빠르게 발을 맞춰야 한다. 그렇지 않으면 남들보다 뒤처지고 언젠가 퇴출의 위기를 맞을지도 모른다. 하지만 건설 쪽은 그래도 이런 변화가 빠르지는 않다. 물론 비교적으로 IT업계보다는 말이다. 하지만, 변화란 어디에서도 오고 언제나 있는 현대적 흐름의 대세인 것은 더할 나위 없다. 현장에 있다 보면 어떤 경험 많은 기술자들은 조그만 변화에도 멈추어 있으려는 안일한 자세를 취하는 경향이 있다. 사람은 변화를 싫어하고 현재의 위치에서 안주하려는 습성이 있는 것이 본성이다. 그러니 어찌 보면 모든 사람들은 보수적 기질이 타고난 성품에 깃들어 있는 듯하다. 그동안 해 오던 안정적인 환경에서 변화에 적응하기 위해 새로운 것을 다시 받아들여야 하는 번거로움이 있기 때문이다. 하지만 머물러 있다면 고여 있는 물처럼 썩고 바다로 가는 희망은 사라질게 뻔하다. 고여 있지 않다면 최소한 작은 변화에는 기다릴 줄 알고 기다리다 넘치기 시작했을 때 우린 다시 흘러야 한다.

〈한국산개구리〉

프랑스에 가면 유명한 그레뉴이에(Grenouille)란 '삶은 개구리' 요리가 있다. 이 요리는 손님이 앉아있는 식탁에 미지근한 물을 냄비에 담아 살아있는 개구리를 직접 넣어두고 불을 살짝 높여가며 조리한다. 물이 너무 뜨거우면 개구리는 변화를 금방 알아차리고 냄비 밖으로 튀어나온다. 그러나 약한 불로 물의 온도를 개구리가 좋아하는 정도에서 서서히 높이면 개구리는 작은 변화에 반응하지 않고 오히려 기분 좋은 듯 냄비에 누워 있다. 자신이 삶아지고 있다는 것을 깨닫지 못하고 개구리는 잠을 자면서

서서히 죽어간다. 우리는 이것을 '삶은 개구리 증후군(The Boiled frog Syndrome)' 이라 부른다. 지금 당신도 이런 개구리가 되고 있는 것은 아닌지 한번 생각해 보자. 우리가 느끼지 못하는 작은 변화에 위기를 눈치 채지 못하고 개구리처럼 편안하다고 안주하지는 않은지 말이다. '작심삼일' 이라는 말이 있다. 누구나 새해가 되면 사람들은 많은 포부와 그해의 창대한 계획을 세우고 단단히 마음먹은 것처럼 이야기한다. 하지만 그 마음은 3일이면 흐지부지 되고 아무렇지 않게 또 일상으로 돌아간다. 큰 변화가 오지 않고 위기가 찾아오지 않으니 사람들은 걱정이 없는 것이다. 그러는 사이 변화는 계속되고 있고, 자신만 느끼지 못하고 편안히 있다가 퇴출이라는 철퇴를 맞고서야 후회를 하곤 한다. 그때는 이미 늦다. 버스는 지나갔고 당신을 위해서 버스는 멈출 계획이 없다. 현장도 마찬가지다. 그냥 다람쥐 쳇바퀴 돌 듯하는 일상에서도 새로운 기술적인 공법이든 최신 자재든 항상 귀를 열고 찾아보자. 매년 열리는 건축 관련 박람회를 찾아보고, 건설 관련 정보지 하나 정도는 구독을 해 보자. 아님 요즘은 인터넷에 많은 정보가 흐르고 있으니 종종 그곳에서도 정보검색이나 최신 공법 및 건설시스템 등을 찾아보자. 그러면 최소한 당신이 작은 변화에 무심한 개구리처럼 현실에 안주하여 서서히 죽어가는 개구리 증후군에서는 탈출할 수 있을 것이다.

또 한 가지는 Construction Engineer(현장 기술자)가 되도록 하자!

현장에는 많은 전문가들이 있다. 기능인과 기술자와 공학자란 전문인이 있다고 하자. 그럼 기능인이란 '동작 또는 행위의 숙달로 도달할 수 있는 자' 라는 사전적 의미가 담겨있다. 흔히 말하는 타일 기능공, 도장 기능공, 도배 기능공이라 일컫는 기능의 분야에서 인정해 주는 달인이라고 말할 수 있다. 이분들도 자신의 기능에 대한 자부심이 상당하다. 그만큼 배우기도 어려울 뿐만 아니라 그 기능을 습득하기 위해서는 많은 시간이 필요하기 때문이다. 그런데 이런 기능을 젊은 사람들은 이제 배우기를 꺼려해 신임 기능인들이 없는 실정이다. 보통 이런 기능인들은 거의 70%이상이 50세 이상이라고 한다. 그마저도 시간이 조금 지나면 우리나라에서는 이런 기능인을 구하기 쉽지 않을 것이다. 그럼 언젠가는 외국 기능인을 쓸 수밖에 없고 그들이 건설 분야에 진출하기 시작한다면 우리나라 젊은이들은 전문적인 기능인이 될 수 없을지도 모른다. 최근에도 현장은 차츰 외국인 기능공들이 늘어나는 추세에 있다. 하루빨리 젊은 기능인들을 양성하지 않는다면 우리도 언젠가는 삶은 개구리가 될지 모른다. 기술자란 '응용을 통하여 새로운 것을 창조할 수 있는 자' 란 뜻이다. 건설 분야의 전문적인 대학이나 학과에서 기사 정도의 자격을 가지고 있는 한 단계 높은 기술적 지식과 경험을 바탕으로 현장을 관리하는 사람을 말한다. 우리가 흔히 얘기하는 공사기사나 공사 과장이나 안전이나 품질 등의 해당 분야 기술자를 일컫는다. 하지만 창조하지 못하는 관리자는 기술자가 아니다. 설계도면과 시방서를 바탕으로 공법이나 시공에 대한 자신만의 지식과 노하우를 접목하여 새로운 창조적 아이디어를 만들어 내는 사람이 진정한 기술자임은 자명하다. 공학자란 '자연과학적인 지식과 기술적인 지식을 가지고 과학자와 기술자 사이에 매개체가 되는 사람'이다. 기술자보다 한 단계 높은 위치에서 모든 경험과 과학적 기술을 바탕으로 현장의 전반적인 공법이나 개선사항들을 도출하고 실험할 줄 아는 총괄적인 전문가이다. 보통 이 정도의 실력을 갖추기 위해서는 20년 이상의 내공이 필요할 것 같다. 어찌 보면 공사 부장이나 현장 소장 정도의 자격 있는 기술자를 말한다 하겠다. 이런 기술자는 어떤 프로젝트를 맡겨도 자신만의 스타일로 현장경영 능력을 문제없이 발휘하는 통달의 경지에 오른 수준이다. 기술자로서 최고의 경지다. 우리는 바둑에서의 최고의 고수를 '입신'이라 일컫는다. 건설현장에서는 이런 사람이 최고의 경지인 '입신'의 고수다. 왜냐하면 이런 공학자는 기능공의 전문적인 기술을 존중하고 많은 기술자들에게 새로운 시공 방안과 노하우를 전수하며, 경영자로서의 자질과 인간 본성의 기술자적 양심을 기본으로 가지고 있기 때문이다. 나는 이런 고수의 반열에 올라 오직 후학들을 양성하는 많은 건설현장의 선배들을 존경하고 이 기회를 빌려 머리 숙여 감사함을 전하고 싶다.

마지막으로 Customer(고객)를 생각하자!

세상의 모든 재화에는 그것을 사용하고 소비하는 이용자인 고객이 있다. 만약 고객이 없는 물품이 있다면 그것은 스스로 만들어 자급자족하던 원시시대뿐일 것이다. 모든 재화는 고객을 우선으로 해야 하는 것이다. 최근 어느 언론에서 우리나라 '호미' 가 해외직구 사이트에서 인기순위 10위권에 있다는 보도를 보았다. 아니 호미가 우리나라에서는 아주 오랜 옛날부터 사용해 오던 도구인데 어째서 해외에서 이렇게 인기가 있는 걸까? 알고 보니 해외는 식물이나 텃밭에서 채소를 기를 때 모종삽 같은 ㅡ자형 도구를 사용해 왔는데 우연히 한국에서 구입하게 된 ㄱ자형 호미가 10여 년이 흘렀는데도 멀쩡하고 채소를 가꾸는 데는 일품이라는 소문이 퍼졌다는 얘기다. 그것을 만드는 대장간인 호미 장인을 만나 인터뷰한 내용을 들었다. 오랜 사용에도 끄떡없고 채소를 건드리지 않고 많은 잡초를 긁어내니 이보다 좋을 순 없다고 외국인들이 극찬한다는 것이다. 우리에게는 늘 사용하던 도구였지만 처음 접한 외국인에게는 정말 편리한 도구인 것이다. 이처럼 어떤 제품에 대한 고객의 만족도는 사람마다 모두 다르다. 하물며 온 가족이 평생 살아야 하고 행복한 가정을 꾸며 새로 시작하는 둥지 같은 신혼집이라면 기대와 희망은 대단할 것이다. 그런데 그런 집에서 하자가 생기고 누수가 되고, 물이 나오지 않고, 곰팡이가 생긴다면 고객의 마음에 또 다른 상처를 남기는 것이 아닐까? 더더군다나 그 집이 한두 푼 하는 것도 아니고 평생을 아끼고 벌어온 자금을 왕창 투입하는 거대한 결심 끝에 장만하는 첫 보금자리라면 그 분노는 상상할 수 없지 않을까? 만약 기술자인 당신의 집이라고 생각한다면 정말 물 새는 집에서 기분 좋아할 아량이 있겠는가? 모든 상황은 易地思之(역지사지)해 보면 답이 나온다. 저렇게 화내는 고객이 마냥 '너무하다' 라고 생각하던 때가 있었을 것이다. 역지사지해 보면 그 사람의 심정을 이해할 수 있다. 우리는 이기적이고 주관적인 판단만으로 상대방을 이해하려고 노력하지 않는다. 당장 나의 상황이나 생각만을 주장하는 이기적인 동물인 것은 태초 인류가 생존경쟁에서의 본능이 자신만을 위한 것이라야 살아날 확률이 높았기 때문일 것이다. 동물의 세계에서는 아직 그렇다. 하지만 현대 인류는 서로가 싸워서 이겨야 생존할 수 있는 시대는 아니다. 그렇다면 현장 기술자들은 항상 자신이 몸담고 있는 건설현장은 그 누군가가 사용하고 행복한 가정을 꾸미며 살아가야 할 터전이라 생각하자. 그렇게 내 집 짓듯 현장 일에 임하는 것이 당신의 가족일 수 있고, 당신의 형제자매일 수 있는 고객에 보답하는 길이다.

여기까지 걸어온 당신은 최고의 기술자 반열에 들어섰다. 현장 어디를 가든, 어디에 있든 그 자리가 당신의 자리이다. 위에서 언급한 3C의 Change(변화), Construction Engineer(현장 기술자), Customer(고객)를 의식적으로라도 머리에 담고 외쳐보자. "난 삶은 개구리가 아니다. 난 훌륭한 공학자다. 이 집은 나의 부모형제가 고객이다."라는 생각이 저절로 든다면 당신은 이제 '입신' 의 경지에서 후배를 위한 건설 발전에 앞장서서 작은 발자취라도 남기게 될 것이다. 공자께서 말씀하셨다. "學而時習之 不亦說乎(학이시습지 불역열호) — 때때로 배우고 익히면 또한 기쁘지 아니한가?" 우리의 선배들이 그러했듯 당신도 후배를 위해서 우리의 경험을 물려줄 때가 올 것이다. 주위를 변화시키기란 너무 어렵다. 그렇기 때문에 아무것도 변하지 않을 때는 나 스스로 변화해야 한다. 그러면 모든 것이 변한다.

04
의심하고 확인하고 실행하자!

제주도에 가면 '도깨비 도로'라는 것이 있다. 처음에는 이 말이 무슨 말인지 몰랐다. 무슨 도로에 도깨비가 다니나? 하고 의아해한 적이 있다. 그런데 이런 도로는 우리나라에 몇 군데가 발견되었다. 몇 년 전 제주도에 갔을 때 이 도로를 가보았다. 보기엔 약간 오르막 같아 보였지만 그곳에 차를 세워놓고 중립상태로 놔두면 자동차가 오르막 쪽으로 슬슬 올라가는 것처럼 보인다. 그런데 이런 현상은 사람들의 착시현상이다. 실제로는 그곳이 내리막길인데 주변 환경으로 인해서 오르막처럼 보여서 그렇게 느끼는 것이다. 처음 겪는 사람들은 아주 신기하게 바라보며 "정말 이상하네! 도깨비가 요술을 부리네."라고 해서 '도깨비 도로'라고 부르게 되었다. 우리가 사는 환경은 이런 착각을 일으키는 요소들이 많이 있다. 진실을 왜곡하여 마치 그것이 진실인양 믿게 되는 오류를 범하는 것이다. 우리 눈은 사물을 볼 때 그것 하나만 보는 게 아니라 주변에 있는 물체와 환경을 동시에 본다. 그리고 눈에 들어온 현상을 우리 뇌에서 착각을 일으키고 현실과 다르게 인식한다. 이런 현상을 우리는 '錯視(착시)'라고 한다. 이런 착시는 그림이나 건축물 등에서도 쓰이고 있는 개념이다. 옛날부터 우리 전통 건축에도 배흘림기둥을 사용하여 기둥이 가운데로 들어가 보이지 않고 직선으로 보이도록 계획했다. 그리스 아테네의 파르테논 신전은 45개의 기둥으로 이루어져 있는데, 기둥들은 안쪽으로 아주 조금씩 기울어져 있다. 아래서 올려다보는 사람이 기둥이 바깥으로 튀어나와서 불안하지 않게 안정적으로 보이게 계획한 것이다. 이런 방법은 건물이 외부에서 볼 때의 불안정한 상태를 보정하기 위해 착시를 일으켜 안정감을 찾으려고 한 것이다.

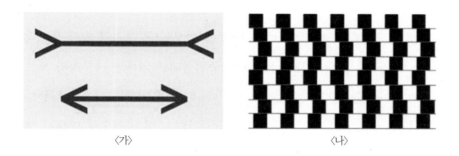

〈가〉   〈나〉

위의 그림 (가)에서 두 개의 수평선으로 보이는 선중 위의 직선과 아래의 직선 중 어느 쪽이 길어 보이는가? 그냥 보이는 대로 말한다면 누구나 위의 직선이 길게 보일 것이다. 하지만 아시다시피 두 개의 직선은 길이가 같다. 그림 (나)에서는 여러 개의 수평선이 어떻게 보이는가? 선들이 기울어 보이지만, 안에 보이는 모든 선은 서로 수평을 이룬다. 주위의 시선에서 우리의 눈이 왜곡을 일으켜 다르게 보이도록 뇌를 명령한 것이다. 우리가 사물을 지각하면 언제나 대응하는 대상물과 함께 그것을 보게 된다. 주변 대상을 함께 볼 때 실제와 주위의 환경이 오차를 발생시켜 우리 뇌가 잘못 판단한 결과다. 이것은 환각과 달리 보통 사람들에게 공통적으로 존재하는 현상이다. 무심코 느낀 오해는 착시라고 하지 않는다. 시각이 잘못되었음을 인지하더라도 계속해서 잘못된 채로 보이는 본질적인 것이 착시이다. 우리 뇌에 있는 시간처리능력이 태초 조상들로부터 환경과 적응하면서 거기에 반응하도록 진화되었기 때문이다. 아마도 그렇게 하는 것이 우리 생존에 유리했기 때문일 것이다. 간단히 말하면, 인간의 시각에 착시된 정보를 후손에게 물려주었고, 후손들은 인식된 물체의 오류를 인정하지 못하고 보이는 대로 착시를 일으켜 인지하고 있는 것이다. 그래서 인간은 그런 착시를 보이는 건축물이나 산업사회의 일상에 보정하는 방안을 창안하여 적용하여 왔다. 우리의 이런 본증적인 착시 현상은 현장에서도 예외는 아니다. 그런 착시현상들을 극복하기 위해서 몇 가지 방법을 언급하려고 한다.

그중 하나는 '의심하라'는 것이다.

연역적 방법을 통해 현상을 설명하고자 했던 근대철학인 데카르트(1596~1650)는 "내가 알고 있는 모든 것을 의심하라!"고 했다. 모든 것을

의심함으로써 자신의 존재를 증명하려고 했던 철학자로 희망을 얻으려고
하였다. 즉 나 자신이 존재한다는 것은 의심의 여지가 없으므로 이것이
필연적으로 명백해진다는 것이다. "나는 생각한다. 고로 나는 존재한다."
라는 유명한 명언을 탄생시켰다. 어쨌든 현장에서는 이런 의심을 기본적
으로 가지고 착시를 일으킨다고 해도 '의심'을 전제로 바라보아야 한다.
우리의 눈은 익숙한 것에는 다른 시각으로 보지 않는다. 신기하게도 이곳
현장을 떠나 어느 정도의 시간이 흐른 뒤 다시 현장을 보면 다른 것들이
보이기 시작한다. 조금은 익숙함에서 어느 정도 벗어나 있어야 한다는 말
이다. 내가 시흥 능곡이라는 현장에 있었을 때 일이다. 한 곳의 현장에 몸
이 불편한 장애인 입주자들이 여러 세대에 입주하기로 계획되어 있었다.
동의 출입구에는 계단과 램프(휠체어, 유모차 같은 기구가 올라갈 수 있도록 경사
가 있는 통로)를 설계한다. 그런데 이곳 램프는 경사가 너무 급해 장애인이
홀로 휠체어를 타고 올라갈 수 없는 구조다. 경사가 1/8로 설계되어 있는
것이었다. 1/8로 설계할 때는 경사로에 누군가 호출할 수 있는 장치가 있
어야 한다는 단서 조항이 있었다. 그렇지 않으면 경사로를 1/12로 설계했
어야 했다. 그곳을 통행하는 장애인이 있었지만 한 번도 이런 요구를 한
적이 없었기 때문에 설계하는 사람도 램프 경사는 신경쓰지 못했을 것이
다. 그때 당시 나도 의심스러워서 직접 램프로 휠체어를 타고 올라갈 시
도를 해 보았으나 경사가 너무 심해 혼자서는 도저히 올라갈 수 없는 상
태였다. 그 이후 대책을 검토한 결과 단지 램프에 무선 호출 시스템을 추

가 시공하여 누군가 호출했을 때 경비실이나 관리실에서 도움을 줄 수 있도록 보완했다. 그 사건 이후 설계지침에 램프는 기울기가 1/12로 모두 개선되었다. 우리는 늘 보는 곳의 문제는 잘 인지하지 못하고 그냥 지나친다. 만약 그때 그 램프에 정말 휠체어로 혼자서 올라갈 수 있을까? 한 번이라도 의심의 시선으로 바라보았다면 이런 일은 발생하지 않았을 것이다. 매일 현장을 바라보는 기술자들은 아무 문제없이 보이는 것들도 한번은 의심해 보자. 그러면 의심하고 보는 현장은 또 다른 면이 보일 수 있다. 그런 의심은 우리가 한층 더 성장하는 계기가 될 것이다.

또 하나는 "확인하라"는 것이다.

수없이 의심하기만 하면 결과와 개선은 없을 것이다. 왜라는 질문을 던졌으면 여러 군데에서 증거를 찾아보고 확인해야 한다. 설계도면이 다를 수 있을 것이고, 시방에도 문제가 있을 수 있을 것이고, 자재도 문제가 있을 수 있을 것이다. 최근에 층간소음을 위한 바닥 공법인 '일체형 완충재'에 문제가 있어 상급기관에 감사를 받은 사실이 있었다. 이 사건으로 많은 시공업체와 감리업체 등이 부실벌점을 받아 기업에 큰 타격을 입은 적이 있다. 물론 병행 자재로 같이 사용할 수 있는 지침은 있었지만, 현장에서 적용할 때 철저한 시공순서와 시방에 의한 공법, 반입자재 등에도 문제가 없는지 확인하고 추진했어야 했다. 현장에서 우리는 항상 처음 도입되는 공법이나 자재는 대부분 꺼려하는 것이 사실이다. 왜냐하면 새로운 자재가 시공 후 문제가 없었는지 증명이 안 되었기 때문이다. 그래서 보통은 새로운 자재나 공법이라도 다른 현장에서 사용 후 문제가 없었는지 꼭 확인을 할 필요가 있다. 그렇지 않다면 현장에 적용하는 문제를 신중히 결정하기를 바란다. 시공 후 예상하지 못한 문제가 발생된다면 파급 효과는 엄청난 것으로 돌아올 것이다. 현장 기술자의 임무는 항상 확인하는 것이다. 어떤 공정 어떤 공사든 기술자는 확인을 먹고 자라며 의심을 먹고 성장한다. 그런 곳이 건설현장이다.

마지막으로 **"실행하라"**는 것이다.

앞에서 말한 순서에서 의심하고 확인하였다면 다음은 실행해야 한다. 앞의 사항들은 결론적으로 실행하기 위해서 있는 것이다. 의심만 하면 소용없고, 확인만 하면 무엇하겠는가? 최종적으로는 실행하기 위한 조건일 뿐이다. 3단계를 모두 거쳐 궁극적으로 실행이 된다면 당신은 기술자로서 현장에서의 임무를 다한 것이다. 그러면 당신이 있는 현장은 안전사고를 최소로 줄일 수 있을 것이요, 잘못된 시공을 미리 재시공하여 추후 발생될 하자를 줄이고, 원가절감의 혜택을 받을 것이다. 또 그곳에 입주하게 될 주민들의 민원이 감소하여 모두가 만족해하는 행복한 단지로 가치는 상승할 것이다. 우리가 흔히 말하는 '누이 좋고, 매부 좋고' '도랑 치고 가재 잡고' '마당 쓸고 돈 줍고' '一石二鳥'가 되는 것이다.

현장의 시공업체 관리자, 건설사업 관리자, 발주자의 지원업무 수행자·감독자 등은 바로 이 세 가지를 실천하기 위해 고용되고, 법에서 정하는 의무를 다하기 위해 상주한다. 이런 의무를 다했을 때 목적물은 제대로 완성되고, 최종 사용자인 입주자는 행복한 웃음과 가슴 설레는 기쁨을 맛보며 공간을 즐길 수 있을 것이다.

최근 언론 매체에서 입주하는 단지에 대한 좋지 않은 기사가 나오곤 한다. 이런 기사를 접할 때마다 나의 마음은 같은 기술자로서 통감을 금치 못한다. 입주자들이 입주 한 달 전 시행하는 사전점검에서 부실시공되고 있다며 대책을 요구하는 시위 장면을 보았다. 그곳을 담당한 관리자의 인터뷰에서 "공기가 짧고 준공에 차질이 생길까 봐 서두르다 보니 마감이 거칠어졌습니다."라는 말을 듣다 보니 정말 어처구니가 없었다. 어째서 이런 말이 나온단 말인가? 당신이 전자제품을 구입했는데 추후 흠집을 발견해서 반품을 요구했다 치자. 그런데 대리점 점원이 "이 제품은 출시를 맞추느라 대량 생산하다 보니 제품에 스크래치가 있었네요! 어쩔 수 없어요! 그냥 쓰세요!"라고 한다면 이 말을 듣고 당신은 "네 괜찮아요! 어쩔 수 없죠!" 하며 관대해질 수 있겠는가? 주택도 전자제품과 다르지 않다. 현장이란 의심을 두고 자란다. 의심에서 싹을 틔운 기술자의 열정적인 확인을 통하여 성장하고, 피땀 흘린 실행이 있을 때만이 현장은 완성된다. 그러기 위해서는 '착시'의 편견에서 벗어나서 다른 시각으로 보아야 한다. 그것만이 기술자의 의식 깊은 곳의 환영에서 뛰쳐나올 수 있는 유일한 방법이 될 것이다. 다른 시각에서 의심하고! 확인하고! 실행하자!

05

DNA 속에 잠들어 있는
장인의 혼을 깨워 보자

우리나라에는 옛날부터 훌륭한 장인들이 있었다. 그들의 장인정신이란 어떤 것일까?

"장인들은 물건을 생산할 때, 기법의 수준을 스스로 속이거나 공법에 어긋나는 경우 장인정신을 어기는 것으로 보았다." 우리 선조들이 창조한 위대한 기술은 너무나 많이 존재한다. 그중에 세계 최고의 기술 세 가지를 들라하면 나는 당연 '금속활자' '고려청자' '거북선' 이라 말하고 싶다. '훈민정음'은 왜 빠졌냐고 반문할 사람도 있겠지만, 훈민정음은 문자에 속하기 때문에 여기서는 물리적 기술만 언급하기로 하자. 우리의 장인들이 외부의 다른 기술을 받아들여 우리만의 독창적인 새로운 기술로 만들어 낸 위대한 창조물이다.

'직시심체요절'은 현존하는 세계 최고 금속활자본이다. 고려 1377년

(우왕 3년)에 청주의 흥덕사라는 절에서 금속활자에 의해 인쇄된 활자본이다. 하지만 애석하게도 이 활자본은 우리나라에 없다. 1886년 한·프 통상수호 조약 시 프랑스 대 공사관이었던 쿨랭 드 플랑시가 프랑스로 가져가 지금은 프랑스 박물관에서 소장하고 있다. 이 활자본은 독일의 구텐베르크가 인쇄한 금속활자본보다 78년이나 앞선 세계最古(최고)의 금속활자로 판명되어, 2001년 유네스코 세계기록유산으로 등재되었다. 그런데 이 금속활자는 한자로 되어있다 보니 조합이 불가능하여 대중화에는 실패했다. 하지만 독일의 금속활자는 조합이 가능하여 여러 본을 인쇄할 수 있는 조합 글자로 상당한 실용성이 있었다. 그래도 우리 선조들은 글자를 밀랍에 새겨 글자 틀을 만들고, 다음 공정으로 밀랍을 녹여서 한자의 금속 틀에 다시 주조를 하여 금속 글자를 만들어 냈다. 그런데 한자가 워낙 많다 보니 일일이 글자를 조합하지 못해 대량생산에는 어려움이 있었던 것 같다. 미처 조합하지 못한 글자는 목판으로 찍었다고 하니 우리 한글의 우수성이 다시 한번 증명되는 역사적 사건이었다. 이렇게 우수한 독창적 기술을 개발하게 된 창의력은 어디에서 나온 것일까? 오랜 세월 한반도에 정착하게 된 우리 선조들이 척박한 땅에서 살아남아야 하는 생존 본능에서 위대한 기술을 창조해 내지 않았을까라고 생각하는 것은 너무 큰 비약일까? 인류 진화론적 역사로 말한다면 현생 인류는 아프리카를 기원으로 하고 있다. 그러면 많은 기술들이 아프리카에서 나왔어야 옳은 해석이다. 하지만 아프리카의 환경은 따뜻했고, 최소한 생명체들이 춥거나 열

악해서 얼어 죽거나, 사냥감이 부족해서 굶어 죽을 확률이 낮았다. 인류가 거대 문명을 이루고 개척해 나간 곳은 강을 끼고 있지만, 좋은 환경은 아니었다. 인류는 부족함이나 고난 속에서 새로운 문명과 기술을 축적하며 살아왔다. 아이러니하게도 현대는 살아가기 풍족했던 고대 아프리카에서 기아에 굶어 죽는 사람들이 많이 생기고 있다.

임진왜란 당시 이순신 장군은 우리의 주력 배인 판옥선에 철갑으로 지붕을 씌워 적들이 넘어와 아군을 살생하지 못하도록 거북선을 만들어 선두에서 싸웠다. 어떤 학자들은 임진왜란 당시 전쟁에 도움을 준 것은 거북선이 아니라 판옥선과 화력으로 무장한 대포였다고 주장한다. 완전히 틀린 주장은 아니고 설득력 있는 의견이다. 이순신 장군의 전략과 전술이 중요했겠지만 바다의 주요 무기는 판옥선과 화포였다. 그 당시 거북선이 많지 않았던 것은 이것을 반증한다고 하겠다. 그렇지만 거북선은 우리 해군의 독특한 전략 함대였고 일본군을 놀라게 할 특수 군함임은 자명한 사실이었다. 세계 어디를 봐도 이러한 전함을 만들고 전쟁한 장군은 없다. 세계 해전사에서도 그가 이룬 전승의 역사는 감히 누구도 반박하지 못한다. 거북선은 그렇게 선두를 누비며 적들을 혼란에 빠트렸고 우리 수군이 승리하는 데 혁혁한 공로를 세웠다. 거북선은 기존의 판옥선에 철갑을 씌우고 뾰족한 철심을 박아 우리 군의 전략 함대로 재창조되었다. 임진왜란 당시 육지 전에 불리했던 조선군은 수군에서 승승장구하면서 조선을 전

〈고려 상감청자〉

란의 구렁텅이에서 구해 냈다.

고려시대 송나라에서 건너온 도자기의 하나인 청자 기법은 신기하고도 아름다웠다. 고려시대 청자를 만들던 가상의 장인인 無學(무학)이라는 사람이 있었다. 그는 어릴 적 송나라에서 건너온 도자기 장인한테서 그 기법을 배웠다. 그래서 고향인 부안으로 내려와 가마터를 만들고 청자를 만들기 시작했다. 청자는 일찍이 송나라에서 옥을 좋아하는 사람들이 많아지자 값비싼 옥을 대신하여 푸른빛을 내는 청자를 만들기 시작했다고 한다. 청자의 푸른 빛깔을 내는 비법은 유약에 따라 달라진다고 한다. 유약이 대단한 것에서 나온다고 생각하겠지만, 사실은 아주 단순한 재료에서 나온다. 나무를 태우고 남은 재와 흙을 섞어 도자기에 발라주고 굽는 과정에서 철성분이 흙과 합쳐져 푸른색을 내는 것이다. 우리 인류는 대략 1만 년 전에서부터 6천 년 전인 신석기시대까지 토기를 사용했다. 발전된 도자기를 발명한 나라는 우리나라와 중국, 베트남 등의 몇 나라밖에 없었다. 왜냐하면 토기는 온도 1000℃이상에서는 견디지 못하고 깨지거나 녹아내리기 때문이다. 그러나 이 온도에서 견딜 수 있는 '고령토'라는 흙은

1300℃에서도 끄떡없다. 1차 초벌구이 후 2차 재벌구이 전 유약을 바르고 3일간 가마에서 구워진 후 청자로 탄생되는 것이다. 유약 중 청색 유약을 바르면 청자가 되고 백색 유약을 바르면 백자가 되는 것이다. 고려청자의 비색을 본 송나라 문인 태평 노인은 "천하제일 고려비색"이라며 극찬을 아끼지 않았다고 한다. 놀라운 비색의 비법은 유약에 3% 정도의 철분이 포함되어야 최고의 비색을 만들 수 있다는 것을 당시 고려장인 무학은 알고 있었던 것이다. 철분이 어느 나무에 있으며, 어떻게 조합해야 비취색을 내는지를 그때의 도공들은 알고 있었지만, 아직까지 그 비밀을 밝혀내지 못했다. 그리고 더욱 독창적인 청자를 만들어 보기 위해 무학은 많은 연구에 집중하였다. 그러던 중 중국의 전국시대부터 철이나 동으로 만드는 그릇에 홈을 파고 금실이나 은실을 넣어 장식하는 것을 알고 그 기법을 도자기에 응용해 보기로 한 것이다. 이것이 세계 제일의 도자기인 '고려 상감청자'가 탄생한 배경이다. 고려의 청자는 송으로부터 배웠지만, 그것을 응용하여 새로운 고려 상감청자를 탄생시킨 것은 창조적 두뇌를 활용할 줄 알았던 무학 같은 장인이었다. 그렇게 고려청자가 가마에서 나오면 멀쩡해 보였던 도자기도 자신의 '혼'이 깃들지 않았다 하며 깨뜨려서 제대로 된 도자기를 10분의 1도 얻지 못하였다고 하니 이 얼마나 성스러운 '장인정신'이던가?

우리의 선조들에 깃든 장인정신이 현대의 우리 후손에게도 전해져 내려오고 있었으니 다행한 일이다. 거북선의 창조적 정신에서 우리나라 선박 제조 기술이 세계 최고를 고수하고 있는 것만 보아도 후손인 우리는 조상들에게 볼 면목은 있지 않은가? 최근 선박 수주에 많은 물량을 중국에 빼앗기긴 했지만 그래도 LNG선이나 복잡한 선박기술은 우리나라를 따라올 수 없다. 세계의 기술자들은 한국의 선박 기술이 최고인 것을 부인하지 않는다. 하지만 그런 기술을 한 자리에서 고수하고 새로운 기술을 창조하지 않는다면 세계 최고의 자리는 영원히 우리 것이 될 수 없다. 도자기 기술의 고려청자와 조선백자를 바탕으로 한 세라믹 기술이 우리나라를 세계 최고의 반도체 강국으로 끌어 올렸다고 해도 과언이 아니다. 첨단 소재인 반도체는 우리나라에서 생산되는 물량이 대부분이다. 반도체는 순도가 생명이다. 그 순도가 최고인 제품을 만드는 나라 대한민국! 당신도 세계 최강인 기술을 가진 나라에서 살아간다. 그것은 우리 조상의 기술을 사랑하고 창조하는 세포 깊숙이 뻗어있는 DNA 안에 있다. 그 혼을 우리 국민 모두가 지니고 있다는 말이 된다. 금속활자를 세계 최초로 발명하여 복사할 수 있는 기술을 만드는 민족이 우리나라 삼국이었고, 고려였으며, 조선이라는 나라였다.

건설현장은 이런 장인들의 천국이다. 거푸집 짜는 목수의 등줄기에 흘러내리는 짠내나는 땀방울에도 있고, 한 칸 한 칸 벽돌을 쌓아 올리는 벽돌 기능공의 쇠흙손을 잡은 거칠고 둔탁한 손에도 있다. 발을 뻗지도 못하는 좁은 화장실 벽에서 그때의 무학 같은 도자기 장인의 혼을 담아 타일을 살며시 두드리는 나무망치에도 있다. 높은 건물의 외벽에 그네를 타는 듯 이리저리 흔들리는 페인트 통과 온갖 화려한 색상을 담아낸 롤러의 분주함 속에도 있다. 하루 종일 천정 도배하느라 목이 젖혀져 다시는 내려올 것 같지 않다고 불평하는 도배공의 너스레 떨던 말에도 장인정신은 있다. 우리는 이런 사람들의 마음속이나 정신에 깃든 그들의 손끝 솜씨를 안다. 그들의 기술 장인이라는 자부심과 정신을 우리는 존중해야 한다. 그들이 단지 단순한 일꾼 수준이 아니라, 나름대로의 자긍심에서 그들만의 철학을 가지고 최선을 다하는 것임을 안다. 그렇게 정교하게 자신의 기술을 구현하는 것만이 그들을 살게 하는 힘이라는 것을 그들도 안다. 언젠가 타일을 붙이는 기능공이 다시 타일을 떼어내는 것을 현장에서 본 적이 있다.

"반장님! 다 시공된 타일을 왜 다시 털어내는 거죠?"

"아 네! 이 타일요? 타일을 붙이고 보니 수직, 수평이 안 맞아 마음에 안 듭니다."

"그래도 다음에 말이 나오면 하시면 되잖아요?"

"아니에요 어차피 다음에 면이 잘 맞지 않으면 다시 와서 재시공해야 돼요. 차라리 지금 수정하면 그때보다 덜 힘드니까 하는 거예요."

"아 네! 수고하세요!" 그때 난 깨달았다. 아 저분들도 자신만의 장인정신이 있구나!

그때 나는 현장 기능공들은 그냥 돈 받고 그 만큼의 일만 한다고 생각했던 건방진 선입견에 아주 부끄러웠던 기억이 난다. 그 후론 그분들을 장인으로 보는 눈을 가지게 되었고, 현장에서 마주칠 때마다 반갑게 인사를 하고 "수고하십니다."라며 따뜻한 말을 주고받게 되었다. 만약 현장 관리자인 기술자로 있다면 당신도 그들의 장인기술을 존중해 줘야 한다. "가는 말이 고와야 오는 말이 곱다."라는 말이 새삼 진리처럼 느껴지는 것은 왜일까? 누구나 진정으로 보답을 해 주면 당신은 그보다 더 좋은 대접을 받을 수 있다.

우리나라는 위에서 언급한 위대한 장인정신을 가지고 있다. 전통적 윤리와 기술자적 양심을 가진 혼이 있다면, 현장에서도 설계개선이나 시공개선을 통하여 창의성 있는 결과물을 만들어 낼 수 있을 것이라 믿는다. 지금 시대는 하나의 기술보다는 다른 기술과 융합할 수 있는 창조적인 기술자가 필요하다. 또한, 모든 산업 전반에서 창조성을 발휘하기 위해 우리 조상들이 가졌던 '장인정신'의 맥이 필요할 때다. 현대인의 장인정신을 미래사회에도 적극 전수하여 후세들이 행복한 삶을 누리고, 가치 있는 첨단기술을 발명할 수 있도록 길을 열어 주어야 한다. 그것이 우리의 소명이다. 우리의 몸에는 조상의 얼을 담아낼 수 있는 장인정신이라는 DNA가 하나의 세포 속 구석구석에서 용솟음치고 있기 때문이다.

06

SPIDER 이론으로
현장을 경영하라

우리나라 어느 시골에 가더라도 아침에 일찍 일어나면 흔하게 볼 수 있었던 것이 있다. 나뭇가지 사이로 비집고 들어오는 햇살에서 영롱한 이슬을 머금고 있던 거미줄이다. 거미줄의 강도는 강철의 3~5배가 된다고 한다. 과학자들은 거미줄이 지구에서 가장 강력한 친환경 소재라고 주장한다. 합성섬유보다 가볍고 튼튼하며 미생물에 분해되기 때문에 친환경 소재로 많은 연구가 이루어지고 있다. 거미는 자신의 복부에 저장한 단백질을 이용하여 나노 집합 구조를 만들고 먹잇감이 달아나지 못하도록 아교 성 끈끈이를 발라 거미줄을 친다. 2014년 미국 크레이그 바이오 크래프트 연구소에서는 거미줄을 이용한 첨단 의류를 소개한 적이 있다. 유전자 변형 누에에 거미줄 생산 단백질을 주입시켜 지속적으로 거미줄을 생산했다. 조만간 가볍고 튼튼한 의류를 가방에 수십 벌씩 가지고 다닐 수 있는 시대가 올지도 모르겠다. 갑자기 왜 거미줄에 관한 이야기를 하냐고 의아해 할 수 있을 것이다. 앞으로 얘기하고자 하는 것이 거미(SPIDER) 이론에 관한 것이기 때문이다. 지금까지 현장에 관한 많은 이야기를 했다. 이런 것들은 현장 내에서 기술자들이 직접적으로 경험하고 부딪치는 외부적인 요인이라고 한다면, 이번에는 기술자들의 내부적인 요인에 대하여 말하고 싶다. 이것을 'SPIDER' 이론이라고 부르려고 한다.

〈거미줄에 걸린 사마귀〉

건설현장에 상주하는 기술자들은 내적 마인드를 강화하면 앞으로 더욱 성장할 수 있는 기회가 생기고 크게 발전할 수 있다. 현장에서 무슨 일을 하든 어떤 사람을 만나든 자신의 내적 거미줄을 치고 있다면, 그 어떤 강력한 침입자도 거뜬히 막아 낼 수 있는 내공이 생기는 것이다. 먼저 SPIDER에 대하여 어떤 것들이 있는지 Wording을 먼저 알아보자. STORY(이야기), PRIDE(자신감), IDEA(아이디어), DESIGN(디자인),

ENERGY(에너지), RESPECT(존경)이다.

현대의 모든 사람들은 STORY(이야기) 속에서 살아간다. 개인 미디어의 세계가 보급되면서 각자의 SNS나 블로그 등에 자신만의 이야기를 담아 낸다. 어쩌면 우리 인류는 오래전부터 이야기에 대한 들음의 욕망과 이야 기에 대한 전파의 열정을 가지고 있었는지도 모른다. 왜냐하면 다른 사람 의 이야기에서 자신의 미래를 대비하는 것이 생존에 유리했기 때문일 것 이다. 그것이 집단에 쌓이고 쌓이면서 후세에 설화 등으로 전해졌을 것이 다. '호모 나랜스(Homo Narrans)'란 이야기하는 인간이라는 뜻이다. 페르 시아 시대 사산왕조에서 유래된 '천일야화'라는 이야기는 아라비안나이 트로도 잘 알려져 있다. 아내의 배신에 분노한 왕은 그 나라 여인들과의 결혼식 후 바로 다음날 신부를 처형하는 복수를 일삼게 되었다. 그러던 중 한 대신의 딸인 '세헤라자데'라는 영리한 처자가 왕에게 결혼을 청했 다. 그날 밤 여인은 왕에게 재미있는 이야기를 들려주었고, 다음 이야기 가 궁금한 왕은 이 여인을 죽일 수 없었다. 그녀의 이야기는 장장 1001일 동안 이어졌고, 뒤늦게 깨달은 왕은 그녀를 죽이지 못하고 행복하게 살았 다는 이야기다. 그렇듯 인간은 끊임없는 이야기에 흥미를 느끼며, 이야기 를 통해 세상을 이해하고 행동한다. 인간이 창조해 온 신화, 설화, 소설 등이 그 결과라 할 수 있다. 특히 현대 사회에서는 스토리를 활용하지 않 는 분야는 거의 없을 것이다. 정치, 사회, 경제, 종교, 역사, 문화 전반에 이야기는 산재해 있다. 그러므로 현장이라는 곳도 예외가 아니다. "무슨 현장에서 스토리가 필요 하겠느냐?"라고 반문할 사람도 있을지 모르지만, 나는 그 말에 동의할 수 없다. 기술자는 거시적인 시선으로 현장을 보아야 한다. 현장에 가면 처음 접하는 것이 '조감도(鳥瞰圖)'라는 것이다. 그야말로 새의 시선으로 현장을 본 그림이다. 마치 새가 하늘을 날며 이 현장을 보았을 때 어떻게 보이는지 최종 완성된 결과물을 바라본 것처럼 그린 것이다. 그리고 나서 이 건물을 사용할 누군가의 발길로 단지 내 환경을 걸어보는 상상을 해 보자. 그러면 사람들의 스토리에 맞는 시선을 가질 수 있다. 가령 유모차에 아이를 태우고 산책을 즐기는 어느 평범한 주부의 길을 상상해 보자. 그런 길에 턱이 많아 유모차를 끄는데 불편을 느낄 수도 있고, 노약자는 걸려서 걷는데 힘들어 할 수도 있을 것이다. 주차장을 가던지 주택 내부를 가던지 당신만의 스토리를 만들어 보자. 그러면 기술자들이 설계도면이 아닌 다른 사람들의 눈으로 새롭게 개선하고 변경해야 될 부분이 보이게 될 것이다. 스토리는 현장에도 통한다.

PRIDE(자신감)를 가지면 자신이 하는 일에 대한 가치나 능력을 믿게 되고, 주위 누군가한테도 자랑스럽게 말할 수 있는 당당함이 생긴다.

지인들이 당신한테 묻는다. "지금 무슨 일 하세요?" 주저하지 말고 당당히 말하자! "아 네! 성남 고등지구의 1천억 프로젝트 아파트 공사에 건설 기술자인 관리자 역할을 담당하고 있습니다." 그러면 그 사람은 당신의 당당한 대답에서 자신감이 충만해 있는 열의를 느낄 것이다. 無에서 有를 창조하는 대단한 일이다. 세상의 누가 감히 이런 일에 참여하여 위대한 과업을 수행할 수 있겠는가? 언젠가 당신도 현장 소장이 되어 프로젝트 전체를 이끌어 갈 최고 경영자가 될 것이다. 그러니 PRIDE를 가져라!

　IDEA(아이디어)는 모든 사람들에게 존재한다. 우리가 살아가면서 꼭 가져야 할 최고의 무기가 될 수 있다. 그것이 정치든, 경제든, 과학이든, 예술이든, 기술 분야든 어디에서도 필요하다. 모든 혁신은 아이디어에서 나온다. 인류가 이루어 온 많은 혁명이 이것에서부터 왔다. 문화 인류학자인 유발 하라리 박사는 말한다. 우리 인류가 영장이 될 수 있었던 혁명은 '인지혁명' 이었다. 다른 동물들은 이루지 못했던 혁명을 통해서 인류는 동물의 최고 먹이사슬 위로 올라갈 수 있었다. 그 후 '농업혁명' 이 일어나 한 곳에 정착하면서 가족을 이루었고 잉여생산물이 생겨나면서 경제가 탄생하지 않았던가? 그 이후로도 혁명은 멈추지 않았고 기계혁명인 '산업혁명' 으로 인간은 육체적 노동에서 많은 해방을 이루며 현재까지 발전해 왔다. 앞으로 현생 인류는 어떤 혁명을 창조할지 모른다. 그것이 인류사에서 우리가 더욱 행복한 삶을 이루며 살게 된다는 아이디어일 것이다. 어쨌든 혁명에 의한 발전은 인류가 더 나은 삶을 유지할 것이라 믿는다. 건설 기술자들의 아이디어 혁명도 이와 마찬가지로 건물에서 살아가는 인간이 더욱 좋은 삶을 영위하기 위해 일어난다. 현장의 기술자는 설계자의 의도만을 실현하기 위해 존재하는 것이 아니다. 의도가 좋았다고 하더라도 그곳에 사는 인간에게 해가 되거나 불편을 초래한다면, 획기적 아이디어로 새로운 설계를 해야 한다. 그것이 당신이 현장에 존재하는 이유가 된다. 물론 기본적으로 설계자의 의도를 존중해야 되지만, 그것에 반해 문제가 발생한다면 의도는 아무 소용이 없다. 특히 추후 안전에 문제가 된다면 그 책임에서 당신은 자유로울 수 없기 때문이다. 현장은 IDEA가 생명이다.

DESIGN(디자인)은 그 상품의 가치를 인정하는 최고의 기준이 된다. 똑같은 상품에 기능과 가격이 같다면 선택의 기준은 당연 디자인이다. 그만큼 현대는 디자인을 또 하나의 가치 기준으로 삼는다. 어떻게 하면 보기 좋은 디자인을 담아내느냐가 상품의 성공 여부를 결정짓는다. "이왕이면 다홍치마", "보기 좋은 떡이 맛있어 보인다."라고 했던가. 우리 선조들도 일찍이 디자인의 중요성을 알고 있었다. 그러니 한옥의 멋스러운 처마 곡선에서 아낙네의 버선코 마냥 아름다운 자태를 찾을 수 있지 않았겠는가? 고려청자나 조선백자의 가냘픈 허리선에서 고귀한 도자기의 아름다운 선율을 본다. 우리 선조들 또한 무엇 하나 만들라 치면 그냥 단순하게 지나치는 법이 없었다. 그곳에 자연의 순수함을 담았고, 장인의 예술혼을 담아냈다. 현장에서도 무엇 하나 지나치지 말자! 너무 단순하게 디자인된 주차장의 기둥 하나에서도 다른 디자인을 적용해 보고 색깔의 혼을 담아 보자. 색상이란 조금만 변화해도 가치가 금방 상승하는 최고의 디자인 개념이다. 모든 건물은 외부 노출면이 도장이기 때문에 토털 디자인된 설계와 비교하여 단순하거나 어울리지 않는 쪽은 과감히 다른 디자인을 적용해 보자. 설계할 때는 주차장이나 부대시설 등의 색채 디자인은 다소 소홀하여 단순하거나 특색이 없이 밋밋한 경우가 많다. 현장 기술자는 최전선에서 싸우는 야전사령관과 같다. 당신이 하지 않으면 누구도 할 수 없다. 거기서 모든 것이 끝이 난다. 그리고 지나간 것은 변하지 않는다. 현장의 색채 디자인을 한번 바꿔 보자!

ENERGY(에너지)는 모든 생물이든 기계든 움직이기 위해 동작하는 힘의 원천이다. 지구상의 모든 생물의 원천 에너지는 태양빛이다. 태양 에너지가 없었다면 생명은 탄생하지 못했을 것이다. 지구에 물이 생성된 후 빛에서부터 세포생물이 꿈틀거리기 시작한 것이다. 생물은 자연으로부터 에너지를 얻어 자신의 복제 DNA를 만들어 후세에 전달한다. 그러나 무생물인 기계장치나 건물은 다른 에너지원을 사용한다. 대부분의 기계장치는 화석연료를 사용하고 전자기기들은 전기를 사용한다. 건물의 에너지원은 여러 가지가 사용된다. 발전기 실에서는 오일이 있어야 하고, 세대 전등이나 승강기 등은 전기를 사용해야 된다. 욕실이나 주방에서는 물이 흘러야 사람들이 에너지원으로 사용한다. 겨울에는 난방을 할 수 있게 지역난방공사에서 더운물을 공급해 주어야 한다. 개별난방 지구이면 도시가스를 사용하여 보일러나 주방 가스레인지에 에너지원으로 공급해야 한다. 특히 세대 내의 겨울 난방일 때는 더운 공기를, 여름 냉방일 때는 시원한 공기를, 외부로 빼앗기지 않도록 에너지를 보존해 주어야 한다. 그러므로 현장 기술자는 여러 형태의 에너지를 항상 생각하고 건물에 문제없이 공급하거나 최소의 비용으로 최대의 효율을 내기 위해 노력해야 한다.

RESPECT(존경)는 자신이 갖고 싶어 가지는 게 아니며 다른 사람이 주는 것이다. 기술자로서 최고의 경지는 다른 이들에게 존경받는 것이다. 당신이 현장 기사든 공사 책임자든 현장 소장이든 책임 관리자든 발주자 감독이든 기술자로 존경받을 수 있도록 하는 것을 목표로 해야 한다. 그러기 위해서는 우선 자신의 일을 즐겁게 임해야 하며, 스스로 자신의 일을 사랑해야 한다. 그리고 나서 전문적 기술을 배우고 경험과 노하우를 쌓으면 누군가의 인정을 받을 수 있다. 기술자의 양심과 인성을 겸비한다면 다른 사람은 당신을 최고의 기술자로 존중하게 될 것이다. 나의 부모의 자식으로서 나의 자식의 부모로서 부끄러움이 없는 마음! 그것이 당신 자신에게 올 때 다른 이도 당신을 존경하게 되지 않을까? 나의 부모, 자식에게 당당하지 않다면 누가 당신을 인정하겠는가? 존경은 나와 가족으로부터 시작하여 다른 사람이 주는 마지막 선물인 것이다.

07
우리의 고객은 항상 옳은가?

"고객은 항상 옳다"라는 말을 오랫동안 정의로운 말처럼 받들던 시대가 있었다. 하지만 지금의 시대는 이 말이 항상 맞는 말은 아닌 것 같다. 고객과의 소통이 우선할 때, 상호 간의 신뢰가 균형을 이루고 있을 때, 서로 간의 해결점을 찾을 수 있는 것 같다. 건설현장에서의 고객은 때론 소통과 멀어지고 제품에 대한 불만으로 집단 민원을 일으키는 경우가 종종 있다. 우리는 그들의 마음을 이해한다. 우리나라에서는 주택이라는 부동산 가격이 어마어마한 비용이 들어가는 상품으로 변했다. 아래 스포츠카의 가격은 대략 1억 3천만 원 정도 된다고 한다. 서울을 제외하고 수도권 30평대의 아파트 평균 가격은 4억~6억 정도에 분양이 이루어지고 있다. 그러면 이 스포츠카 3대에서 5대의 가격과 맞먹는다. 젊은 청년층이 취직하고 10년이 지나도 수도권 30평대 아파트를 구입하기가 어렵다고 한다. 그만큼 하나의 주택을 마련한다는 것은 10년 이상

피땀을 흘리고 은행 대출을 받고서야 겨우 마련할 수 있는 상품이다 보니 집에 대한 집착은 우리나라만큼 더한 곳은 찾아보기 힘들다.

〈고가자동차〉

그러니 조금이라도 집에 흠집이 생기거나 하자가 발견되는 경우에는 입주자들이 집단화돼서 재시공이나 자재 교체를 요구하는 것은 다반사가 되었다. 충분이 이해되고 공감이 간다. 만약 당신이 자동차를 구입하기 위해 어느 브랜드의 자동차 대리점에서 시승해 보고 계약을 결심했다고 하자. 그런데 출고 날에 자동차를 인수받으러 갔더니 자동차 한쪽 문짝에 흠집이 나고 안쪽 운전석 시트에 오염이나 찍힘이 아주 조금 보였다고 한다면 그 차를 인수받겠는가? 당신이 대리점 직원에게 이거 하자가 있어 인수를 못 받겠다고 하는 것은 당연한 당신의 권리가 아닌가? 그 대리점 직원이 "고객님! 이 정도는 어느 차나 조금씩 생기는 보편적 흠입니다."라고 한다면 그때 당신의 기분은 어떨 것 같은가? 대부분의 사람들은 그 점에 분노하고 인수를 거부할 것이다. 그렇지 않은가? 하물며 자동차보다 10배 이상 비싼 주택이라면 더더욱 당연한 반응 아닐까? 주택 내부 문짝에는 흠집이 있고, 도배. 도장 면에는 찢김 흔적과 이색진 부분을 발견했다면 괜찮다고 넘어갈 사람은 하나도 없을 것이다. 그런 고객은 항상 옳은 고객들이다. 그렇기 때문에 현장 기술자들은 공정 하나하나마다 심혈을 기울여 꼼꼼히 체크하고 확인해야 하는 것이다. 주택은 자동차와 같이 여러 부분으로 나누어 각각의 부품을 만들고, 최종 공장에서 조립하여 완성품을 만드는 공정이 아니다. 건설현장의 일이란 수많은 공정이 만나고, 수많은 자재가 만나고, 수많은 근로자의 손을 거쳐야 하나의 주택이 완성되는 노동 집약적인 산업이다. 그러다 보니 같은 제품을 만들 수 없고 한 사람 한 사람마다 기능도가 다르고 동일한 품질을 유지할 수 없는 특수성이 있다. 공장에서 틀에 찍어내는 공산품이 아니기 때문에 제품이 천차만별 다르게 생산된다. 건설 기술자들이 할 일은 이런 제품을 최대한 동일한 품질을 유지하여 같은 상품을 입주자에게 제공하는 것이다. 너무 다른 제품을 생산하여 입주자들이 불만을 토로하게 된다면 그들은 분개하여 집단 민원을 발생시킬 것은 불을 보듯 뻔하다. 그것뿐만이 아니라 분양 당시의 가격보다 입주 시 가격이 떨어지거나, 프리미엄이 얼마 붙지 않았다면 입주자들의 불만은 하늘 높은 줄 모르고 치솟을 것이다. 그런 불평은 주택의 품질에 대한 하자처리 요구와 단지 내 추가적인 시설 설치 요구로 집단화될 것이다.

2010년 말의 을씨년스러웠던 가을은 정말 뼈아픈 기억으로 다가온다. 안양의 택지개발지구 중 한 단지는 평형이 대형인 분양 지구였다. 분양가 상한제 적용을 받던 지구가 아니고 옆 단지의 소형평형은 분양가 상한제로 저렴하게 분양되었다. 그러다 보니 상한제를 적용받지 못한 대형 평형 지구는 비교적으로 주택 가격이 소형보다 오르지 않았다. 이에 불만을 가진 입주자 대표회의를 중심으로 집단 민원이 발생했고, 단지 내 추가 시설을 요구하는 사태가 발생했다. 그때 당시 본부 공사 관리 부서에 있던 나는 담당 부서장님과 직원들 몇몇이서 민원을 협의하기 위해 현장으로 급히 출장을 나갔다. 오후부터 입주자 대표회의와 그들의 요구사항들을 하나하나 협의하던 중 시간은 저녁 6시가 훨씬 지나 밤이 깊어 가는데도 그칠 줄을 몰랐다. 마라톤 회의는 계속해서 늦은 저녁 한참을 지났고 그들의 요구가 모두 관철되지 않자 입주자 100여 명은 우리 직원들을 사무실에서 나가지 못하도록 강제로 감금하기에 이르렀다. 부장님을 비롯하여, 나를 포함해서 직원 6명은 졸지에 입주민들에게 감금 아닌 감금을 당하게 되었다. 저녁때쯤 되자 퇴근하고 집으로 돌아오는 입주민들도 합세하여 입주자 인원은 점점 늘어나기 시작했다. 8시를 지나 어두컴컴해진 단지 복지관에 모인 사람들은 어림잡아 400명 이상은 된 듯했다. 그들에게 둘러싸여 우리는 온갖 분노를 받아내며, 한밤중의 사투는 새벽으로 이어지고 있었다. 입주자 대표회의에서는 빨리 그들의 요구를 관철시켜 달라고 떼를 쓰고 있었고, 요구가 받아들이지 않는다면 당신들은 절대 여기서 나가지 못한다고 협박 아닌 협박을 해가며 윽박지르기에 이르렀다. 그들의 터무니없는 요구사항을 부서장이 판단할 수 없는 사항이라 어쩔 수 없이 감옥과 같은 반강제적 감금 상태에 있게 되었다. 경찰에 신고하지 못하는 상황을 모두가 알고 있었다. 그렇게 되면 또 그들의 감정을 건드리게 되고, 다른 심각한 사태를 초래할 수 있다는 것을 내심 모르는 것이 아니었다. 그전에도 노임이 체불되어 분노한 현장 노무자들한테 현장 사무실에서 감금당한 일이 종종 있었지만, 일반 국민인 입주자들에게 이렇게 꼼짝 못 하게 감금당하는 일은 없었다. 그날의 새벽바람은 싸늘했고 그동안 지쳐있던 온몸은 피곤으로 절어 있어 힘이 쭉 빠지는 듯했다. 그렇게 우리는 긴긴 가을밤의 귀뚜라미 소리를 들으며 새벽을 맞아야 했다. 그날 아침 본부장님이 그곳으로 오셔서 그들의 요구를 들어주고 경청하는 턱에 우리는 해방의 자유를 맞았다. 과연 입주자는 항상 옳은 것일까? 모든 일을 마무리하고 사무실로 복귀하는 내내 이런 의문이 나의 뇌리를 계속해서 스치고 지나갔다. 우리나라는 민주주의 국가이다. 그러나 이런 입주자의 민원이 그것이 옳든 그르든 중요하지 않고 그저 큰 목소리에 고개 숙이는 사회는 바람직하지 않다. 현대는 여러 가지 복잡한 사회로 여러 인관관계가 뒤엉켜 돌아간다. 최근 어느 항공사 대주주의 갑질이 오너가 왕인 시대는 지났다는 증명 아닐까? 시대는 그 사회 사람들의 의식을 반영한다.

최근 어느 백화점에서 우수 단골고객이 여직원의 무릎을 꿇린 사건이 언론에 대서특필된 적이 있다. 아무리 직원이 잘못했다고 하더라도 고객이 사람의 마음에 상처를 입힐 권리까지 가진 것은 아니다. 약자의 인권을 무시하고 왕처럼 군림하는 고객은 시대에 맞지 않는다. 고객이라도 점원을 함부로 취급하는 사회는 공식적으로 합의가 될 수 없다. 누구나 고객이 될 수 있고, 누구나 을인 약자가 될 수 있기 때문이다.

우리나라 국민은 주택의 60%이상을 차지하는 공동주택인 아파트에서 살아간다. 국토의 70%이상이 산으로 둘러싸인 특수성으로 좁은 대지에서 많은 주택을 확보하는 방법은 고층화하는 게 해결책이었다. 1962년 대한주택공사에서 최초 반포아파트를 시작으로 아파트 열풍은 사라지지 않았다. 아파트라는 주택이 점차 사람들에게 편리하고 안전하다는 인식이 퍼져가는 데는 시간이 오래 걸리지 않았다. 우리나라의 산업화가 빨라지고 경제적으로 부유해지면서 아파트 열풍은 더욱 커져갔다. 아파트에 사는 입주자가 많아지면서 민원이 발생하는 것은 당연한 것이었다. 요즘은 기획 소송이라 해서 입주자 대표회의에서 하자 보증을 해제하는 명목으로 비용을 산출하는 전문 용역회사가 생겨날 정도다. 매년 하자소송금액이 증가하는 추세에 있다. 이런 소송을 맞이한 건설회사에서는 준공하고도 추가비용이 들어가는 것에 당황하고 있지만, 이제는 이런 하자소송에 철저한 시공과 준비가 필요할 때다. 특히 하자 중에 많은 공정을 차지하는 5대 하자가 있다. 최소한 공사 시에는 이런 하자가 발생하지 않도록 기술자들은 철저한 검토가 필요하게 되었다. 결로, 균열, 누수, 층간소음, 공기질의 5가지가 하자 중에 대부분을 차지하게 된다고 보면 틀린 말이 아니다. 먼저 결로는 내외부의 온도 차이에서 나타나는 현상으로 보통 발코니 벽이나 세대 현관문 등에서 많이 발생한다. 발코니는 세대의 서비스 면적에 해당하여 추가로 단열재가 설계되지 않는다. 겨울에는 내부의 난방이나 가습기 등으로 고온다습한 환경에다 외부와 접한 발코니 벽체의 차가운 온도와 만나면 표면에 물방울이 맺히게 된다. 모든 발코니가 생기는 것은 아니지만, 집집마다 생활하는 환경에 따라 생기거나, 생기지 않을 수도 있다. 이런 현상을 기술적으로 설명하지만 대다수의 입주자들은 이해하지 못하는 경우가 많다. 일단은 불편하면 하자라고 말하기 때문이다. 현관문은 철제문이기 때문에 특히 복도식인 아파트는 외부에 창호가 없을 시 여기서도 겨울에 결로가 많이 발생한다. 최근에는 발코니도 단열재로 설계하고 복도에도 창호가 설계되는 추세라 결로는 많이 줄어들었다. 또한 균열이 잘 보이는 곳에 발생한다면 건물에 큰 하자가 있다고 일반 사람들은 생각한다. 대부분 균열이란 콘크리트 특성상 수축 팽창하는 재료 이므로 작은 균열은 어디에든 생길 수 있다. 다만 그 균열이 정말로 구조적으로 문제가 있다고 판단하는 것은 전문 구조기술사의 검토가 필요하다. 종종 주차장 천정에서 균열이 발생하면 그곳으로 누수의 위험이 있어 철저한 관리가 필요하다. 물론 상부 구체에 방수를 하고 보호 콘크리트를 타설하지만 방수층이 미흡하면 균열이 있는 곳으로 누수가 되는 경우가 종종 생긴다. 아파트 벽식 구조는 기술적으로 아래층으로 소음이 전달되므로 그것을 차단하기 매우 어렵다. 공동주택의 특성상 이웃 간의 배려하는 문화가 우선시되어야 하며, 서로 교류하거나 인사하는 습관을 들여 조금이라도 친숙해진다면 서로 참지 못해 분쟁을 일으키는 것을 줄일 수 있지 않을까? 층간소음에 의해 사람을 해치는 사건도 종종 일어나기 때문이다. 또 요즘은 친환경 자재를 주로 사용하기 때문에 공기 중에 들어 있는 유해한 포름알데히드나 톨루엔 등의 가스는 많이 줄었다. 주택법에서는 입주 전 공기 질 측정 시험 결과를 단지에 공고하게 되어 있어 누구나 그 수치를 확인할 수 있다. 우리나라 공동주택인 아파트는 그곳에 참여한 건설회사나 기술자들이 이런 하자를 최소화하기 위해 노력하여야 하며, 그곳에 생활하는 입주자들도 이웃 간 공동체 문화를 정착시켜야 한다. 왜냐하면, 사회가 복잡해질수록 인간성은 지켜져야 하기 때문이다.

08

농작물은 농부의 발자국
소리를 듣고 자란다

나의 아버지는 철저한 농부였다. 80세가 갓 지난 연세인 지금도 강원도 영월이라는 두메산골에서 몇천 평 되는 땅에 농사를 짓는다. 자식들은 이제 그만 남 주고 힘드신 농사를 접으라고 매년 닦달을 한다. 그럼 아버지는 늘 말씀하신다. "농사꾼이 농사 안 지으면 뭐 할 게 있냐?" 당신께서는 조금은 서운한 듯 말씀하신다. 평생 그렇게 농사만 지으셨는데 이제 힘든 거 내려놓고 조금은 여유 있게 쉬시며 보내셨으면 해서 나는 항상 부탁 아닌 절규를 하곤 한다. 자식들이야 매 계절마다 고추며 고구마, 감자며, 호박이며 오이며 쌀까지 잔뜩 바리바리 싸 주시는 통에 풍족하게 사 먹지 않고 얻을 수 있어 좋다. 그러시는 아버지를 따라 묵묵히 농사짓는 어머니도 여간 보기가 가슴 아픈데도 말이다. 농촌에 사는 모든 부모가 자식들에게 당신이 농사지은 농산물을 잔뜩 싸 주고 싶어지는 것은 인지상정이다. 그것 또한 당신의 기쁨이요 행복이리라. 요즘 사람들에게 "퇴직하면 뭐 할 거요?"라고 물으면 많은 사람들이 "농사나 짓지요."라고 대답하는 사람이 꽤 있다. 나는 그런 말을 들을 때마다 저렇게 말하는 사람은 '농사를 제대로 지어 본 사람이 아니다!' 라는 생각을 한다. 귀농 귀촌이라 해서 요즘 많은 사람들이 퇴직 후 농촌에 내려가서 농사짓는 꿈을 꾼다. 하지만 농사가 그리 만만하지 않다는 것은 조금이라도 지어 본 사람이라면 함부로 말하지 않을 것이다. 그냥 소일거리로 집 앞 텃밭에서 채소 정도 키워볼 생각이라면 괜찮다. 하지만 천 평 이상의 땅에 작물을 재배해 볼 생각이라면 신중히 결정하라고 말해주고 싶다. 그만큼 농사가 쉬운 일이 아니다. 나는 어렸을 때부터 많은 작물을 키우는 것을 직접 체험하고 농사하는 일을 거들어 왔다. 부모님만큼은 아니지만 어느 정도는 작물이 자라는데 어떻게 보살펴야 하는지 잘 안다. 그 보살핌의 과정이 웬만한 험한 일 하는 것보다 어렵다. 단 며칠을 보살피지 않으면 작물은 죽을 수도 있고 열매를 맺지 않을 수도 있기 때문이다. 그렇게 정성 들여 키운 자식 같은 보물이 때론 태풍이 오거나 병충해가 오면 순식간에 그해의 농사는 망치고 만다. 그럼 그런 보상은 어디서 받으란 말인가? 모든 농부가 그렇듯 그때는 그저 자연에 순응하고 올해는 하늘에서 베푸는 해가 아니구나! 하고 받아들인다. 농작물이란 게 그냥 던져놔도 잘 자랄 것 같지만 그렇게 생각대로 되지는 않는다. 그래서 옛말에 "농작물은 농부의 발자국 소리를 듣고 자란다."라는 말도 있지 않은가. 하루에도 몇 번이고 농작물을 살펴야 한다. 그래야 그 농작물은 농부의 발자국 소리를 듣고서 잘 자랄 것이다. 자연은 그래서 위대하다. 스스로 대기의 기운을 받아 크지만, 다른 손길도 함께 있어야 병들지 않고 잘 자란다. 그럼 현장을 농부의 마음처럼 어떻게 살피는지 그 비법에 대해 정리해 보자.

〈농부가 키운 농작물〉

첫 번째로 '현장을 프레젠테이션 하라' 는 것이다. 현대 사회에 있어서 자신의 생각을 다른 사람에게 잘 표현하기 위해서는 프레젠테이션이 효과적이라는 것을 잘 안다. 그런 표현 방법에는 많은 종류가 있다. 영화, 연극, 드라마, 공연, 뮤지컬, 전시회, 강연, 강의, SNS 등의 자기표현의 종류는 무수히 많다. 넓은 의미로의 프레젠테이션이라고 말할 수 있다. 건물을 짓기 위해 우리는 많은 프레젠테이션을 한다. 특히 설계도면을 계획하여 건축주나 발주자에게 이 건물의 특징과 설계자의 의도를 표현하기 위해 프레젠테이션은 필수다. 이렇게 설계에는 필수라고는 하는데 그럼 그 설계를 실현하기 위해 직접 시공하는 현장은 왜 잘 사용하지 않았던가? 자문해 보기 바란다. 그러면 현장에서도 이런 기법을 표현해 보자. 작업자의 주 통로라든가, 동 주변 안전 관련 시설 설치하던가, 가설 울타리의 홍보용 그래픽이라던가, 현장 내 안전사고방지 구호나 카피들, 근로자들이 편하게 사용할 수 있는 가설물 등의 많은 프레젠테이션 요소들이 존재한다. 현장 기술자라면 꼭 현장에서도 적극적으로 프레젠테이션해 보자. 환경은 사람의 마음을 움직인다. 그 마음을 움직이는 하나가 프레젠테이션이다.

두 번째는 현장에서 적응력을 길러야 한다. 아주 오랜 시절 지구상에 지배자였던 공룡이 갑작스런 환경에 미처 적응하지 못하고 멸종되었던 이유를 상기해 보자. 너무 풍부하고 천적이 없었던 공룡은 자신의 몸집을 키웠고 환경이 변하게 될 줄 예상하지 못했다. 만약 공룡이 언젠가는 유성이 충돌해 기온이 떨어지고 식물이 줄어들 것이라는 예상을 하고 미리 대비하였다면 스스로 몸집을 줄이고 자신의 에너지 사용을 감소시켜야 했을 것이다. 같은 시대의 파충류인 카멜레온처럼 말이다. 지금까지도 생존해 있는 비결은 최소의 극한 환경에서도 살아갈 수 있는 자신만의 적응성을 길렀기 때문일 것이다. 이와 마찬가지로 현장도 같다. 우리가 예상하지 못했던 상황이 언제든지 닥칠 수 있다. 갑자기 폭우가 쏟아져 현장이 온통 물바다가 될 수도 있고, 크레인이 무너져 대형 중대사고가 발생할 수도 있다. 물론 우리가 그런 재앙을 바라는 것은 아니지만 최악의 상황을 대비해야 하기 때문에 항상 준비를 해야 한다. 예를 들면 시공해야 할 자재가 반입이 안 되었든, 다음 공정을 해야 되는데 사전 작업이 안 되어 후속 작업이 불가능할 때든, 어떤 상황이든 마주할 수 있다. 인간은 예상하면 대비할 수 있다. 역사를 볼 때도 전쟁에 대비하는 나라는 패하지 않고 항상 승리를 이끌어 왔다. 이런 예측하지 못한 상황에 대처하기 위해 현장 적응성에 힘을 기르자.

세 번째로 고객을 생각하며 변화하는 공학적 기술자가 되자. 건물을 세워 그곳의 사람들에게 공간을 제공한다는 것은 매력적인 책임이다. 누구나 아무나 할 수 없는 일이다. 그 일은 기술자인 당신이 하는 것이다. 그런데 그 일을 하는 데 있어 조금 더 의식을 가지고 한다면 자신의 경험이나 기술적 지식은 충만해질 것이다. 공법이나 기술이 어떻게 변하는지 항상 주시하고, 기능공이 아닌 공학적 기술자로서 배움을 항상 가까이하며, 최종 사용자인 고객에게 행복함과 안락함을 줄 수 있다면 당신의 일은 고귀해진다. 그러기 위해서 현장에서는 항상 의심하고, 확인하고, 실행하는 것이 필요하다.

네 번째로 우리 선조들이 가졌던 '장인정신'을 생각하자! 우리는 세계적으로 수많은 예술품을 가진 나라의 후손이다. 이 얼마나 자랑스러운 일인가? 그런 선조의 DNA를 받아 이 땅에 살아가는 우리 후손은 부끄러움이 없어야 한다. 세계 기능 올림픽에 참가해 우리나라는 오랫동안 1위를 지켜왔다. 이런 것만 보아도 분명 우리의 몸속엔 장인의 혼이 남아있다. 우리 선조들은 손끝 기술이 정말 뛰어났다. 어느 학자는 이런 손끝 기술이 뛰어난 것은 우리나라 사람들이 예부터 쇠 젓가락을 사용해 왔기 때문이라고 발표한 적이 있었다. 그래서 손가락 움직임이 예민하고 손으로 하는 작업들이 뛰어난 예술품을 만들어낸 결과다. 어느 정도 설득력 있는 주장이다. 처음 접하는 외국인들은 젓가락질에 서툴다. 그런 반면 우리는 어렸을 때부터 젓가락질을 배우며 사용해 왔다. 어쨌든 우리나라 사람들은 손기술이 뛰어나 그동안 많은 예술품을 만들어 왔다. 신라왕관의 금 공예품을 보고 있노라면 정말 이것을 사람의 손으로 만들었는가? 감탄과 놀라움으로 도저히 믿을 수 없는 생각이 든다. 우리나라 건설기술은 세계 최고다. 터널과 교량으로 이루어진 도로며 즐비하게 늘어선 고층 빌딩을 보면 답이 나온다. 그 모든 것들이 우리의 선조에게서 물려받은 건설 기술자의 장인정신에서 나왔다. 그냥 단순히 현장을 뛰어다니지 말고 한 번쯤은 나도 '장인정신'을 가진 최고의 기술자라 자부하자!

다섯 번째로 SPIDER 이론을 한번 생각해 보자. STORY(이야기), PRIDE(자신감), IDEA(아이디어), DESIGN(디자인), ENERGY(에너지), RESPECT(존경)이다. 유럽 네덜란드에서 계란을 파는 광고 문구가 있었다. "이 계란은 닭을 가두지 않고 들판에 방목하여 키운 닭이 낳은 계란입니다." 결과는 이 계란이 더욱 많이 팔리고 많은 사람들이 좋아했다는 이야기다. 왜냐하면 동물도 스트레스를 받지 않고 넓은 평온에서 뛰어다닐 수 있는 권리가 중요하다고 생각했기 때문이다. 어차피 그 계란의 영양소나 가격은 별 차이가 없었다. 그런데 왜 사람들은 그 계란에 가치를 더 부여한 것일까? 그것은 바로 닭의 스토리가 있었기 때문이다. 사람들은 스토리를 좋아한다. 현장에서도 하나의 형태를 만들 때 스토리를 생각하며 개선해 보자. 가령 사람들이 산책길을 너무 직진으로 하면 지루할 것 같아서 시골의 오솔길 같은 기분을 느낄 수 있도록 이 길을 만들었다. 이런 스토리를 사람들은 좋아할 것이다. 내가 창조자란 생각으로 자부심을 갖는다면 현장은 더욱 새로워질 것이다. 설계된 도면으로만 보지 말고 하나의 요소라도 디자인적인 개념을 추구한다면 보람은 더욱 커질 것이다. 최근 건물은 에너지 비용을 최소화하고 온실가스를 줄이기 위해 모든 나라에서 협정을 맺고 실천하려고 노력한다. 에너지를 얻기 위해서는 CO_2를 배출할 수밖에 없다. 그러나 조금이라도 건물의 단열에 신경을 써서 에너지의 누출을 최소화한다면 당신은 최고의 기술자로 인정받게 될 것이다.

2018년 봄에 '리트 포레스트'라는 영화가 상영되었다. 그 영화 주인공인 '혜원'이 어린 시절 엄마와 살던 시골 농촌의 작은 집으로 내려와서 겪는 이야기다. 그 집은 허름하지만 어렸을 때 엄마와의 추억이 깃들어 있던 집이었다. 그곳에서 혜원은 엄마가 해준 음식을 재현하고 농작물을 기르며 자신이 도피였다고 하는 농촌생활을 시작한다. 거기에 이런 대사가 나온다. "저렇게 던져놔도 내년엔 토마토가 열리더라. 참 신기해!" 또 이런 대사도 있다. "아주 심기로 겨울을 겪어 낸 배추는 봄에 심은 배추보다 몇 배 단단하다." 농작물이란 저절로 생명력을 가지고 있지만, 또 주위의 환경에 시달리고 겪어온 작물은 그 내부가 단단해진다. 그래서 고랭지에서 자란 배추와 무가 육질이 단단하고 속이 꽉 찬 맛있는 채소가 되는 것이다. 따뜻한 환경에서 자란 작물은 스스로 고통과 고난을 견디지 않아서 자신이 튼튼하게 살아야 한다는 이유를 모르고 산다. 사과나 배 같은 과일도 일교차가 심하지 않은 지방에서 자라는 과일은 속이 푸석푸석하고 맛이 없다. 옛날에는 대구사과가 유명했다. 하지만 지금은 전체적으로 평균기온이 상승하여 대구지방이 아니라 영주, 제천, 영월 등의 기온차가 심한 지방의 사과가 더 유명해졌다. 그만큼 농작물도 기온이나 지역에 따라 알맞은 곳이 있기 마련이다. 우리가 살아가는 모든 사회가 농작물을 키우는 이치와 다르지 않다. 허튼 생각으로 너무 쉽게 보거나 허술하게 대한다면 어떤 것도 우리에게 보답을 주지는 않을 것이다.

건설현장도 마찬가지다. 현장 기술자들은 농부가 농작물을 기르듯 부지런해야 한다. 아니면 현장은 잘 돌아가지 않는다. 농부 같은 마음가짐을 기르자! 지금까지 언급한 몇 가지 이야기들을 항상 생각하고, 의식하며 실천해 본다면 당신은 누구보다 빠르게 성장하여 최고의 기술자가 될 것이다. 농작물을 키우는 농부의 마음으로 살아보자. 당신의 발자국 소리에 위대한 건축물은 안전하게 무럭무럭 자랄 것이다.

Chapter 4

4부 : 실행하는 호모 아키텍처스
[최종정리]

1. 현장을 프레젠테이션(Presentation)하자!

- **Presentation 이란?**

  - 사전적 의미 : 설명하거나, 보여주는 방식, 묘사하다

  - 건축적 의미 : 설계, 시공의 내용을 시각적으로 표현하다

- **현장 Presentation 이 필요한 사항**

  1) 현장 정리정돈 Presentation (깨진유리창이론)

  2) 안전시설 Presentation (넛지개념도입)

  3) 근로자 편의시설 Presentation (작업자복지)

2. 공룡이 될 것인가? 카멜레온이 될 것인가?

- **공룡과 카멜레온 출현** : 중생대 2억2천만 년 전 트라이아스기~쥐라기

  - 공룡멸종시기 : 백악기말 6천 6백만 년 전 1억 5천만년 동안 생존함

- **유발하라리** : 지구의 나이를 24시간이라 가정했을 때 인류는 23시 59분 55초에 탄생

- **현장의 예측 불가능한 사건** : 협력업체부도, 건설노조 파업, 인근주민 민원 등

- "적자생존" : 강한 자가 살아남는 것이 아니라, 환경에 적응하는 자가
  살아남는다(찰스다윈)

3. 현장에서는 3C를 실천하면 살아남는다
- 마케팅 3C : Company, Competitor, Customer
- 현장의 3C : Change, Construction Engineer, Customer
- "학이시습지 불역열호" : 때때로 배우고 익히면 또한 기쁘지 아니한가?(공자)

4. 의심하고 확인하고 실행하자!
- 건축에 쓰이는 착시 : 전통건축의 배흘림기둥, 판르테논신정의 기둥 등
- 의심 : 내가 알고 있는 것을 의심하라(데카르트)
- 확인 : 새로운 공법이나 자재 적용시 넓은 검토가 필요하다
- 실행 : 의심하고, 확인했으면 반드시 실행이 목표이다

5. DNA 속에 잠들어 있는 장인의 혼을 깨워 보자
- 선조들의 장인기술 : 금속활자, 고려청자, 거북선 등
  - 직지심체요절 : 현존하는 최고의 금속 활자본(프랑스루브르 박물관소장)
- 건설현장의 장인 : 목수, 조적공, 타일공, 도장공, 도배공 등
  - 장인정신 : 전통적 윤리와 기술자적 양심을 가진 기술자

6. SPIDER 이론으로 현장을 경영하라
- Story : 호모나랜스(이야기하는 인간)처럼 현장의 이야기를 만든다
- Pride : 무에서 유를 창조한다는 자신감을 갖자
- Idea : 설계의도와 맞지않아도 문제예상시 아이디어가 필요하다

- Design : 현장기술자만의 디자인(색채)을 구상해 보자

- Energy : 빛, 전기, 가스, 물, 열 등의 에너지 사용에 생각하는 기술자가 되자

- Respect : 기술자로서의 지식과 경험으로 타인에게 인정받는 기술자가 되자

7. 우리의 고객은 항상 옳은가?

- 건설의 완성품 : 노동집약적이며 공장생산품과 다르다

- 우리나라 아파트 : 국민 60%이상이 거주하는 주택형태이다

- 주택의 5대하자 : 결로, 균열, 누수, 층간소음, 공기질

8. 농작물은 농부의 발자국 소리를 듣고 자란다

- 현장의 실천가로 살기위한 비법

  1) 현장의 여러 측면에서 프레젠테이션을 실행해 보자

  2) 현장에서는 변수에 잘 적응하는 적응력을 길러야 한다

  3) 고객을 생각하는 변화하는 기술자로 성장하자

  4) 장인정신의 혼을 담아 실행해보자

  5) SPIDER이론을 실천으로 현장의 가치를 올려보자

CHAPTER

5

5부

미래에서 온 기술자

"모든 생명체는 집이 있어야 한다"

우리 인류가 생존하는 한은 건축은 존재할 것이다. 설령 인류라는 생물체가 이지구상에서 멸종될 지라도 새로운 생명체는 같은 의미의 공간을 창조해낼 것이다. 우주공간으로 이주하는 순간이 올지라도 우주에서도 건축은 필요하게 될 것이다. 다만 공간이라는 창조의 환경이 기술적 시스템이든 소프트적 시스템이든 새로운 변화는 거부할 수 없는 현실이 되었다. 인간이 추구하는 친환경, 에너지, 방사능, 전자파 등은 미래에는 거부할 수 없는 고려 요소가 될 것은 자명하다. 제 4차 혁명이라는 대세의 흐름은 다가오고 있다. 도시는 스마트도시로 변모할 것이며, 초고층 건물과 도시의 근접의 지식산업센터는 증가할 것이며, 모든 도시가 AI(인공지능)나 IOT(사물인터넷)와 ICT(정보통신기술)가 연결되어 융합된 도시로 거듭 날것이다. 건설현장의 변화도 일어날 것이다. 드론은 항사 현장 상공을 날아다닐 것이며, 센서와 로봇들은 현장을 누비며 다닐 것이다. VR(가상현실), AR(증강현실)로 도면을 볼 것이며 3D 프린터로 건축물을 현실화하여 실수를 줄이게 될 것이다. 이러한 변화 속에서 기술자들은 빠르게 첨단기술을 현장에 적용하고 실험하여 성장을 지속해야한다. 머나먼 우주에서 보면 지구라는 행성이 하나의 보잘 것 없는 점에 불과하지만, 또 그 점속에서도 인류는 계속적인 삶을 이어갈 것이다. 건설현장도 멀티 플레이어와 같은 기술자를 수용하게 될 것이며, 기능공 대신 로봇들을 다루어야 할 것이다.젊은 90년생들이 건설의 주도자로 있을 때쯤엔 2000년생들의 꼰대가 될 것이지만, 항상 건설의 문제는 현장에 존재하는 것이므로 기본을 지키고, 기술자만의 포부와 지도자로서의 마음가짐으로 현장에 임한다면 당신은 언젠가는 훌륭한 미래 기술자로 이 자리에 서게 될 것을 확신한다.

'빅 데이터(Big Data)'는
디지털 환경에서
필수적인 요소가 되었다.

01

인류의 진화 속에는
언제나 건축이 있다

현생 인류인 호모 사피엔스는 아프리카 북서부에서 30만 년 전 출현한 것으로 고고학계에서는 추정하고 있다. 물론 그보다 앞서 호모 에렉투스라는 네안데르탈인이 출현했지만 호모 사피엔스 출현 후 멸종된 것으로 보고 있다. 그 원인은 아직도 밝혀내지 못했다. 인류사의 연구가 간간이 발견되는 화석이나 동굴의 유적으로 밝혀내기는 아직도 자료가 부족한 탓이라 하겠다. 하지만 지구 탄생을 45억 년으로 본다면 인류가 지구상에 살아가기 시작한 시대는 아주 짧은 시간이라 하겠다. 태양계에서 지구라는 행성이 만들어지고 그곳에 생물이 살 수 있는 환경이 만들어지기까지 25억 년 전 선캄브리아기에 원핵 생명체인 단핵 생물 출현 후 수많은 시간이 흘렀다. 그 후 광합성을 주로 하는 다세포 생물의 탄생으로 지구의 산소는 증가하였고 생물의 진화는 계속되었다. 5억 년 전 고생대 캄브리아기 때부터 생물의 조상인 최초의 원시동물이 탄생되어 차츰 육상동물로 진화를 계속하였다. 중생대 2억 5천만 년 전부터 공룡이 지구의 지배자로 우뚝 서 있다가 6천만 년 전 멸종되기까지 우리의 조상인 포유류는 작은 몸집으로 땅바닥을 기어 다니는 운명을 가지며 살아왔다. 그 후 포유류에서 유인원과 우리 조상이 200만 년 전의 원시 조상으로 각자 진화하여 '지혜로운 인간' 인 호모 사피엔스가 탄생하기까지 자연 선택이라는 환경에 적응하며 생존은 계속되어 왔다. 초기 인류는 생존하기 위해 불을 사용하고, 직립보행을 위해 나무에서 내려오고, 기후변화에 대응하며 살아가기 위해 '의식주' 라는 기본 생존 전략을 세웠다. 특히 집이라는 공간은 적으로부터 보호하고, 열악한 환경에 적응하기 위해서는 필수였다. 그것이 동굴의 형태든, 움집의 형태든 생존율을 높이기 위한 공간이었음은 분명하다. 학자들처럼 동굴이 먼저든 움집이 먼저든 어떤 것이 먼저라는 논쟁은 하지 않겠다. 어쨌든 우리 인간에게서 빼놓을 수 없는 집이라는 공간은 인류사에서는 항상 쫓아다닐 만큼 없어서는 안될 필수조건이 되었다.

우리 문화 인류학사를 얘기하기 위해서는 건축을 빼놓고는 설명할 수가 없다. 그만큼 건축이라는 분야는 모든 인류의 역사 속에서 이루어져 왔고, 앞으로도 인류와 함께 존재해 나갈 것이다. 건축은 각 나라마다의 문화적 특징과 다양성면에서 많은 변화를 탄생시켰다. 추운 지방에서의 지붕은 눈이 쌓이지 않도록 경사가 급해졌고, 바람이 강한 지방에서는 지붕이 없이 밋밋해지기까지 했다. 적도지방의 더운 곳에서는 물 위나 나무 위에 집을 지어 환경에 적응해 나간다. 사계절이 있는 한반도의 겨울을 나기 위해 온돌이 생겨났고, 여름의 더운 기온을 시원한 바람으로 대신하기 위해 마당과 마루가 생겨났다. 우리 한옥만큼 사계절이 뚜렷한 지역에 어울릴 만한 건축은 없을 것이다. 우리 선조들은 환경에 순응하는 법을 알고 있었다. 부드러운 지붕의 처마 끝선에서 햇빛을 끌어들이는 시간과 각도를 계산해 설계를 하였고, 뜨거운 여름날의 마당에서 더워진 공기가 상승하고 그곳을 시원한 바람의 차가운 공기가 흐른다는 역학적 원리를 충분히 알고 있었다. 생활공간의 동선이 길어지는 한옥을 현대 사람들이 좋아하지 않는다는 것은 편리함에 길들여진 현대인에게 조금은 불편한 진실일지도 모른다. 어찌 보면 운동부족인 현대인에게는 동선이 길어지는 생활이 건강한 삶을 누릴 수 있는 기회가 아닐까? 역설적으로 생각해 보면 억측은 아닐 것 같다. 하지만 바쁘게 살아가는 현대인의 삶 속에서 그런 여유를 찾기는 힘들어 보인다. 우리나라 사람의 60%이상이 아파트에서 생활하는 것만 보아도 편리함이 얼마나 생활 깊숙이 퍼져 있는지를 알 수 있다.

건축학에서 흔히 말하는 3요소가 있다. 그것은 구조, 기능, 미라고 한다. 우리가 건축을 설계하고 시공하는 데 있어 최고 우선적으로 고려해야 하는 기본 요소로 알고 있다. 물론 구조라는 우선순위를 간과해서는 안 되겠지만, 기능적인 면이나 미적 아름다움이 건축에서는 빼놓고 말할 수 없는 중요한 부분인 것은 사실이다. 아무리 아름답고 기능이 최고인 건축도 구조적으로 불안하다면, 그 건물은 존재할 수 없다. 모든 건물이 그렇듯 그 안에 생활하는 인간의 생명을 담보할 수는 없기 때문이다. 하지만 현대 건축에서는 3가지 요소만을 가지고 건축을 설계하거나 시공한다면 앞으로의 미래 건축은 각광받지 못하고 밀려나게 될 것이다. 다가오는 미래에는 건축의 3요소 외에도 반드시 고려해야 할 몇 가지 사항이 있다.

첫 번째 요소는 친환경이다. 인류가 집을 짓기 시작할 때는 분명 친환경적인 주택이었다. 모든 자재를 자연에서 얻고 가공하지 않은 채 사용했기 때문이다. 하지만 산업이 발전하면서 화학적 섬유를 바탕으로 재료의 다양성을 추구하면서 서서히 재료를 가공하기 시작했고, 점점 화학적 성분을 바탕으로 재료가 만들어지기 시작했다. 흙을 사용하던 것에서 고층까지 건축이 가능한 튼튼한 콘크리트 재료로 변하기 시작했다. 시멘트와 석회석이 우리 주택을 둘러싸기 시작했고, 나무보다는 플라스틱 자재가 싸고 오래갔다. 단열을 하기 위해 화학적 생산 방식으로 개발된 스티로폼이 거실의 벽체에 붙여졌고, 타일을 붙이기 위한 본드가 사용되었다. 한지나 장판지를 사용하던 것을 실크벽지처럼 화학약품이 가득한 자재로 교체하기에 이르렀다. 1970년대에서 90년까지는 이러한 화학적 가공 자재들로 가득한 주택이 지어졌다. 70년대 어린 시절 시골만 하더라도 초가집에 벽돌집이 대부분이었지만 산업화되면서 차츰 시멘트 벽돌과 콘크리트 덩어리가 주류로 이루어진 주택이 생겨나기 시작했다. 그러다 보니 주택은 화학공장처럼 유해물질을 뿜어대는 뜨거운 용광로 같았다. 90년대 말에는 '새집증후군' 이라는 말이 생겨나기에 이르렀다. 사실 내가 있던 첫 현장에서도 준공 때가 되어 집안에 들어가면 냄새도 심하고, 눈이 따가워 눈물이 흘러나올 정도였다. 주택에 시공된 자재들에서 흘러나온 VOC라는 유기성 화합물이 있다. 여기에는 아세트알데히드, 벤젠, 톨루엔 등 많은 화합물이 속해 있었다. 1996년 12월 30일 '지하 생활공간 공기 질 관리법' 이 제정된 후 '실내 공기 질 관리법' 으로 여러 번의 개정을 거쳤다. 공동주택에 사용하는 자재들도 이제는 친환경 자재를 사용하게 되었고, 선정할 때는 시험성적서 및 친환경 인증 자재 여부를 확인하게 되었다. 입주 전 베이크 아웃(Bake-Out)을 시행하고, 실내 공기 질을 측정하여 그 결과를 입주 전 입주자에게 알릴 의무를 법에서 제정하게 되었다. 현대에는 많은 사람들이 친환경에 대하여 관심을 가지게 되었다. 왜냐하면 직접적으로 우리의 몸에 이상을 일으키고 건강을 해롭게 하는 물질들에 민감해졌다. 또한, 친환경이 우리 생활에 얼마나 많은 영향을 끼치는지를 깨닫게 되었다. 모든 인간이 자연으로 돌아가 원시인처럼 생활할 수는 없다. 가끔은 산속에 들어가 자유롭게 살아가는 자연인 프로그램이 방송된다. 그곳에 나오는 대부분 사람들은 자신의 건강을 해치는 도시 생활은 우리 몸에 좋지 않다고 말하곤 한다. 그렇지만 누구나 도시 생활을 벗어날 수는 없다. 태초의 인간은 자연 속에서 생활하고 자연 속으로 돌아간다. 하지만 현대 인간의 생활은 그렇게 따라할 수가 없다. 우리가 생활하는 공간 속에는 적어도 자연만큼은 아니지만, 자연과 가까운 환경에서 순수함을 누리며 살아가고 싶은 욕망이 있다. 그러기 위해서는 건축을 설계하고, 시공하는 기술자들은 내가 살아가는 공간인 것처럼 친환경적인 요소를 불어넣어 자연과 같은 공간을 만들어야 하지 않을까? 2019년 7월 실내 공기 질 관리법의 개정은 더욱 강화되고 있는 추세이다. 특히 요즘 이슈화되고 있는 미세먼지의 실내 공기 질도 개정되었다.

오염물질 항목 \ 다중이용시설	미세먼지 (PM-10) (µg/㎥)	미세먼지 (PM-25) (µg/㎥)	이산화탄소 (ppm)	폼알데하이드 (µg/㎥)	총부유세균 (CFU/㎥)	일산화탄소 (ppm)
가. 지하역사, 지하도상가, 철고역사의 대합실, 여객 자동차터미널의 대합실, 항만시설 중 대합실, 공항시설 중 여객터미널, 도서관.박물관 및 미술관, 대규모 점포, 장례식장, 영화상영관, 학원, 전시시설, 인터넷컴퓨터게임시설제공업의 영업시설, 목욕장업의 영업시설	100이하	50이하	1,000이하	100이하	–	10이하
나. 의료기관, 산후조리원, 노인요양시설, 어린이집	75이하	35이하		80이하	800이하	
다. 실내주차장	200이하			100이하	–	25이하
라. 실내 체육시설, 실내 공연장, 업무시설, 둘 이상의 용도에 사용되는 건축물	200이하	–	–	–	–	–

〈2019년 7월1일 개정〉

두 번째는 에너지이다. 주택의 에너지 비용은 계속 증가되고 있다. 그 비용을 줄이기 위해 벽이나 지붕 및 창문 같은 직접 외기로 새어나가는 에너지를 잡기 위한 노력을 해 오고 있다. 난방, 냉방 및 환기에 특히 주의하여야 실내 에너지를 절약할 수 있다. 지구상의 모든 생명체는 태양으로부터 에너지를 얻는다. 주택도 이제는 태양광 에너지의 사용을 구체적으로 연구하고 발전시켜 지속 가능한 에너지원으로 사용해야 한다. 태양열을 이용하여 물을 데워 저장하는 방법은 20여 년 전부터 사용해 왔다. 태양광의 빛 에너지를 전기 에너지로 변환하는 태양광 발전이 아직 초보 단계임은 앞으로 우리가 해결해야 할 과제이다. 현재 기술로는 태양전지 시설의 초기 투자비용이 많이 들고, 수명도 짧다는 단점이 있다. 이것을 보완하고 주택의 에너지원으로 개발하여 비용을 절감하여야 한다. 국토교통부에 따르면 2020년부터 연면적 $1000m^2$이상 공공 건축물에는 '제로 에너지' 건축이 의무화된다고 했다. 제로 에너지 건축물은 사용되는 에너지와 생산되는 에너지의 합이 제로(0)가 되는 건물을 말한다. 냉. 난방 에너지를 최소화하는 패시브(Passive)적인 요소와 신재생 에너지를 생산하는 액티브(Active)적인 요소를 활용하여 에너지 소비를 최소화하는 시스템이다. 최근 에너지 절감형 공동주택인 서울시 노원구 '이지하우스'는 지상 7층의 저층 아파트로 121가구가 태양광, 지열을 이용하여 제로 하우스로 시범 적용되었다. 민간업체에서도 제로형 주택의 많은 연구가 이루어져 에너지를 줄이고 신재생하는 다양한 형태의 에너지 절감형 주택이 연구되고 있다. 유럽연합(EU)에서는 2020년부터 모든 건물을 제로 에너지로 설계할 것을 의무화하기로 했다. 영국 런던의 베드제드의 주택단지는 지붕에 태양광 발전 패널을 설치하고 바람의 방향에 따라 실내로 공급하는 환풍기 시설을 설계하였고, 비가 올 경우 지하 탱크로 우수를 저장하여 재활용하는 시스템으로 지어졌다. 네덜란드 암스테르담의 뉴랜드 주거단지 6000가구도 지붕의 태양열 집열판과 풍력을 이용하는 신재생 에너지를 이용하도록 설계되었다. 세계적으로 각 나라마다 '탄소 배출권'을 거래하기도 하며, 우리나라도 탄소 배출을 줄이기 위해서는 건축물을 설계할 때 신재생 에너지를 이용하는 계획을 적극적으로 연구해야 한다.

세 번째는 방사성 원소다. 몇 년 전 어느 업체의 침대에서 방사능이 기준치 이상 배출되어 떠들썩했던 적이 있었다. 그 회사 침대를 구입한 국민들은 분노했고 침대는 수거되기 시작했다. 어떻게 우리가 매일 잠자는 침대에서 발암물질이 배출되는 일이 발생할 수 있는가? 만약 당신의 침대가 방사능에 노출되었다면, 그냥 지나칠 사람은 없을 것이다. 정부에서는 급하게 침대를 수거하고 대책을 세우기 급급했다. 또 2018년에도 어느 아파트 입주민이 화장실 세면기 쪽 상판 재료인 천연석에서 방사능이 기준치 이상 배출된다며, 전체 교체를 요구하는 민원이 언론에도 보도되었다. 우리 주위의 모든 물질에서도 방사능이 소량 배출된다. 물론 아파트의 콘크리트나, 석재, 타일, 석고보드 등 자재에서도 방출된다. 지금까지는 많은 국민들이 제대로 신경을 쓰지 못하고 있던 것이 사실이다. 하지만 국민들은 환경과 건강에 대하여 민감하기 때문에 방사능 배출 기준을 마련하게 되었다.

국가별 라돈 관리기준은 아래 표와 같다. 우리나라는 미국 기준인 148Bq/m³을 따른다.

(단위: Bq/m³)

국가	기존 건물	신축 건물	국가	기존 건물	신축 건물
WHO	100		캐나다	200	
ICRP	300		스웨덴	200	
한국	148		벨기에	400	200
독일	100	100	노르웨이	200	200
미국	148		체코	400	200
영국	200	100	핀란드	200	200

[출처] 생활 속 자연방사성물질, 라돈의 이해(2016.12, 환경부)   ☐ 권고기준 ☐ 의무기준

미래에는 모든 자재에 방사능 배출량을 측정해야 할 것이고, 공기 질 내 방사능인 라돈을 관리 기준 이내로 유지하여야 할 것이다.

네 번째는 전자파도 배출 기준이 생길 것이다. 미래에는 주택 내 많은 전자기기들이 도입될 것이다. 우리가 일상에서 사용하는 TV나 PC 및 냉장고, 전자레인지 등 기본적인 전자제품 이외에도 IOT가 연결되는 기기 및 인공지능 로봇까지 넘쳐날 것이다. 그러면 전자기기에서 발생되는 전자파는 우리 인체에 어떤 반응을 일으킬지는 아직도 정확한 연구 결과가 없는 실정이다. 하지만 고압 철탑이 세워진 마을에 암 발생 환자들이 많이 생기는 것은 현실적으로 증명되었다. 다만 전자파의 영향이 어떻게 인체에 해가 되는지는 보고된 바가 많지 않을 뿐이다. 미래에는 전자파가

인체에 미치는 영향에 대하여 연구할 것이고 기준이 만들어질 것이다.

미래는 이제 건축의 중요 요소들 가운데 구조적으로는 안전하며, 기능적으로는 완벽하고, 미적으로는 아름다운 건물을 기본으로 해야 함은 당연하다. 아울러 내부는 친환경적인 자재로 마감을 하여 우리 인간에 알맞은 환경을 갖추어야 한다. 자연에서 얻는 에너지로 윤택하고 편리한 절감형 주택을 세우기 위해 연구해야 한다. 각종 자재에서 배출되는 방사능의 기준은 더욱 까다로워질 것이다. 또한 미래 4차 산업에 의한 주택 내 인공지능과 연계된 로봇 기기들도 전자파의 기준을 유지해야 할 시대로 가고 있다. 이제 인간은 최초의 인류가 자연에서 거주지를 얻어 공존하였듯 미래형 인간도 자연에서 에너지를 구하고 자연의 재료를 사용하여 지구의 황폐화를 막아야 할 의무가 있다. 왜냐하면 우리 지구는 앞으로도 후세의 호모 사피엔스가 살아가야 할 터전이기 때문이다. 인류가 살아가는 공간 속에서 진화하는 건축은 언제나 인간을 위한 것이어야 한다.

미래 건축은
어디로 가고 있을까?

　　　　　노자의 도덕경 제11장에는 건축에 대한 기가막힌 해
설이 나온다.

"三十輻共一轂, 當其無, 有車之用" (삼십복공일곡, 당기무, 유차지용)

서른 개의 바큇살이 하나의 통에 모여 있으니, 없음으로 해서 쓰임이
생긴다.

"埏埴以爲器, 當其無, 有器之用" (연식이위기, 당기무, 유기지용)

진흙을 이겨 그릇을 만드니, 없음으로 해서 그릇의 쓰임이 생긴다.

"鑿戶牖以爲室, 當其無, 有室之用" (착호유이위신, 당기무, 유실지용)

문과 창을 뚫어 집을 만드니, 없음으로 해서 집의 쓰임이 생긴다.

"故, 有之以爲利, 無之以爲用" (고, 유지이위리, 무지이위용)

따라서 있음의 이로움은 없음으로 해서 쓰임이 생기는 것이다.

2천5백 년 전 중국 춘추전국시대의 노자라는 사상가는 그의 도가사상을 한 마디로 무위자연(無爲自然)이라 했다. 위의 말은 노자의 사상을 가장 잘 나타내 주는 말이 아닌가 생각한다. 특히 건축적 특징과 공간에 관하여 해석하는 대목은 오늘날에도 정확하게 쓰이고 있는 말이 되었다. 지금으로부터 2천5백 년 전에도 쓰임에 대하여 논한 생각은 오늘날의 어떤 사상과도 견줄 만한 해석이라 하겠다. 건축적 공간의 해석은 그것의 비움에 있다. 인간의 삶의 대부분은 비워있는 공간에서부터 시작된다. 그것이 오래 머물고 있는 공간이라 하면 집이라 하겠다. 또한, 직장생활을 하는 대부분의 국민들은 사무공간에 머문다. 그만큼 현대 인류가 살아가는 모든 장소가 곧 공간에서 이루어진다. 우리는 이런 공간을 태어나면서부터 느끼며 살아간다. 아니 현생 인류가 지구에 나타나면서부터 생겨난 생존에 필요한 일부분으로 인식되어 왔을 것이다. 그것이 동굴이든 움집이든 나무 위의 통나무 공간이든 인간이 생존해오던 곳에는 항상 존재해왔던 곳이 바로 비어있는 공간이다. 그곳에서 모든 생명체는 편안한 행복감을 누릴 수 있다. 비어있는 공간은 생명체로써 추구해야 하는 본능적 감각을 회복시켜주는 장소였을 것이다. 인류는 그런 공간을 진화와 더불어 새롭게 창조하고 다양한 방법으로 이용해 왔다. 신을 만나기 위한 종교적 공간인 성당이나 교회건물, 사원을 신성한 신적 공간으로 재창조했다. 그곳에서는 모든 인간은 평등했고 신 앞에 자신만의 대화로 소통하며 내면의 평화를 찾아왔다. 때론 온갖 스포츠 행사를 하는 환호의 공간인 경기장으로도 사용했고, 예술을 감상하며 내적 감응을 얻기 위한 공연장이나 미술관으로 창조했다. 현대에는 하나의 목적만이 아닌 다양한 공간으로 사용 용도가 바뀌고 있다. 영화관이나 백화점 및 음식점 등 정말 없는 것이 없는 멀티공간이 되어가고 있다. 미래의 공간은 어떻게 창조될 수 있을까? 그것은 시대적 요구와 세대를 살아가는 사람들의 생활패턴에도 많은 영향을 줄 것이다. 공간적 변화의 바람은 시나브로 오고 있다. 과연 미래에는 어떤 공간을 창조하고 어떤 공간에서 생활하게 될까? 현재는 과거의 결과요! 미래는 현재의 거울이다. 현재를 분석하고 트렌드를 반영한다면 미래의 공간도 예측이 가능하지 않을까? 외적 공간의 하드웨어적 확장과 내적 공간의 소프트웨어적 확장이 이루어질 것이다.

먼저, 미래의 도시는 '스마트 시티'로 변모될 것이다.

우리나라의 도시는 인구가 밀집되어 있고 교통시스템이 복잡하게 연결되어 있으며 도로는 출퇴근하는 차량으로 가득해 주차장을 방불케 한다. 더불어 대기 환경은 미세먼지와 각종 환경호르몬이 뒤섞인 가스로 시민들의 일상생활은 심각한 정신적, 육체적 쇠약 상태에 이르고 있다. 구 도심의 노후화와 환경은 불편한 현실이 되고 있어 빠른 도시재생의 필요성이 대두되고 있다. 우리나라뿐만 아니라 세계의 도시들 대부분이 현대 산업화가 낳은 병폐에 심각한 혼란을 겪고 있는 동시에 뼈아픈 몸살을 앓고 있다. 인류사회의 발전이 편리함이나 육체노동의 시간을 줄이고 윤택해졌는지는 모르지만, 인간은 그 혜택의 풍요 속에서 심리적 행복을 잃어버리고 있다. 어쩌면, 혼란의 도시 속에서 허둥대며 살아가는 초라한 호모 사피엔스가 되어가고 있는지도 모른다. 이런 각성을 깨닫고 있는 선진국들에서는 도시를 정비하고 스마트 시티로의 전환을 꽤하고 있는 중이다. 도시에 일어나는 모든 교통시스템을 정비하고 미세먼지 경보시스템을 설치하여 시민들의 움직임이나 생활 패턴을 읽어 데이터화하고 있다. '스마트 시티'는 좀 더 깨끗한 환경도시로 탈바꿈하는 미래의 도시가 될 것이다.

〈중동의 초고층건물〉

더불어, '초고층 건물'이 증가하고 있다. 고층화는 그 시대 최고의 첨단기술 집약체로 해석된다. 2017년 우리나라 제일의 초고층 건물로 강남의 롯데월드타워(123층 555m)가 들어섰다. 1985년 63빌딩 이후 고층건물이 지어졌지만 서울이라는 1천만 인구 거대도시에 또 하나의 상징적인 건물이 들어선 것이다. 건축법상 200m 건물의 50층 이상을 우리는 초고층이라 명한다. 세계적으로 4번째 높은 건물이지만 조만간 순위는 다른 초고층 건물에 내어줄 것이다. 그만큼 현대사회는 초고층 건물이 기하급수적으로 늘어나고 있다. 초고속 산업발전과 성장을 이루고 있는 중국에도 초고층 건물이 50%나 차지하고 있다. 주거용 건물로는 미국 뉴욕에 있는 89층 426m의 파크 애비뉴가 가장 높은 건물로 1위를 달리고 있지만, 언제 바뀔지는 장담할 수 없다. 우리나라도 국내 두 번째로 101층 411m의 부산 '엘시티 더샵'이 랜드 마크로 2019년 입주가 시작되었다. 초고층이라는 건물이 어찌 보면 국가 간의 기술력과 경제규모를 결정짓는 패권 경쟁하듯 지어지고 있는 분위기는 세계적 흐름이다. 마천루가 현대 도시의 첨단을 상징하는 국가 간의 자존심 대결이 된 것이다. 어쨌든 인류가 발전하는 기술력과 하늘을 향한 동경은 그곳에서 바라보는 전망과 가치로 판단할 수 없을 정도로 높아지고 있는 것은 사실이다. 지구촌 어디선가에는 1km의 건물이 치솟고 그것을 비행기에서 내려다보는 날이 멀지는 않은 것 같다.

또 다른 하드웨어로 '모듈러 주택'이 확장되고 있다.

모듈러 주택이란 레고 방식처럼 쌓아서 적층하는 방식과 철골 프레임을 짜고 그 안에 모듈을 끼워 맞추는 방식이 있는데 현재는 주로 쌓는 방

〈모듈러주택〉

식이 많이 사용되고 있다. 내, 외부 자재와 부품을 공장에서 70~80%정
도 미리 조립하여 유닛(Unit)을 현장으로 이동시켜 나머지 공정을 마무리
하는 방법이다. 공장에서 제작되기 때문에 확실한 품질관리가 가능하고,
규격화된다면 대량생산으로 비용도 절감할 수 있는 이점이 있다. 현장 조
립 시에도 기후변화를 잘 받지 않고 기존 공기의 50%이상 단축할 수 있
는 가능성을 가지고 있다. 아직까지 시장규모가 크진 않지만 매년 성장
할 수 있는 기반이 형성되어 있어 대형 건설사에서도 시장 진입에 적극적
관심을 가지고 있는 중이다. 기후변동이 심해 날씨에 영향을 많이 받는
영국이나 지진 발생 시에도 피해가 적은 것으로 나타난 일본 등지에서도
인기가 많아져 널리 보급될 수 있는 유연성을 가지고 있다. 2019년 11월
21일 한국토지주택공사(LH)에서도 업계를 통해 내년에 최대 1000가구의
모듈러 주택을 공급하는 방안을 검토 중이라고 밝혔다. 세종시 산울리에

300가구, 해밀리에 600가구, 인천 연평도에 100가구를 계획하고 있다고 발표했다. 그만큼 모듈러 주택은 미래 건축의 한 범주로 적극적으로 발전시키고 연구해야 할 주택임은 틀림이 없다. 물론 방음이나 단열, 진동 등의 여러 가지 문제를 해결하고 디자인이나 설계 과정에서 소비자가 직접 선택할 수 있는 다양한 요구를 반영한다면 정말 매력적인 프로젝트가 되리라 믿는다. 하지만 고층으로는 적용하기 어려운 점과 법적인 규제 등의 해결해야 할 사안이 산재해 있다. 또한, 사회적 비용의 절감이나 소형주택의 보급에 커다란 효과를 본다면 건설업계나 정부차원에서도 적극적인 연구와 정책방안이 모색되어야 할 것으로 전망한다.

또 다른 하나로 '지식산업센터' 건물이 활성화될 것으로 본다.

예전에는 '아파트형 공장'이라는 명칭으로 널리 알려졌지만 지금은 '산업 집적 활성화 및 공장 설립에 관한 법률'에 의한 '지식산업센터'로 부르고 있다. 제조업, 정보 통신 산업 및 산업 지원 시설이 입주할 수 있는 다층 형 집합 건축물로 3층 이상 6개 이상의 공장이 입주할 수 있는 공장시설이다. 입주하는 기업은 취득세와 등록세를 감면받을 수 있고, 관리비가 저렴한 등의 장점이 있어 최근에 많이 건설되고 있는 추세이다. 주로 도시국가에서 공업용지가 부족할 때 도시와 가까운 직주 근접 형 건물을 지어 제조업 등의 기업이 혜택을 받을 수 있도록 한 건물이다. 우리나라에서도 수도권 인근 지역에 지식산업센터의 건물을 분양하여 제조업의 활성화 및 지식기술산업의 육성을 위해 기업 형 건축물로 인기가 날로 상승하는 분위기가 되었다. 이런 복합 건물에는 상가, 구내식당, 휴게실 등의 지원시설을 갖추고 있어 기업에 입주한 사람들에게 편리함을 제공하며 오피스 형 사무공간이나 투자상품으로도 각광을 받고 있다. 특히 IT기업의 발달로 소규모 벤처기업이나 스타트업 기업들이 늘어나고 있어 점차 수요가 확대될 것으로 보고 있다. 수도권을 중심으로 택지개발지구나 역세권 지역의 교통의 편리성 때문에 대형건설사들에게도 관심이 보이고 있어 공급에 앞장서고 있다. 입주 기업도 여러 가지 시너지 효과를 누리고, 세금, 대출 혜택도 유리하며, 생산성이 향상되고 외부의 인식 변화와 신뢰도가 상승하는 등 많은 장점을 이루고 있어 앞으로 전망은 밝다고 하겠다.

미래에는 인공지능(AI)이나 사물인터넷(IOT)과 정보통신기술(ICT)을 이용하여 전체 도시를 하나의 망으로 연결하여 스마트화하려는 시도를 할 것이다. 그것을 통해 도시인의 삶의 질을 향상 시키고 더욱 쾌적한 환경에서 살아갈 수 있는 행복한 도시를 목표로 하고 있다. 전 세계적으로 이러한 4차 산업도시를 계획하여 지구촌이 온실가스로 인한 위협에서 벗어나고, 인류가 더욱더 진화할 수 있는 터전을 만들어야 한다. 우리는 후세의 인류에게 또 다른 기회를 만들어 주기 위해 준비해야 한다. 도시는 발전되고 문명은 혁신을 거듭함에 따라 인류의 위협은 커질지도 모른다.

현대를 살아가는 세계인 모두가 하루빨리 위기에서 탈출하여 새로운 문명의 돌파구를 마련하려는 노력을 멈추지 말아야 한다. 4차 산업혁명의 시대는 다가오고 있다. 우리는 이런 기회의 혁명을 올바른 방향으로 구현하여 도시를 정화하는 일에 앞장서야 한다. 도시를 스마트기기와 연결하여 교통 시스템을 제어하고, 자율 자동차를 위한 전기 에너지를 상용화하여 보다 쾌적하고 자연 친화적 환경을 만들기 위한 도시화에 주력해야 한다. 모든 도시가 스마트화된다면 기후변화에 위협을 안고 있는 도시인들은 보다 안전한 도시에서 편안한 삶을 누리게 될 것이다. 미래 건축이 어디로 나아갈지는 모른다. 하지만, 어떤 방향으로 가야 할지는 명백하다. 우리 앞날을 결정하는 것은 이 시대를 살아가는 우리 자신들에게 있지 않을까?

03

4차 산업 속에서 건설은
어떻게 변화할까?

2016년 1월 20일부터 4일간 스위스의 작은 휴양도시인 다보스에서 세계적 포럼이 개최되었다. 처음에는 유럽인의 경영 심포지엄으로 출발했으나, 1973년부터 세계적으로 확대되었고, 1981년부터 매년 1~2월에 정기적으로 세계 정치인 및 경제인, 세계의 석학들, 유명 연예인등 2500명이 참석하는 명실상부의 세계적 포럼으로 성장하였다. 회장인 독일 출신의 하버드 경영학 교수인 클라우스 슈밥(Klaus Schwab)에 의해 만들어 졌다. 본부는 스위스의 제네바에 위치해 있다. 다보스 포럼은 세계가 직면하고 있는 환경문제나 국가 간 분쟁, 인구문제 등 여러 가지 화두를 던지며 해결방안을 찾아보는 세계적 이슈를 만들며 자리 잡아가고 있다. 특히, 2016년에는 '제4차 산업혁명의 이해'에 대한 화두를 던져 처음으로 본격적인 사회 변화에 대하여 논의가 되었다. 그럼 4차 산업혁명은 어떤 것들이 있는지 알아보도록 하자.

1차 산업혁명	2차 산업혁명	3차 산업혁명	4차 산업혁명
1784년대 (18세기)	1870년대 (19세기~20세기 초)	1969년대 (20세기말)	2010년대 (21세기)
증기기관, 기계화	전기, 화석연료, 대량화	컴퓨터, 정보화	AI, IOT, 빅데이터 자율자동차, 초연결

위의 표를 보듯이 우리 인류는 최초 혁명인 농업혁명 이후 200년간의 짧은 기간 동안 혁신적인 변화를 이루어 인간생활의 편리성을 유지하며 발전했다. 이러한 변화를 통해 노동집약적이었던 재화생산을 기계화하고 대량생산에 성공하여 잉여를 만들어 왔다. 그 후 전기와 화석연료를 통한 자동화를 이루어 노동에 대한 육체적 자유로움을 획득한 반면 노동시장의 위축과 함께 혼란의 세계를 겪으며 격동의 세월을 견디어 왔다. 그 와중에 세계 국가들은 자국의 이익을 위한 식민지화를 가속화하였고, 전쟁이라는 반인간적 행위로 다른 국가와 민족에 고통을 주었다. 같은 호모 사피엔스는 동종인류를 괴롭히며 투쟁에 앞장서 왔던 것이다. 1,2차 세계대전을 통하여 치명적인 인류의 희생을 가하는 만행을 저질러 왔으며, 공산주의와 민주주의로 나누어 이분법적인 이데올로기 사회로 대립하며 힘의 균형을 유지하며 살아왔다.

1990년 구소련의 붕괴와 같은 해 10월 동독과 서독의 통일을 계기로 세계의 냉전체제는 종말을 맞는 듯했다. 그 후 마지막 공산국가인 중국의 개방정책을 토대로 세계는 자율체제 경제로 변화하며 정보화가 시작되었다. 1976년 개인용 컴퓨터 'APPLE 1'을 스티브 잡스와 스티브 워즈니악이 차고에서 처음 시작했다. 이것이 점차 발전하여 정보화 시대의 선두를 달리게 되었다. 약 30년간의 PC 발전은 세계를 정보화의 물결에서 인터넷을 통한 세계로 연결하게 되었다. 메모리 업체 인텔의 창업자 고든 무어는 '18개월마다 PC의 메모리는 2배씩 증가한다.'라는 '무어의 법칙'을 설파하였다. 기술 발달 속도가 가속화되면서 생산단가는 오르지 않아도 반도체 처리속도와 데이터 용량이 18개월마다 2배로 증가한다. 지금까지이 말은 속속 증명되고도 남았다. 인터넷을 배경으로 세계적으로 수많은 기업들이 창업되고 사라지고 성장하여 거대 기업으로의 기틀을 다지는 기회를 가졌다. 이전에는 제조업을 바탕으로 기업이 성장하였다면 이제는 제조업 기반이 없는 인터넷상의 디지털 기업이 모든 것을 연결하여 데이터와 정보를 가지고 기하급수적으로 발전하고 있다. 2007년 애플(Apple)의 아이폰 발표 후 세계의 스마트폰 시장은 재편되었고, 인류의 삶에도 혁명적인 하드웨어적 기계와 소프트 파워를 기초로 어마어마한 기업들이 속속 등장하고 있다. 우버(Uber)는 자동차를 한 대도 갖지 않고서 사람들에게 공유하는 서비스 기업으로 성장하였고, 에어비엔비(Airbnb)도 숙박시설을 하나도 가지지 않고서 세계인들에게 숙박 서비스를 제공할 수 있게 되었다. 현대의 가상공간인 디지털 세계에서는 충분히 가능한 일이며, 또 실현되고 있다. 앞으로의 미래는 이런 가상의 디지털 연결 공간에서 새로운 패러다임이 생겨날 것이다. 우리는 이런 것들을 '4차 산업혁명'이라고 일컫는다. 4차 산업혁명 속에서 건설의 방향은 어떻게 변화해야 할지 모르지만, 미래는 현재의 거울이 아니겠는가? 미래의 건설현장을 한번 상상해 보자!

　　미래에는 드론(Drone)이 적극 상용화될 것이다. 드론(Drone)은 2000년대 초반 군사용 무인항공기 역할을 하기 위해 개발되었다. 하지만 2020년 현재는 고공촬영이나 물건을 배달하기 위한 장치로 개발되고 있다. 아마존은 택배 대신에 드론으로 대체하기 위해 개발을 계속하였고 최근 시험비행을 성공리에 마쳤다. 미국 연방항공청의 공식허가를 받으면 법 규제가 풀리는 대로 드론이 택배 서비스를 시작하게 될 것이다. 최근에는 영화 촬영장이나 스포츠 중계 시에도 드론을 이용하여 더욱더 생생하게 사람들에게 영상을 전달하고 있다. 드론은 날 수 있는 공간만 있다면 어디든 장소의 제약을 받지 않는 장점이 있다. 사람이 갈 수 없었던 산꼭대기 절벽 위에든, 파도치는 바위섬 위에든 저렴한 비용으로 어디든 촬영이 가능하다. 앞으로는 개인용 드론 한 대쯤은 항상 휴대하여 영상을 찍을 수 있는 시대가 멀지 않을 것이다. 언젠가 당신이 피자나 치킨을 시키면 드론이 배달해 줄 날이 얼마 남지 않았다.

　　"여기는 수원 광교 해모로 아파트 8002동 다윤이네 집인데요. 피자 두 판하고요! 치킨 두 마리 배달 부탁합니다!" 10분 후 '두 두 두 두' 하고 아파트 창문 위에 드론이 기다리고 있을 것이다. 이런 현실이 믿기지 않겠지만 멀지 않았다.

몇 년 전 안성 현장의 초등학교 신축 현장에 있을 때이다. 새로 개교하는 학교를 학부모들에게 홍보하기 위해 드론을 이용하여 학교 전체 전경을 촬영하였다. 예전에는 도저히 할 수 없었던 항공 촬영이지만 결과물로 나온 학교의 풍경이 정말 믿기지 않았다. 그렇게 드론은 이제 우리 주변에도 깊숙이 파고들고 있다. 2018년 평창 동계올림픽 개막식에서 보여준 '드론 쇼'는 1218대의 드론을 띄워 연출한 기가 막히는 장면이었다. 하늘에 수놓은 올림픽 오륜기와 마스코트 수호랑은 그 광경을 지켜보는 세계의 많은 사람들의 탄성을 자아내고 환호성을 받기에 충분했다. 하늘에서 움직이는 수많은 드론이 한 치의 오차도 없이 일정한 간격으로 날 수 있는 설계와, 충돌을 방지하기 위한 정교한 좌표 등이 계획되었을 것이다. 이런 드론이 적용될 만한 영역은 정말 무궁무진할 것이다. 그러니 Google이나 Facebook 같은 인터넷 기업에서도 드론을 개발하는 스타트업에 눈독을 들이고 인수를 감행하여, 여러 가지 사업 아이템에 뛰어들 계획을 하고 있는 것이다. 그러면 건설현장에는 어떻게 적용이 가능할 것으로 보는가? 우선은 기술자들이 갈 수 없는 위험한 지역이나 현장의 안전관리를 위하여 드론을 활용할 것으로 본다. 실제 어느 건설업체에서는 실용화하여 시범적용을 하고 있다. 특히, 교량 공사할 때 상부에 드론을 띄우거나 바다나 계곡 등과 같은 기술자들이 볼 수 없는 위치를 드론은 손쉽게 볼 수 있다. 타워 설치, 해체작업이나 골조 형틀 해체작업등의 위험한 공정에 드론을 띄워놓고 항상 감시하는 안전시스템을 가동한다면, 안전사고는 현저히 줄어들어 인명피해를 최소한으로 막을 수 있을 것이다. 현장 기술자는 이런 4차 산업혁명의 첨단기술 중심에 서서 항상 관심의 눈길을 가지고 새로운 아이디어를 적용하기 위해 노력해야 한다.

가상현실(Virtual Reality)과 증강현실(Augmented Reality)도 건설현장에서 적용될 날이 멀지 않았다. 가상현실이라는 것은 눈에 보이는 이미지, 주변 환경 등 피사체들이 가상의 이미지를 만들어 보여주는 기술이다. 반면에 증강현실이라는 것은 현실적으로 우리가 보이는 모습에 추가적인 정보를 덧붙여 보여주는 방식이라고 이해하면 된다. 가령 가상현실은 게임을 하거나 청룡열차를 탄 것처럼 가상의 영상을 만들어 직접 체험하는 것처럼 영상을 보여주는 것이다. 실제 아파트 분양 홍보관에서는 VR 박스를 만들어 견본주택이 없는 평형을 실감나게 예비 신청자들에게 보여주기 위해 사용하고 있다. 보지 못한 평형의 VR을 직접 걸어 다니면서 볼 수 있고 마음대로 보고 싶은 장소로 이동하여 전시되어 있는 것처럼 볼 수 있게 된다. 그러면 비슷한 평형은 견본세대를 만들지 않고도 보여줄 수 있고 공간과 비용을 절감하여 사람들이 어떤 평형을 선택할지 판단할 때 도움을 줄 수 있다. 또 현장에서는 가상현실을 이용하여 안전 체험을 하게 함으로써 안전에 대한 의식을 고취시키고 마음가짐을 항상 위험인지에 둘 수 있도록 교육해 준다. 추락하는 가상현실을 체험하게 되면 자신이 떨어지면서 느끼는 공포와 한순간의 실수가 자신의 생명을 앗아갈 수 있다는 깨달음을 바로 인지할 수 있다. 그러면 근로자는 매번 작업할 때마다 사소한 것에도 신경을 쓰고 조심하게 될 것이다. 또한 현장에서는 샘플 주택이라는 견본시공을 통하여 해당 평형을 직접 선시공하여 문제점을 파악하고 설계 개선 등에 활용한다. 사전에 준공된 세대를 미리 시공하여 앞으로 시공해야 할 최종 마감을 미리해 보는 것이다. 이 작업은 시간과 비용이 많이 들기 때문에 현장에서 많이 고민하는 문제다. 그렇다고 하지 않으면 혹시 있을 준공 후 하자나 민원에 대하여 대처할 수 없게 된다. 미래에는 이런 방식에 증강현실을 이용한다면 골조 상태에서도 미리 창호, 가구 등 마감재를 설치해 사전 검토 단계를 거친다면 공간 제약과 비용을 절감할 수 있을 것이다. 또는 증강현실을 이용해 스마트폰으로 현장에 사용하는 각종 자재나 장비의 출처 및 시험결과, 생산업체등 다양한 정보를 확인한다면 기술자는 더 용이하게 현장 상황을 판단하여 결정을 내릴 수 있을 것이다. 이처럼 증강현실의 적용분야는 무궁무진할 것이다. 물론, 이러한 발전된 기술은 사용하는 사람에게 혜택과 동시에 부작용도 가져올 수 있다. 다만 그것을 사용하는 인간이 잠재적인 예측과 분석을 철저히 하여 혹여나 발생할 수 있는 문제점을 최소화하는 노력이 필요하다.

미래 현장에서는 많은 센서(Sensor)를 이용하게 될 것이다. 현재에도 우리 생활 곳곳에는 여러 가지 센서를 사용하고 있다. 아파트 현관문에 들어가면 바로 동작을 감지하여 센서등이 켜진다. 집안에는 있는 많은 전자기기들은 센서의 집합체이다. 인간의 모든 감각기능을 할 수 있는 센서는 4차 산업혁명의 시대에 필수적인 기기가 될 것이다. AI 기능을 탑재한 로봇이 사람을 대신해 타일을 붙이고 도배를 하고 각종 기구를 설치할 수 있기까지는 아직 먼 미래의 일일지도 모른다. 하지만 건설현장에 센서를 부착해 현장 내의 모든 현황을 출력장치 한 곳에서 파악하는 것은 가까운 미래에 가능하다. 동절기 콘크리트 타설 후 양생온도를 유지하기 위한 공간에는 종종 가스 질식사고가 발생한다. 이런 곳에 미리 가스탐지 센서를 설치하면 사고를 예방할 수 있을 것이다. 내가 있던 고등 현장에서도 시범적용을 하였다. 밀폐된 공간에 가스탐지기와 동작 감지기를 스마트폰 앱을 통하여 전송받으면 언제 그 공간에 누가 출입하였는지를 알 수 있다. 수중장비나 건설용 차량 등이 근로자의 동작이나 열을 감지해 접근 방지 신호나 충돌 방지 기술을 사용한다면 어떨까? 아니면 모든 근로자와 스마트폰을 연결해 위치 센서를 작동한다면 현장 내 근로자가 위험작업이나 위험한 장소에 있을 때 신속한 조치로 안전사고를 사전에 차단할 수도 있을 것이다. 이렇듯 건설현장도 이제 4차 산업혁명과 함께 변화해야 한다. 새로운 영역으로의 기술을 받아들여 좀 더 안전하고, 좀 더 품질 좋은 제품을 고객들에게 선물할 수 있을 것이라 믿는다. 변화는 우리 앞에 있다. 그것을 빨리 받아들이기 위해 준비하는 것은 기술자의 몫이다.

04
미래의 우리는
AI 로봇 속에서 잠들 것이다

실낱같은 커튼 사이로 비집고 들어오는 가냘픈 태양 빛이 이른 아침의 잠을 깨웠다. 좀 더 눕고 싶은 주말 토요일 아침이지만 나는 '에이아이'를 불렀다.

"커튼 좀 열어 줄래?"

"네~ 알겠습니다."

스르륵 걷히는 커튼에 저 멀리 산등성이 위로 떠오르는 붉은 태양빛이 눈이 부셔 자리에서 벌떡 일어났다.

"에이아이, 오늘 날씨 좀 알려 줄래?"

"오늘 수원 날씨는 대체로 맑지만, 초겨울 날씨로 오후에는 간간히 눈발이 날릴 것으로 예상되니 자율주행차를 미리 대기시키는 것이 좋겠습니다."

"그래 1시간 후 집 앞으로 차를 대기시켜 줄래?"

"네 알겠습니다. 호출했으니 1시간 후 탑승 가능합니다."

'에이아이'는 이 집을 분양받을 때 선택한 추가옵션으로, 주택을 제어하는 인공지능이다. 주택마다 자신에게 맞는 여러 가지 인공지능 시스템을 옵션으로 선택하면 된다. 2000년생인 승영이는 지금 35살이다. 그가 대학생이었던, 4차 산업이 한창 시작되던 2020년대에는 이런 주택은 걸음마 단계였다. 하지만, 2035년 현대 주택의 대부분에는 주택 전체를 제어하는 인공지능 시스템이 내장되어 있다. 또한 '제로 에너지' 아파트로 설계되어 벽체 단열은 열손실을 최소화했고, 창문의 유리에는 'BIPV(Building Integrated Photovoltaic)' 라는 건물 일체형 태양광발전 시스템이 설치되어 주택 내부의 30% 이상의 전기를 충당하고 있어 전기료 비용이 절감되고 있다. 2017년 정부는 제로 에너지 주택 인증 제도를 도입하여 30세대 이상 공동주택은 의무화되었다. 에너지 효율등급 1++ 등급 이상, 에너지 자립률 20% 이상을 유지하게 되어 있다. 세계적으로 온실가스에 대한 규제로 '이산화탄소 배출권'에도 국가에서 앞장서야 비용을 줄일 수 있다. 위의 이야기는 앞으로 15년 후 4차 산업혁명으로 발전된 첨단기술이 주택에 적용될 수 있는 가상의 이야기를 상상해 보았다. 이제부터 미래에 적용 가능성 있는 몇 가지 건설기술들을 소개해 보고자 한다.

AI(Artificial Intelligence)인 인공지능이다.

2016년 3월 10일 인공지능 '알파고(AlphaGo)'와 한국의 이세돌 9단과의 대국이 시작되었다. 많은 사람들이 바둑이라는 경기가 무수히 많은 경우의 수와 인간세상을 집대성한 두뇌 싸움의 한판이라는 인식을 가지고 있던 때였다. 경기는 치열한 접전 끝에 4 : 1이라는 초라한 결과로 이세돌이 참패를 당하였다. 이것을 지켜보던 세계의 많은 사람들은 설마 인간이 패하겠나 했지만 실낱같은 희망은 얼마 지나지 않아 실망으로 바뀌었다. 세상은 충격에 휩싸였고, '알파고'는 당당히 인간에게 야유라도 하듯 기세가 등등해 보였다. 수천 년간 두뇌게임의 보고로 이어져 오는 '바둑'이라는 인간세상 최고의 게임을 인간이 만든 차디찬 고철 따위가 감히 이기리라고는 상상도 못 했었다. 그런 만큼 '알파고'는 인간을 믿을 수 없는 충격의 도가니로 몰아넣었다. 알파고가 인간이라는 만물의 영장에게 보기 좋게 펀치를 날린 셈이다. 4국에서의 신의 한수를 제외하고는 바로 기권한 것이 인간의 1승이었다. 이세돌 자신도 '알파고'와의 대결에서 패하리라고는 생각하지 못했던 것 같다. 패하고 나서 이세돌은 이렇게 말했다.

"오늘 패한 것은 이세돌이 패한 것이지 인간이 패한 것은 아니다. 이렇게 심한 압박감과 부담감을 느낀 적은 없었다."라며 사람들에게 위로의 말을 남겼다.

구글 창업자인 세르게이 브린도 그 대국을 지켜보며 한마디 했다.

"바둑은 인간의 삶에 대해 많은 걸 가르쳐 주는 게임이다. 바둑 두는 걸 보면 아름다움을 느끼며, 그것과 대적할 컴퓨터 프로그램을 개발했다는 게 기쁘다."라며 약간 자신만만한 듯 말을 했다. 그 이후 '알파고'는 더욱 진화했고 '알파고 제로(AlphaGo Zero)'를 탄생시켰다. 제로는 더 이상 인간의 데이터는 필요로 하지 않았고, 기본적인 규칙과 방법만 알려 주면 자기 스스로 바둑을 학습하고 전략을 세우며 승리할 수 있는 인공지능의 능력을 만들어 냈다. 이제 알파고 제로는 자신 말고는 세상에 적수가 없는 바둑 최고의 경지 '입신'인 '신의 경지'에 도달한 셈이다. 이제 인간은 바둑에서 인간이 아닌 '인공지능'인 무생물과의 도전을 당해 낼 수 없는 종으로 남게 되었다. 앞으로 인공지능은 폭발적 발전을 거듭하며 인류문화의 또 다른 친구로 자리하게 될 것이다. 특히, 인공지능을 탑재한 '자율자동차'가 공유시설로 통용될 것이다. 도로의 자동차는 50% 이상이 사라지고 자동차 사고율은 0.5%도 되지 않는 초 안전시대를 이루어 낼 것이다. 인류가 탄생한 이후 기본적인 필수조건이었던 '의식주'와 더불어 개인용 '인공지능'이 인류의 필수품이 될 날도 머지않았다. 스마트폰에 내재된 인공지능은 이제 없어서는 안 될 내비게이션 같은 것이 될 것이다. 한 인간을 평생토록 케어하고 생명을 연장시켜 주는 인생의 내비게이션인 안내자가 될 것이다. 더불어 사람만이 휴대하던 개인용 인공지능은 주택에도 들어와 내부의 모든 기기를 연결하여 자동화 시스템으로 제어하며 인간을 위한 집으로 변모할 것이다.

'IoT' 사물 인터넷(Internet of Things) 시대는 2020년 이후 본격적인 변혁을 맞을 것이다. 세계 인구는 70억 명이 훨씬 넘었고 사물과의 연결은

500억 개로 증가하여 사람 1인당 7개의 사물이 연결되게 되었다. 다시 말하면, 우리 주변의 사물 7개 정도가 때와 장소를 가리지 않고 인터넷으로 연결되어 있는 환경을 의미한다. 그 말은 모든 사물이 인간의 통제와 제어가 가능하다는 이야기다. 자동차, 컴퓨터, 스마트폰, 사무실 프린터, 에어컨, 공기청정기, 냉장고, TV, 난방시스템, 환기시스템, 전등, 디지털 도어 등등 모든 것이 개인 형 인공지능과 연결되어 있다. 예를 들면 추운 겨울인 경우 집안에 있는 IoT망을 통해서 집에 도착하기 1시간 전 난방시스템을 가동시켜 집안을 따뜻하게 할 수 있다. 또는 저녁식사를 위하여 밥솥에 미리 밥을 지어 놓을 수 있는 명령을 내리면 된다. 냉장고에는 저장되어 있는 재료 목록을 확인할 수 있어서 저녁 요리를 위한 재료가 부족하거나 없을 때 인공지능이 자동으로 주문을 한다. 가전이나 자동차뿐만 아니라 IoT는 물류나 유통, 헬스케어에 이르는 다양한 분야까지도 연결이 가능하다. 물류에는 공장이나 사업장에 차량 확인 및 창고 재고물 등 위치추적, 현황파악, 원격 운영관리까지 가능하게 되었다. 2019년 대한민국에서도 IoT를 활용해 지역난방 열수송관을 감지하는 기술을 개발했다. 전년도에 고양시에서 열수송관이 파열되어 도로에 온수가 누출되는 큰 사고가 있었다. 그런데 IoT를 이용하여 미리 열수송관 파열 조짐이나 위치를 파악할 수 있다면 사전에 온수누출 예방과 긴급한 복구가 가능할 것이다.

　IoT는 유익한 이점이 있는 반면에 불이익도 있는 게 사실이다. IoT는 개인 간의 데이터를 저장하고 개인 사물의 정보를 저장하게 된다. 만약 이런 정보가 해킹되어 개인의 사생활 패턴이나 개인 생체 정보가 유출된다면 범죄로 악용될 수 있는 위험에 노출되어 있다. 철저한 보안이 확립되지 않는다면 우리 생활에 꼭 필요한 IoT 기술도 어쩌면 꺼리게 되어 퇴보의 길을 걸을 수도 있다. 개인의 금융정보나 주택의 정보가 유출되어 금전적 피해를 보거나 주택의 가전 등에 오류를 낸다면 화재나 가스누출 등의 심각한 상황을 불러 올 수도 있다. 또 다른 하나는 다양화된 IoT의 기술표준을 빨리 확립하지 않는다면, 제품을 만드는 기업마다 IoT로 연결하기 위한 호환성이 부족하게 될 것이다. 그렇게 된다면 IoT는 또 다른 위기를 맞아 쇠퇴할 수도 있다. 세계적으로 4차 산업의 흐름에 따라가지 못한다면 수출을 기반으로 하여 발전한 대한민국은 세계의 경제에서 밀려나게 되고 동방의 작은 나라로 던져질 위기를 맞을 수도 있다. 가령 주택에 IoT를 설계한다면 기본적인 표준에서 입주자가 언제든지 업그레이드할 수 있도록 처음 시공할 때에 IoT를 위한 인프라 작업을 선행하여야 한다. 그리고 난 후 주택의 모든 기기를 연결하여 소비자가 선택할 수 있는 AI, IoT 연결 시스템을 통합할 수 있을 것이다. 스마트폰인 아이폰과 갤럭시가 서로 운영 체계가 다른 것처럼 말이다. 처음부터 소비자가 결정하는 것보다는 어떤 기기를 연결하더라도 AI나 IoT 연결 시스템에 호환성을 가진다면 소비자들은 선택의 폭이 넓어질 것이다.

'빅 데이터(Big Data)'는 디지털 환경에서 필수적인 요소가 되었다.

21세기를 사는 우리 현대인들은 데이터의 바다에 살고 있다. 인터넷에는 문자뿐만 아니라 영상을 포함한 이미지 등 수많은 데이터가 산재해 있다. 개인이 제작한 UCC 동영상과 SNS(Social Network Service)에서 생성되는 각종 데이터들이 그것이다. 또한, 트위터(twitter)에서만 하루 평균 1억 5500만 건이 생겨나고, 유튜브(YouTube)의 하루 평균 동영상 재생건수는 40억 건에 달한다고 한다. 정말 엄청난 데이터양이다. 글로벌 데이터 규모는 벌써 2015년에 8제타바이트로 증가했을 것으로 예측했다. 1제타바이트가 1000엑사바이트로, 1엑사바이트의 규모는 미 의회도서관 인쇄물의 10만 배에 해당하니 8제타바이트는 도서관 데이터의 8억 배의 물량이다. 도대체 이 물량이 얼마나 많은 것인지 상상할 수도 없는 양이다. 그만큼 현대사회는 데이터로 넘쳐난다고 생각해도 과언이 아니다. 우스갯소리로 최근에 탄생한 신이 하나 있는데 그것이 뭐라고 생각하는가? 그것은 바로 '구글 신(Google God)'이라고 한다. 모든 데이터를 구글에서 가지고 있으니 그곳에 물어보면 세상의 모든 답은 통한다는 말이다. "모든 길은 로마로 통한다."가 이제는 "모든 길은 구글로 통한다."로 바뀌고 있는 시대에 살고 있다.

이런 빅 데이터를 이용하여 교통, 전력, 홍수, 태풍 등의 자연재해를 통합 관리하고 예측 가능한 시스템을 만들어 인명피해를 사전에 차단할 수 있을 것이다. 하지만 개인의 데이터가 누구에게나 노출되어 악용의 소지가 있는 것은 우리가 경계해야 할 부분이다. 어쩌면, 미래는 '인간 해킹'의 시대가 올지도 모른다.

우리 인류는 농업혁명을 시작으로 증기기관을 발명하여 새로운 산업의 시대를 열었다. 그 후 짧은 시간에 많은 혁명적 성과를 거두었고 앞으로도 혁명은 계속될 것이다. 하지만, 혁명은 인간의 기본가치를 훼손하지 않고 모든 인류가 행복한 삶을 누리기 위한 발전이어야 한다. 인간이 인간을 위한 혁명을 기본가치로 한다면, AI의 인공지능이 머나먼 미래에 인간보다 더 위대한 지능을 가질지라도, 그들의 기본가치인 인간의 영속적인 생존이 최고의 윤리로 남아야 할 것이다. AI의 제1원칙은 '인간을 지키는 것'이다. 제2원칙은 '제1원칙을 지키는 것'이다. 머지않아 이런 원칙에 입각하여 인간이 머무는 곳 어디든 AI라는 수호신이 인간을 지킬 것이다. 당연히 인간은 AI 로봇이 탑재된 공간 속에서 잠들게 될 것이다.

05
건축이 사라질 때 문명도
종말을 맞는다

1977년 태양계 행성들의 관찰 목적으로 미 항공우주국(NASA)에서 발사한 보이저 1호가 1990년 2월 14일, 지구에서 61억 Km 떨어진 명왕성을 지날 때 한 장의 사진을 전송해 왔다. 보이저 1호의 선두를 태양 쪽으로 돌리면 빛으로 인한 데이터 소실이 우려되어 많은 사람들이 반대했다고 한다. 그러나 이 프로젝트의 설계자였던 천문학자 칼 에드워드 세이건(Carl Edward Sagan)은 실행에 옮겼다. 그는 먼 우주에서 바라보는 지구는 어떤 모습인지에 의문을 가졌고 그 제안을 했다. 깜깜한 암흑 사이로 희미한 파란 점이 하나 나타났다. 정말 보잘것없는 작은 점이었다.

그 점을 보고 '코스모스'의 저자 칼 세이건은 이렇게 말했다.

"이렇게 멀리 떨어져서 보면 지구는 특별해 보이지 않습니다. 하지만

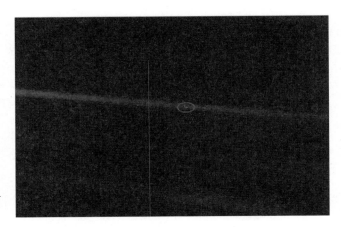

〈보이저1호가 촬영한
지구의 사진〉

우리 인류에게는 다릅니다. 저 점을 다시 생각해 보십시오. 저 점이 우리
가 있는 이곳입니다. 저곳이 우리의 집이자, 우리 자신입니다. 여러분이
사랑하는, 당신이 아는, 당신이 들어본, 그리고 세상에 존재했던 모든 사
람들이 바로 저 작은 점 위에서 일생을 살았습니다. 우리의 모든 기쁨과
고통이 저 점 위에서 존재했고, 인류의 역사 속에 존재한 자신만만했던
수 천 개의 종교와 이데올로기, 경제체제가, 수렵과 채집을 했던 모든 사
람들, 모든 영웅과 비겁자들이, 문명을 일으킨 사람들과 그런 문명을 파
괴한 사람들, 왕과 미천한 농부들이, 사랑에 빠진 젊은 남녀들, 엄마와 아
빠들, 그리고 꿈 많던 아이들이, 발명가와 탐험가, 윤리도덕을 가르친 선
생님과 부패한 정치인들이, '슈퍼스타'나 '위대한 영도자'로 불리던 사람
들이, 성자나 죄인들이 모두 바로 태양빛에 걸려있는 저 먼지 같은 작은
점 위에서 살았습니다."

그는 이 사진을 이야기로 '창백한 푸른 점(Pale Blue Dot)'이란 책을 집필했다. 1970년대 이후 전 세계적으로 천문학 열풍을 일으켰고, 그 후 그의 대표작인 '코스모스'를 집필했다.

저 사진을 바라보고 있으면 지구에 사는 인간이 보잘것없고 하찮은 존재로 보이며 한없이 우주 앞에 겸손해진다. 통상적으로 천문학자들은 우주 탄생을 138억 년으로 본다. 빅뱅이라는 대폭발을 일으켜 우주는 아직도 팽창하고 있으며, 우리 은하 중심에서 태양계는 3만 광년 떨어져 있다. 가장 가까운 은하인 안드로메다는 200만 광년의 거리에 있고, 이런 은하가 1000억 개는 펼쳐져 있다고 하니 우주공간에 비교하면 우리 지구는 먼지보다 작은 존재일 것이다. 칼 세이건은 또 이런 말을 했다.

"이 광활한 우주에 지구에만 생명체가 존재한다는 것은 엄청난 공간의 낭비다."라고 말이다. 이 우주 어디엔가는 지구와 비슷한 행성에서 생명체가 존재해야만 한다는 확실한 증거가 아닐까? 다만 그들이 서로 만날 우연한 기회는 쉽게 오지 않을 것이다. 천문학자들은 우주의 확률을 계산하면 최소 10개 정도의 고등생물이 존재하며, 조건을 조금 완화한다면 수백만 개의 행성에 생명체가 존재할 것으로 추측하고 있다. 어쨌든 지금까지 알려진 유일한 생명체가 살고 있는 행성은 지구뿐이다. 그리고 인류는 적어도 가까운 미래에 다른 행성으로 이주할 가능성은 없어 보인다.

1969년 아폴로 11호가 지구에서 가장 가까운 달에 착륙한 이후 아직까지 그 어떤 행성에도 직접 착륙하지 못했다. 단지 화성이나 다른 행성에 무인 우주선만이 착륙하여 사진이나 영상을 보내왔을 뿐이다. 그러므로 인류는 지금까지 지구에서 진화해 온 시간만큼은 적어도 지구에서 살아가야 할 것이다. 어쩌면 그 시간도 견디지 못하고 이 행성에서 사라질지도 모른다. 6천7백만 년 전 공룡도 이 지구에서 번성하며 지배자로 살아오다 멸종했던 것처럼 말이다. 누구도 지구에서 영원히 생존할 수 있는 특권을 가지지 못했다. 그러므로 우리 인류도 다르지 않다. 어쩌면 공룡이 살았던 1억 7천만 년의 1/10의 기간도 살지 못하고 멸종할지 모른다. 공룡은 외부의 피치 못한 힘으로 인해 멸종했지만, 우리 인간은 스스로 지구의 환경을 변화시켜 자멸할지도 모른다. 변화는 서서히 여기저기에서 일어나고 있지 않은가? 인간들이 사용해 오던 에너지 때문에 이산화탄소 농도는 매년 증가하고 있고, 대기는 온실효과로 기온이 점점 올라가고 있다. 어쩌면 인간만 멸종되는 것이 아니라, 지구에 사는 모든 생명체가 멸종되어 푸른 별 지구는 우주의 역사 속에서 먼지가 되어 흩어질지 모른다. 우리의 판도라 상자는 아직 남아 있다. 지구상에서 살아가는 인간은 싸움과 전쟁의 위협에서 타협과 상생으로, 서로가 협력하는 것만이 지구를 살리는 길이다. 태초의 호모 사피엔스가 협력을 통하여 생존하고 진화해 왔듯이 서로의 협력만이 병들어 가는 지구를 살리는 길이라는 것을 빨리 깨닫길 희망한다.

　어쩌면 아주 먼 미래에 우리 인류는 지구를 떠나서 살아야 할지도 모른다. 그러기 위해서는 우리 인류도 우주를 탐험하고 다른 행성을 개척하여 이주할 수 있는 계획을 수립하는 것에 게을리해서는 안 된다. 인간이 존재하는 한 따라다닐 수밖에 없는 필수 공간인 건축이 빠질 수 없다. 건축이 사라진다면 그것은 인간의 멸종을 뜻하는 것이다. 그만큼 건축적 공간은 인간을 중심으로 발전해 왔고 미래도 인간위주로 공간이 구성되는 것은 당연하다. 세계 7대 불가사의라는 거대 구조물들은 당시 살았던 인류가 가진 기술과 공학적인 지식으로는 도저히 믿기지 않는 미스터리한 의문으로 아직도 남아 있다. 어쩌면 우주의 새로운 인류가 지구의 미개한 인간들에게 기술을 전수하고 그들을 신적인 존재로 섬길 수 있도록 지혜를 주었는지도 모른다. 그런 신화가 아니더라도 지금의 인간은 웅장하고 신비스러운 구조물에 경이감을 표한다. 우리 인류가 우주의 다른 행성에서 인간을 위한 공간을 설계한다면 그보다 더욱 신비스러운 기술과 혁명이 필요할 것이다.

그중에 하나는 3D 프린팅 기술이 아닌가 생각된다.

지구에서 상용화될 수 있다면 당연히 우주에서도 그 효용가치는 어마어마하게 크게 작용할 것으로 본다. 최근 미국, 프랑스, 중국 등 3D 프린팅으로 건축을 시도하는 나라들이 속속 등장하고 있다. 이런 건축시장에서 선점을 유지하기 위한 방편으로 연구가 진행되고 있다. 지난해 프랑스에서는 세계 최초 3D 프린팅 기술로 95㎡의 침실 네 개가 있는 단층 주택을 이틀 만에 골조를 올리고, 4개월 동안 마감을 끝내고 한 가족이 입주에 성공했다. 효율적인 구조로 설계되고 환기, 난방이 우수하여 건축비를 약 20% 정도 절감하였다고 한다. 3D 프린팅 건축은 필요한 재료만 쌓아 올리는 적층공법으로 만드는 방식이라 공정이 빠르고 단순하며 재료 낭비가 없어 친환경적인 건축이다. 미국에서도 3D 프린팅 건축업체인 '아이콘'과 NGO(non-govermental-organization: 비정부 국제 구호 단체)가 공동으로 멕시코 엘사바도르 등의 남미 빈곤지역에 저렴한 주택 800여 채를 지어주는 프로젝트를 진행 중에 있다. 우리나라의 건설기술연구원이나 학계에서도 3D 프린팅을 이용한 건축기술을 공동으로 연구하는 프로젝트를 시작했다. 이 기술이 상용화되면 많은 주택들이 짧은 공기에 비용이 저렴한 주문형 주택으로 인기를 끌 수 있을 것이다.

미래 도시는 해저에도 예외는 아닐 것이다. 일단 해저는 사람이 들어가 건축하기에는 제한 요건이 많다. 그러나 3D 프린팅을 이용한 전용 로봇이 건축 설계를 바탕으로 무인자동로봇을 100m 바닷속으로 투입한다면 충분히 바닷속에도 우리의 주택은 존재하게 될 것이다. 매일 아침 침실의 앞 유리에 무시무시한 상어나 고래가 나타나 당신의 아침 단잠을 깨울지도 모른다. 상상력을 실현하는 것은 기술이 바탕이 된다. 미래 인간의 기술은 발전할 것이고, 상상이 현실이 되는 날이 멀지 않을 것이다.

우리의 상상력은 무한하기 때문에 우주공간에도 예외일 수는 없다. 벌써부터 우주여행을 계획하고 있는 '스페이스' 창업자 일론 머스크는 가까운 미래에 가능할 것으로 예측하는 우주여행 프로젝트를 추진하고 있는 중이다. 최근에 우주 정거장에도 3D 프린터가 반입되어 사용될 계획으로 있다. 지구의 환경이 급격히 변화되어 우리 인류가 다른 행성을 찾아 이주하게 된다면 그곳에서의 공간은 필수적이다. 지구의 재료를 가져갈 수 없기 때문에 최대한 그 행성의 재료를 이용해야 할 것이다. 그때 3D 프린팅 기술이나 로봇은 인간이 살 수 있는 공간을 거대한 평면적인 단층으로 견고하며, 분리 가능하고 연결할 수 있는 기술을 고안해야 할 것이다. 왜냐하면 그 행성은 인간이 살아가는 산소와 물이 필요하기 때문이다. 물론 지하에도 집의 형태로 살아갈 수 있는 공간을 만들 수도 있겠다. 다만 다른 행성으로의 이주가 지구에서 도피해야만 하는 이유가 있어서가 아니길 바란다. 그렇지만 지구에서 살 수 없을 때가 온다면 어디든 생존이 필요한 공간은 우리 스스로 찾아야 할 운명이 될 것이다. 몇 년 전의 영화 '인터스텔라' 처럼 우리 후손들에게 그런 위기가 올 수도 있다. 그 영화에서는 지구의 환경이 변화되어 사막화되어 가고 있다. 그래서 자식의 미래를 위해 우주선을 타고, 인간이 살 만한 행성을 찾아 떠돌아다니는 아빠의 이야기가 나온다. 몇십 년 후 떠날 때 모습 그대로 지구로 돌아온 아빠가, 이미 늙어버린 딸의 죽음 앞에서 허탈해하던 애틋한 표정이 떠오른다.

태양계라는 우주공간에서 먼지처럼 보이는 지구라는 존재는 어쩌면 보잘것없다. 하지만 이런 보잘것없는 지구에서라도 인간의 삶은 계속될 것이고 인간에게 필요한 공간은 계속 창조될 것이다. 설령 푸른 행성 지구를 떠나는 순간이 오더라도 생명은 살아가야만 하는 본능적인 진화를 숙명처럼 받아들여야 한다. 그곳엔 언제나 건축적 공간이 있을 것이고, 그것이 사라질 때가 인류문명도 사라지는 날이 될 것이다.

06

미래에는 멀티플레이어가
살아남는다

　　2002년 6월 한.일 월드컵이 개최되던 해 대한민국
은 "4강의 신화"를 이루어 냈다. 그 당시 4강의 주역이었던 박지성 선수
는 '멀티플레이어(multiplayer)' 라는 별명으로 불렸다. 이 말의 사전적 의
미는 '한 가지가 아닌 여러 분야에서 능력을 갖추고 활동하는 사람' 이란
뜻이다. 당시 박지성 선수는 양발을 모두 쓰면서 좌, 우측 측면이나 빈 공
간을 빠르게 파고들어 골 찬스를 만들어 내는 만능 멀티플레이어였다. 그
당시 대표팀 감독은 네덜란드 출신 거스 히딩크였다. 그는 우리 선수들에
게 멀티플레이를 주문했다고 한다. 월드컵 경기는 수시로 바뀌는 상대팀
의 전술과 전략에 빠르게 대처해야 하기 때문에 공격과 수비를 자유자재
로 구사하는 플레이어가 필요했다. 때로는 공격형 미드필더, 윙어, 풀백,
최전방 공격까지 어떠한 위치에서도 대응이 가능한 선수가 필요했다. 선
수 중 멀티플레이어로 활약했던 선수가 박지성 선수였다. 월드컵 이후 그

는 프리미어리그인 '맨체스터 유나이티드'로 진출하여 유럽에서 축구선수로서 명성을 떨치고 2014년 5월 은퇴를 선언했다. 멀티플레이어 능력은 스포츠뿐만 아니라 연예계에서도 배우, 가수, 예능의 분야에 능통한 사람을 일컬어 말하기도 한다. 아니! 이제 모든 파트에서도 멀티플레이어 능력을 요구하는 시대에 살고 있다. 하지만 멀티플레이어 능력을 갖추었다는 것이 얕고, 넓은 지식을 갖추었다는 얘기는 아니다. 하나하나의 분야에서 전문적인 깊은 능력치를 가지고 있어야 한다고 말하고 싶다. 그게 어디 쉬운 일인가? 하나의 분야에도 정통하기 어려운데 어떻게 여러 분야에 능력을 발휘할 수 있는가 말이다. 그런데도 미래의 '4차 산업혁명' 시대에는 모두가 이런 능력을 요구하는 시대로 접어들 것이다. 왜냐하면 넘쳐나는 첨단기술이나 지식의 방대함이 바다를 이루기 때문이다.

건축 분야에서도 예외는 아니다. 그럼 건축의 멀티플레이어가 되기 위해서는 먼저 어느 것부터 알아야 하는지 들어가 보도록 하자. 우선 건축설계 분야부터 이야기해 보자. 건물을 설계하면서 이제는 제도판이라는 직접적인 필기도구를 가지고 설계하지 않는다. CAD라는 설계 프로그램으로 PC 자체 디지털 화면을 보며 건물의 설계를 담당하게 되었다. 점차 설계 프로그램은 발전되어 3D를 구현하는 것까지 가능하게 되었다. 그 프로그램이 바로 BIM(Building Information Modeling)이라 일컫는 건축정보모델이라는 3D 차원의 발전된 기술이다. 이 기술은 3차원적으로 건물의 모든 면을 공간적, 시각적으로 표현하여 마치 하늘에서 건물을 내려다보듯 입체적으로 볼 수 있는 시스템이다. 이런 BIM 방식을 적용하면 프로젝트의 기획단계서부터 설계단계까지 아니 시공단계나 유지관리 단계에 이르기까지 광범위하게 활용할 수 있다. 설계할 때 품질과 시간을 절약할 수 있으며, 시공할 때에도 오차나 오류를 최소화하여 비용이나 공기를 단축할 수 있는 여유가 생기게 된다. 물론 프로젝트 완료 후 모든 정보를 데이터화 하여 건물을 체계적으로 유지 관리하는 데 유익한 기술이 될 것이다. BIM은 건축구조, 건축설비, 토목, 조경 등의 각 전문가들의 분담 작업 후 통합하여 전체 BIM을 완성하는 단계로 이루어진다. 기존의 2차원적인 설계는 건물의 모든 면을 표현하거나 보여줄 수 없는 단점이 있었다. 그러다 보면 세부적이고 디테일한 부분은 생략되거나 누락되어 오류를 잡아내지 못하는 경향이 있었던 게 사실이다. 그러나 BIM 기술은 사전에 그런 오류들을 찾아내고 시공단계에서 있을 수 있는 잘못을 미리 예방할 수 있다는 장점이 있다. 현대의 4차 산업혁명을 맞아 국내외를 막론하고 BIM 기술이 건설 분야에서도 빠르게 확산되어 실용화되고 있는 추세이다. 이런 신기술들이 여러 가지 첨단기술과 접목되면서 건설 분야의 새로운 전문가를 요구하고 있는 게 현실이다. BIM 운용전문가 1, 2급 자격증은 관련학과 졸업 후 일정기간 경력을 거쳐 자격증 시험을 주관하는 '한국 BIM 교육평가원'에서 취득할 수 있다. 앞으로 BIM 전문가는 건축 분야에서 필요로 하는 멀티플레이어가 갖추어야 하는 능력이 될 것으로 전망한다.

건축 설계업계에서 또 하나의 혁신적인 기술은 3D 프린팅 모형 기술이다. 건축모형은 설계자가 최소 기본설계가 완성되었을 때 최종 건축물의 형상을 확인할 수 있도록 세부적인 디자인까지는 포함하지 않고 전체적인 매스를 중심으로 제작하는 것이다. 모형은 도면으로는 확인할 수 없는 건물의 형태를 표현하고 싶은 설계자의 의도를 설명하는 데 중요하다. 또한 건축물 의뢰자에게 직접 시각적으로 표현된 형상으로 건물의 기능적인 면을 잘 설명할 수 있다. 기존의 모형 제작은 제작기간과 비용이 많이 들고, 여러 사람들이 작업에 투입되는 상당한 노력과 끈기를 필요로 한다. 대학시절 작품전에 응모하거나 졸업 작품을 하던 시기에는 주변 건축과 후배들을 총동원하여 밤새 모형 제작을 하던 인고의 노동을 기억할 것이다. 아마 지금도 많은 건축과 학생들은 이런 대노동의 경험을 한 번씩은 하였을 것으로 생각한다. 그런데 이제는 4차 산업혁명의 첨단기술인 3D 프린터를 이용하면 그런 경험은 역사의 뒤안길로 멀어지게 될 것이다. 세계 3D 프린터 업계에서 1위를 달리고 있는 미국의 스트라타시스(Stratasys)는 1989년 창업 이후 수많은 기술을 보유하고 있는 나스닥 상장기업이다. 우리나라 일부 설계업체에서도 이 회사의 3D 프린터를 도입하여 설계에 응용하고 있다. 무엇보다도 그전 수작업으로 모형 제작을 하던 노동집약적 방식에서 벗어나 기계를 작동하면 복잡한 디자인도 그대로 실현하는 프린터가 여러 명의 인력을 대체해 준다는 점에서 만족도는 상당히 높은 편이라고 말한다. 또한 3D 프린터의 가장 큰 장점은 유연한 곡률을 모형으로 구현할 수 있다는 점이다. 3D 프린팅 모형 기술은 건축, 의료, 조선, 기계, 자동차 등의 우리 산업 전반에 활용되고 있으며 미래의 필수적인 기술로 자리 잡을 것으로 전망한다.

〈3D프린터가 제작한 모형〉

위에서 언급한 BIM이나 3D 프린팅 모형 기술은 이제 건축 설계에서는 필수적인 작업 방법이 될 것은 의심의 여지가 없다. 현재에도 서서히 적용되고 있으며 앞으로는 건축 설계 전반에 실용화될 것이다. BIM 전문가나 3D 프린터 전문가는 대학의 관련 학과에 커리큘럼을 하루빨리 도입하여 전문 기술자를 양성해야 미래에 대응할 수 있을 것이다. 어쩌면 건축 설계에도 인공지능(AI)이 도입될 수 있는지는 아직까지는 단정 지을 수 없다. 건축 설계라는 분야가 인공지능이 이해하기에는 섬세한 디자인과 인간의 심리 파악, 그리고 사회적 트렌드에 맞는 감성적인 설계를 필요로 하기 때문에 가까운 미래에는 접근하기 쉽지 않을 것으로 본다. 하지만 인공지능의 발전은 누구도 장담할 수 없는 빛의 속도로 매일 변하고 있다. 현재 예술적인 분야에까지 인공지능이 파고들고 있다. 음악에서 인공지능이 작곡한 곡을 구분할 수 없고 인공지능이 그린 미술작품도 훌륭한 예술적 경지에 닿아 있다. 이런 정도라면 조만간 인공지능이 범접하지 못하는 분야는 없다고 본다. 우리 건축가들도 너무나 획일적인 건축에서 과감히 탈피하여 새로운 시대에 맞는 창의적인 설계로 혁신을 주도해야 한다. 감히 인공지능이 도달할 수 없는 신들린 작품만이 AI 설계자와 겨룰 수 있을 것이다.

건축 시공 분야에서도 스스로 작업하는 로봇이 개발되고 있다.

로봇 산업에서 선두를 달리고 있는 국가는 일본이다. 일본 산업기술종합연구소(AIST)에서는 최근 인간형 로봇 'HRP-5P'를 개발하여 공개했다. 이 로봇은 건설현장에서 위험한 작업을 대체하고 중노동 분야를 대체하기 위해 개발되었다. 이 로봇은 키 182cm에 무게가 101kg이며 인간과 같은 두 다리와 두 팔을 사용한다. 주변 환경에 있는 사물을 인지하여 스스로 동작을 계획하고 제어할 수 있는 인공지능형 시스템을 사용한다. 이 로봇은 건설현장에 스스로 석고보드를 운반하고, 전동공구를 사용하여 내장목재를 세우고 골격에 고정하는 등 내부벽체를 만드는 작업에 성공했다. 'HRP-5P'는 아직은 건설 산업 현장에 투입될 수준은 아니지만, 앞으로 고도화하여 건축, 선박, 항공기 등의 위험 작업에 활용하는 연구에 기여할 것으로 기대한다.

　호주의 로봇 전문업체인 '패스트브릭 로보틱스(Fastbrick Robotics)'는 3개의 방과 2개의 욕실을 갖춘 단독주택을 3일 만에 건설하는 데 성공했다. 이 로봇은 미리 제작된 벽돌을 싣고 건설현장으로 이동 후 로봇 팔에서 벽돌을 배출해 쌓는 레이저 가이드 방식을 이용한다고 한다. 이 기업 CEO인 '마이크 피박(mike Pivac)'은 "우리는 세계에서 유일하게 처음부터 끝까지 완전 자동화 방식으로 벽돌을 쌓아 올릴 수 있는 로봇을 본격적으로 시장에 출시하기 위해 준비하고 있다."라고 발표 했다. 미국의 로봇기업 빌트 로보틱스(Built Robotics)가 만든 'ALT'는 공사장의 중장비로 자율 주행하여 시추작업에 따른 강한 진동이나 충격에 견딜 수 있게 설계되었고, 레이저광을 이용하여 쓸어 담은 토사의 양도 측정할 수 있다. 또한 미국의 다이내믹스사의 로봇개 '스폿(SPOT)'은 현장 구석구석을 다니면서 사진을 촬영하고 가상현실로 재구성하면 기술자들이 이를 보고 판단하여 작업 진행상황을 점검할 수 있다. 마치 살아있는 개가 자연스럽게 건설현장을 돌아다니는 것처

〈로봇개 스폿〉

럼 장애물을 스스로 피하고 능숙하게 이동하는 것을 본다면 경탄을 금치 못한다고 한다. '스폿'은 앞으로 건설현장에서 자주 마주칠 지능형 로봇으로 현장의 이곳저곳을 누비는 날이 멀지 않았을 것으로 내다본다. 최근 우리나라에서도 프랜차이즈 가게에 요리 로봇이 등장했다. LG전자가 공동 개발한 '클로이 셰프봇'은 면 요리를 주문하면 뜨거운 물에 국수를 데치고 육수를 능숙히 부어 1분 안에 손님에게 제공한다. 뜨거운 불 앞에서 힘들고 어려운 일을 분담하기 때문에 다른 직원들은 정성스럽게 고객에 집중할 수 있어 더 나은 서비스를 제공할 수 있다. 더군다나 이 요리 봇은 주택의 주방에도 적용 가능하여 먹고 싶은 요리를 만들어 주는 집안의 요리사로 활용하는 날이 머지않았다.

건설현장에도 이제 4차 산업의 물결을 막을 수 없는 시대적 흐름이 되어가고 있다. 우리 기술자들은 이런 시대의 요구에 맞춰 대응하기 위해서는 설계에서는 BIM, 3D 프린팅 모형 기술을 접목하는 기회를 가져야 한다. 또한 건설현장에서는 인공지능을 탑재한 자율 로봇들이 넘쳐나는 시기가 곧 올 것이다. 하지만 로봇이란 인간이 지시하는 맹목적인 동작을 하기 때문에 아무리 인공지능이라 하더라도 주변의 상황 판단이나 인간의 감정을 읽고 행동할 수는 없을 것이다. 그렇기 때문에 건설현장에서는 더욱 Multi-player가 필요하다. 멀티플레이어는 설계, 시공을 넘나드는 미래의 기술자로 살아남을 수 있을 것이다.

07

90년대 생들아!
2000년대 생들이 몰려온다!

밀레니얼 세대(90년대 초~2000년대 초에 태어난 세대)가
미래의 문화를 주도할 것이다.

"나는 우리나라가 세계에서 가장 아름다운 나라가 되기를 원한다.

가장 부강(富強)한 나라가 되기를 원하는 것은 아니다.

내가 남의 침략에 가슴이 아팠으니,

내 나라가 남을 침략하는 것을 원치 아니한다.

우리의 부력(富力)은 우리 생활을 풍족히 할 만하고,

우리의 강력(強力)은 남의 침략을 막을 만하면 족하다.

오직 한없이 가지고 싶은 것은 높은 문화의 힘이다.

문화(文化)의 힘은 우리 자신을 행복(幸福)하게 하고,

나아가서 남에게도 행복을 주기 때문이다.

나는 우리나라가 남의 것을 모방(模倣)하는 나라가 되지 말고,

이러한 높고 새로운 문화의 근원(根源)이 되고,

목표(目標)가 되고, 모범(模範)이 되기를 원한다.

그래서 진정한 세계의 평화(平和)가

우리나라에서 우리나라로 말미암아 세계에 실현(實現)되기를 원한다."

위의 말은 백범 김구 선생님의 백범일지에 나오는 '문화강국론'에 대해서 말씀하신 내용이다. 언제 들어도 가슴이 뭉클해지는 말이며, 후세대들이 마음에 새기고 명심하여 우리나라를 세계 문화강국으로 만들어 가야 하는 책임이 느껴지는 말이다. 해방 이후 독립의 기쁨을 맞보기도 전에 우리나라는 6.25전쟁을 겪으며 또다시 동족상잔의 비극적인 아픔을 처절히 경험했다. 그 후 70년의 세월을 지나, 세계에서 지원을 받는 국가에서 지원을 하는 국가로 변화한 유일한 국가가 되었다. OECD 국가 중 GDP 규모 1조 6천억 달러로 경제 11위의 부강한 나라가 되었다. 하지만, 아직까지 문화의 강국이 되지는 못한 것 같다. 몇 년 전 '국제시장'이라는 영화가 상영되었을 때 우리 아버지의 세대는 전쟁의 고통과 배고픔의 시절을 벗어나기 위해 머나먼 나라 독일에 광부로, 간호사로 돈을 벌기 위해 떠났었다. 그 당시 전쟁의 폐허 속에서 가진 거라곤 육체적인 노동이 가능했던 몸뚱이 달랑 하나였다. 국민 모두가 헐벗고 굶주렸던 시절 우리 아버지 어머니는 자식을 위해 닥치는 대로 무엇이든 다 했다. 그 부모님

밑에서 그나마 배곯지 않게 자랐던 386세대(60년대 태어난 세대)는 독재에 대항하며 민주주의를 외치기 위해 거리로 뛰어나왔다. 80년대 초에서 90년대 초까지 대학이나 거리에는 최루탄과 경찰들이 난무하던 혼란의 시대였다. 그들은 나이는 30대, 80년대 학번, 60년대 생이라 하여 386세대로 불리게 되었다. 그 후 문민정부가 들어서고 민주주의의 초석을 다지며 2020년 현재까지 우리나라의 민주주의는 뿌리를 내리게 되었다.

1인당 국민총소득(GMI) 현황

(단위: 달러)

년도	1999	2002	2006	2010	2014	2018	2019
총소득	1만282	1만2729	2만795	2만2105	2만7892	3만1349	3만3434

출처 : 한국은행

어느 정도의 국가경제와 정치가 안정되어 성장이 자리 잡던 90년대에 태어난 X세대는 의식주의 풍요 속에서 그들만의 문화를 만들어 가며 지금의 젊은 세대를 형성했다. 2006년 1인당 국민소득 2만 달러의 시대에서 12년 후인 2018년 3만 달러로 급속한 성장을 거듭했다. 세계에서 30-50클럽(1인당 국민소득 3만 달러, 인구 5천만 명)에 7번째로 가입된 나라가 되었다. 하지만 국민은 실질적인 소득 수준을 체감하지 못하는 아이러니한 혼란을 겪고 있는 중이다. 왜냐하면 저성장, 저출산의 늪에서 헤어 나오지 못하고 있고, 청년계층의 실업률은 증가되고, 고령화는 점점 부담으로 다가오며 발목을 잡고 있기 때문이다. 수도권의 주택은 계속해서 상승하고 젊은이들의 3포 시대는 벗어날 수 없는 구렁텅이로 내닫고 있다. 가계 부채는 증가하여 소득격차로 인한 상대적 박탈감은 커지고, 세대 간 빈곤의 격차는 계속되고 있다.

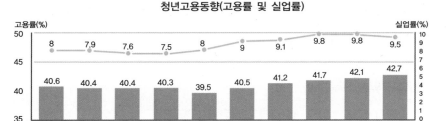

청년고용동향(고용률 및 실업률)

출처 : 통계청 [경제활동연구조사]

위 표에서 보듯이 2013년부터 고용률은 증가했지만 실업률은 줄어들지 않았다. 청년인구란 OECD 기준으로 15세부터 29세까지를 말한다. 통계청 자료에 따르면 2019년 12월 청년인구는 903만 명 정도로 집계되었고, 고용률 43%의 취업자는 394만 명, 청년실업률 9.3%에 장기 미취업자는 43만 5천 명으로 집계됐다. 청년인구 1천만 명 붕괴 이후 청년실업률은 계속해서 높아지는 추세로 심각한 현상이 아닐 수 없다. 특히, 질 낮고 일시적이거나 단순한 아르바이트 등으로 전전하며 구직을 아예 포기하는 청년층도 늘어나고 있다.

그래서 우리나라도 프리터 족이 늘어나고 있다.

'프리터' 란? 프리랜서(Freelancer)와 아르바이트(Arbeit)의 합성어로 취직을 하지 않고 단기성 일자리로 살아가는 청년층을 일컫는다. 1980년대 일본의 경제가 성장하지 못하고 청년층의 일자리가 줄어들자 생계형으로 연명하던 직업의 형태를 말한다. 우리나라에서도 비슷한 현상으로 2010년부터 프리터가 생겨나기 시작했다. 일본의 프리터와 우리나라의 프리터는 약간의 차이가 있다고 하겠다. 일본의 프리터는 정규직에 대한 불만과 잔업 등의 시간 외 근무를 강요당하거나, 조직생활의 잦은 회식과 출장의 형태를 꺼리는 젊은이들의 개인의식에서 생겨나기 시작했다. 그들은 철저하게 조직생활을 피하고 개인적 생활을 원하는 워라벨을 추구하기 위해 정규직을 회피하는 현상이다. 일본은 아르바이트로도 임금수준이 높기 때문에 어느 정도 생활에 지장을 주지 않고 개인생활을 하면서 생계를 유지하는 게 가능한 것이 중요한 이유 중 하나이다. 프리터의 비율이 높은 일본에서는 국가차원에서 고급인재를 수용하기 위해서 외국인 고용 장려 정책을 펼치고 있다. 하지만 한국형 프리터 족은 경기침체로 인한 고용불안이 심화되면서 취업이 되지 않아 어쩔 수 없이 프리터로 전락하는 경우가 많은 것으로 추측한다. 또한 20~30대의 청년층뿐만 아니라, 정리해고, 사업실패, 노후불안 등 장년층까지도 생계의 어려움을 겪자 프리터로 몰리고 있는 현상이 일어나고 있다. 이렇게 비자발적 프리터의 증가는 국가차원에서 큰 손실이 아닐 수 없다. 프리터는 대부분 단순노동이나 단순 서비스업에 종사하기 때문에 경험과 숙련도가 좋은 고급인력을 확보하는 데 어려움이 있다. 프리터는 단기적으로 인건비 감소 및 비용 면에서 유리할지 모르지만, 장기적으로는 우수한 기술자의 감소로 추후 기업의 경쟁력이나 성장에 많은 손실을 주게 되는 원인이 될 것이다.

건설현장도 마찬가지로 노련한 기술자는 고령화 추세이며, 단순노동의 프리터들만 넘쳐나고 있는 실정으로 얼마 지나지 않아 건설현장의 숙련 기술자는 점점 구하기 어려워져 품질은 떨어지고 노동대가는 상승하여 악순환의 고리에서 벗어나지 못할 수도 있다. 하루빨리 프리터들이 노동시장으로 나와 고급인력을 필요로 하는 기업의 고용증가와 정부의 일자리 개선 정책에 의한 혜택으로 취업에 성공하여 기뻐하는 날이 오기를 바란다.

더욱 심각한 것은 니트(NEET: Not in Education, Employment or Training)족이다. 해석하면 교육도 안 받고, 취업에 대한 의욕도 전혀 없이 의지를 상실한 젊은층을 말한다. 어쩔 수 없이 아르바이트로 생활하는 프리터와는 완전 다르다고 할 수 있다. 우리나라 니트 족은 현재 54만 2천 명에 달하며 경제적 손실도 연간 49조 정도 된다고 한국경제연구원에서 분석했다. OECD에서 발간한 한국의 청년층 니트족은 2017년에 18.4%에 달한다고 발표했다. 청년 5명 중 1명은 니트족이라는 말이다. 우리나라 니트족 중 45%가 대졸 이상이며, 취업한 청년층의 47%가 전공과 관계없는 분야에서 일하고 있다. 게다가 현재 일자리보다 수준이 높은 과잉 스펙이 2017년에 26.6%라고 하니 청년층의 많은 사람들이 자신의 고학력과 고스펙에 시간과 비용을 낭비하고 있다는 분석이다. 니트족이 되는 가장 큰 이유는 한국청소년정책연구원의 2018년 분석에 따르면 20대는 '취업준비'와 30대는 육아와 가사가 주요인이었다고 분석했다. 일부에선 질 좋은 일자리가 없어 취업준비에 오랜 시간이 걸리다 보면 지쳐서 취업을 포기하고 니트족이 되는 경우도 있다고 한다. 또한 요즘의 90년대 생들은 워라벨이나 욜로를 추구하여 퇴사하고, 쉬고 싶다는 직장인도 늘어나는 추세이다. 이에 대한 코칭 서비스도 등장했다고 한다. 이런 청년층을 나태하다고 비난하기보다 그들의 아픔을 조금이라도 해소하기 위해 기업과 기성세대는 물론 정부차원의 끊임없는 노력이 필요할 때이다. 4차 산업의 변화 속에서 정부와 기업은 모든 구성원들이 양질의 일자리를 많이 만들기 위해 세계적 변화에 빠른 대처로 청년층에게 많은 기회를 마련해 주어야 한다.

경제의 3저(저성장, 저물가, 저금리) 현상 때문에 딩크족(Double Income, No Kids, 의도적으로 자녀를 두지 않는 맞벌이 부부)이 증가하고, 빨대족(부모님으로부터 경제적으로 독립하지 못한 이들)이나, 정규직 전환이 확정되었다는 금턴(金+인턴: 금처럼 소중한 인턴)이란 신조어가 생겨나고 있다. 그 반대인 티슈

인턴은 정규직 전환이 안 되어 티슈처럼 버려진다는 웃픈(웃기고 슬픈)말도 있다고 한다. 우리는 OECD 국가 중 30-50클럽의 7번째 영광을 누릴 시간도 없이 첫 번째로 탈퇴당하는 불행을 맞을지 모른다. 그렇기 때문에 우리 국민 모두가 문제 해결을 위한 공감대 형성과 기성세대의 양보와 포용을 보여줄 때다. 90년대 생들에게 보람찬 희망을 주고 앞으로 취업전선에 문을 두드릴 2000년대 생에게 보장된 미래를 선물해야 한다. 이것만이 원대한 대한민국의 부국강병보다 '문화강국'을 원했던 영원한 민족의 지도자인 백범 김구 선생님에게 부끄럽지 않은 후손이 되는 것이다. 지금까지의 역사가 증명하듯 "젊은 세대는 항상 버릇이 없어 왔다." 라는 말이 있다. 90년대 생이 사회에 진출하고 있는 2020년 현재 기성세대들 또한 버릇이 없다고 할 것이고 90년대 생이 기성세대가 될 때쯤 2000년대 생인 버릇없는 젊은이를 맞이하게 될 것이다. 하지만 인류가 발전하고 성장시킨 세대는 바로 이 버릇없는 세대였다. 그 시대의 저항과 도전이 미래 사회를 발전시키는 것이다. 몇 년 전 '은교'라는 영화에서 흘러나온 말이 생각난다. "너의 젊음이 너의 노력에 의한 상이 아니듯, 나의 늙음이 나의 잘못으로 인한 벌이 아니다." 인간의 일생은 버릇없는 젊은이에서 지혜로운 어른으로 성장해 간다. 프리터든, 니트족이든, 딩크족이든, 빨대족이든, 헬리콥터족이든 미래를 겪어내고 지속 가능하게 하는 세대는 그 시대의 젊은이들인 것이다. 밀레니얼 세대가 시대를 이끌고 나면 또다시 Z세대가 그 뒤를 이어받을 것이 뻔한 운명임을 우리는 안다. 몇 천 년 전에도 Z세대는 존재했고, 몇 천 년 후에도 Z세대는 영원할 것이기 때문이다. 버릇없는 그들이 미래를 이끌 것이다.

08

우리 건설의 문제는
현장에 답이 있다

'우문현답(愚問賢答)'이란 말이 있다. 어리석은 질문에 현명한 답을 내리는 것을 뜻한다. 어느 깨우친 고승의 이야기다. 하루는 어린아이가 작은 새를 잡아와서 이 새가 죽는지, 사는지를 물었다. "스님! 제 손에 있는 이 새는 산 것인가요? 죽은 것인가요?" 그러자 고승은 아이에게 말했다. "그 새의 삶과 죽음은 너의 손에 달렸구나!" 그 아이는 고승이 산다고 하면 죽일 생각이고, 죽는다고 하면 살려줄 생각이었다. 그 아이의 의도를 알아챈 고승은 새를 살리기 위해 현명한 답을 했다. 아이는 손을 펴서 그 새를 날려 보냈다. 그리고 또 물었다. "스님! 저의 어머니가 점을 쳤는데 저의 운명은 박복하다고 합니다. 저는 어찌 살아야 합니까?" 그러자 고승은 말했다. "너의 손바닥을 펴 보거라! 너의 손에는 생명선이 있고, 재물선이 있고, 감정선이 있단다." "너의 손을 꼭 쥐어 보거라!" 고승은 말했다. "모든 것이 너의 손에 달렸는데 그것을 꼭 쥐고 살아간다면 운명은 너의 것이 된다." 실망했던 아이는 이 말을 듣고 환한 얼굴로 돌아갔다. 아! 정말로 현명한 답이로구나!

　다른 뜻으로 패러디한 '우문현답(于問現答)' 은 "우리의 문제는 현장에 답이 있다."라는 말을 하고 싶어서 위의 이야기를 해 보았다. 주로 정치인들이 내세우는 말로 많이 쓰이지만, 꼭 그렇다고 보기보다는 기업의 CEO들도 많이 외치는 경영이념이기도 하다. 한 기업이 생산하는 제품이란, 고객에게 판매되는 장소에서 전체적인 분위기를 파악할 수 있는 것이다. 그곳이 현장이기 때문에 기업의 경영주들은 직접 현장에 나가서 실체를 확인하고 싶어 한다. 문제가 생기면 그 답은 바로 현장에서 찾아야 함을 깨닫고 있는 것이다. 답을 찾지 못하면 기업의 생존에 심각한 위기를 맞을 수 있다. 특히 현장 책임자에게 의사결정의 권한을 줌으로써 불필요한 본사와의 혼선을 막고 즉시 대처할 수 있는 시스템을 만들려는 것이다. 그것은 현장과 본사의 절대적인 믿음과 신뢰를 바탕으로 한다. 그래서 항상 경영자들은 능력 있고 믿음직한 현장 책임자를 선호했다. 사업이란 현장에서 나오는 정보가 중요하다. "현장을 중시한다."라고 외치는 이유는 그만큼 현장의 의견을 경청하고, 현장 책임자의 정보를 받아들여 의사결정에 적극 반영하여 적용한다는 말이다.

　로마는 전쟁에 참여하는 장수에게 절대 권한을 부여하고 최고의 결과를 얻어내서 강력한 제국을 이루어 냈다. 의회에서 능력 있는 총책임자를 선정하고, 그에게는 전투행위나 전장에서 일어나는 모든 문제를 지휘할 수 있는 무제한 의사결정권을 부여했다. 그렇기 때문에 현장 책임자를 육성하기 위해 현장 경험을 중시했고, 인재를 키우기 위해 전력을 다했다. 하지만 르네상스 시대로 접어들며 그 권한은 약해졌고 로마제국도 쇠퇴의 길을 걷게 되었다.

우리나라 임진왜란 때 이순신 장군은 현장 책임자로 전쟁의 상황을 훤하게 파악하고 있었다. 조정이 무리한 공격을 명하자 지금은 때가 아니라며 보고를 했지만, 항명을 이유로 파직당하고 옥에 갇히는 신세가 되고 말았다. 그 후 원균이 이끄는 수군은 전멸을 당하였다. 이순신 장군은 남아 있던 12척의 배로 다시 전열을 가다듬고 전세를 뒤집으며 위기의 조선을 구해냈다. 현장을 중시하지 않는 책임자는 결코 훌륭한 리더가 될 수 없다. 아무리 현장 경험이 많고 뛰어난 능력을 가진 경영자라 하더라도 현장에 상주하는 책임자보다 현장을 더 잘 이해하고 현장 상황을 제대로 파악할 수는 없다. 건설현장도 이와 다르지 않다. 설계하는 사람은 현장에 상주하는 사람보다 현장의 감이 떨어진다. 본사의 경영자나 책임자도 현장 소장보다는 상황을 파악하는 데 한계가 있다. 책상에 앉아 정답을 기다려서는 안 된다. 답을 찾기 위해서는 직접 발로 뛰어야 하고, 현장에 가서 눈으로 확인해야 답이 보일 것이다. "우리의 문제는 현장에 답이 있다." 지금까지의 모든 화두가 사실은 현장에서 답을 찾기 위한 여정이었다. 건설현장에 있는 기술자들은 항상 스스로 질문을 하고 스스로 답을 찾아야 하는 숙명이다. 그 답을 찾기 위해 당신은 여기에 왔다. 그럼 그 답을 찾는 몇 가지 방법을 마지막으로 정리하여 보기로 하자.

　첫째는 본립이도생(本立而道生)**이다.** '기본을 지키면 길이 생기는 방안이 나온다.' 라는 뜻이다. 현장에서의 기본은 무엇일까? 모든 일은 그에 해당하는 기본을 바탕으로 한다. 기본이 바로 서지 않으면 다른 것을 응용하고 발전할 수 있는 확장성이 생기기 어렵다. 한 분야에서 뛰어난 능력을 발휘하는 사람들은 처음 배울 때 기본이 탄탄하다는 것을 우리는 알고 있다. 스포츠계에서의 유명 스타들은 어렸을 때부터 기본에 충실하여 차차 발전하고 성장해 왔을 것이다. 건설현장에서도 마찬가지다. 우리는 無에서 有를 창조하는 위대한 기술자들이다. 설계도의 내용을 충분히 인지하여야 하고, 시공방법이나 자재의 성능 및 사양을 파악하여 시방서에 의한 품질을 구현하여야 한다. 또한, 계약 시의 발주조건이나 현장설명서 및 계약서의 내용을 세부적으로 알고 있어야 한다. 물론 이 공사의 설계내역 하나하나의 항목에 대하여도 빠뜨릴 수 없다. 현장은 많은 변수들이 존재하는 곳이다. 그렇기 때문에 현장 기술자가 이런 기본적인 내용들을 숙지하고 있지 않으면 추후 발생될 수 있는 설계변경이나 내역 누락으로 인한 손해는 고스란히 자신이 속한 회사에서 책임져야 한다. 기본이 바로 서면 커다란 태풍에도 끄떡없는 뿌리 깊은 나무가 되는 것이다.

둘째로 기술자로서 원대한 포부를 가지자. 우리는 이것을 MTP(Massive Transformative Purpose)라 부른다. '거대한 변화를 불러오는 목표'라는 뜻으로 해석하면 되겠다. 세계 최고의 창업학교 싱귤래리티 대학 초대 이사인 살림 이스마일이 공동 집필한 책 '기하급수 시대가 온다.'에 나오는 말이다. 현대의 기업들은 기하급수적으로 발전하기 때문에 MTP를 작게 설정하면 또다시 목표를 다시 세워야 하는 상황에 도달한다고 한다. 한 예로 구글의 MTP는 "세상의 모든 정보를 조직화한다"이다. TED기업은 "전파할 가치가 있는 모든 아이디어를 전달하자"이다. 또한 싱귤래리티 대학은 "10억 명의 삶에 긍정적인 영향을 미친다." 모두의 기업에서 MTP는 정말 거대한 포부와 목표임을 알 수 있다. 건설현장 기술자들도 거대한 MTP를 세워보자.

"우리나라 모든 국민에게 가족과 행복하게 살아갈 수 있는 집을 지어준다."

"모든 생명의 영혼과 육체가 평안한 삶을 누릴 수 있는 터전을 만든다."

기술자는 이 정도의 MTP를 가지고 현장에 임해야 한다. 그러면 자신이 왜 이곳에 있어야 하는지를 묻지 않아도 된다. 힘든 현장에서 버티고 살아낼 수 있는 자존감이 생기는 것이다. 어차피 할 일이라면 즐겨야 한다. 당신이 직접 자신만의 MTP를 설정해 보면 즐길 수 있게 될 것이다.

셋째로 멀티플레이어(multiplayer) 기술자가 되자.

일찍이 공자께서 말씀하셨다. '학이불사즉망, 사이불학즉태(學而不思則罔, 思而不學則殆) - 배우기만 하고 생각하지 않으면 학문의 체계가 없고, 생각만 하고 배우지 않으면 위태로워져 위험에 빠진다.'

현장 경험은 기술자가 되는 과정이다. 그런데 그 현장 경험이 시간 때우기 식이라면 안 된다. 이왕 현장의 기술자를 생각하고 입문의 길에 접어들었다면, 경험에서 배우고, 생각하고, 연구하고, 시험해 보자. 다산 정약용 선생이 유배됐던 전남 강진에서 두 아들에게 항상 편지를 보내 학문에 정진하라고 가르쳤다. 그는 아들에게 닭을 기르는 것을 알고 이렇게 편지를 보냈다. '닭을 기르는데도 많은 차이가 있다. 여러 책을 살펴보고 좋은 방법을 연구해 보고 시험해 보거라. 닭의 정경을 묘사해 보도록 해라. 이익만 따지는 사람의 닭처럼 기르는 것은 못난 사람의 닭 기르기에 불과하다.' 무엇하나 사소한 것처럼 보이지만, 그것에도 배울 것과 연구할 것과 실험을 해 본다면, 자신만의 경험에 관한 노하우가 생기고, 누구도 배울 수 없는 소중한 자산이 될 것이다. 생각하는 기술자는 누구도 경험하지 못한 자신만의 기술을 터득할 수 있다.

넷째로 고객은 항상 우리의 스승이다. 우리가 미처 깨닫지 못하는 것이 고객에게서 나올 수 있다. 건설현장의 기술자들은 목적물을 완성하고 그곳에서 생활할 수 없다. 하지만 집에서 항상 생활하는 고객은 사용상의 불편함이나 문제점을 최고로 빨리 알아차리고 알려준다. 2010년 아이폰4 출시 장에서 '스티브 잡스'는 이런 인터뷰를 했다.

"우리는 인간입니다. 우리는 실수를 합니다. 우리는 실수를 빨리 알아내죠. 바로, 그것이 우리가 세상에서 고객들에게 가장 사랑받는 최고의 회사가 된 이유입니다."

모든 기술자는 실수를 한다. 하지만 그 실수를 알아내는 데 너무 많은 시간을 낭비한다. 고객은 인내심이 좋지 않다. 실수를 인지하지 못했는데 어떻게 고객에게 사랑받을 수 있겠는가? 그것은 불가능하다. 기술자들은 항상 고객의 입장에서 생각해야 한다. 아니, 자신이 직접 고객이 되어 이곳에서 생활한다는 생각으로 실수가 무엇인지 찾아보자. 그러면 당신의 눈에 실수를 금방 찾을 수 있는 혜안(慧眼)이 생길 것이다.

다섯째로 Leader는 현장 기술자들의 길잡이가 되어야 한다. 항해하는 배는 바다를 가르며 목적지에 도달하기 위해 많은 사람들의 역할을 필요로 한다. 항해사는 배의 진로와 방향을 수시로 체크하여 선박이 문제없이 나아갈 수 있도록 항시 주의를 한다. 조타수는 배의 키를 잡고 항해서가 지시하는 방향으로 복창하며 키를 조정한다. 기관사는 배의 모든 동력 기관을 정비하고 수리하며 기술적 책임을 진다. 이 모든 사람들을 총괄 지휘하고 선박에 탑승한 승객과 화물을 목적지에 안전하게 도착시키기 위하여 총책임을 맡은 사람이 선장이다. 건설현장의 소장은 선장과 같다.

선박과 마찬가지로 현장 모든 분야에서 많은 기술자들이 각자의 임무를 수행하고, 완성된 건축물을 발주자나 입주자에게 최고의 품질로 인계하여야 한다. 그러기 위해서 리더는 기술자들에게 무한한 애정과 신뢰와 믿음을 주어야 한다. 사람을 가리는 리더는 길잡이가 될 수 없다. 길 잃은 사람들에게 바른 방향을 알려줄 의무가 있는 이가 바로 리더이며, 그의 필수 자격이기 때문이다. 거친 폭풍과 비바람 속에서 리더는 올바른 상황 판단을 해야 한다. 두려움에 떠는 선원들 앞에서 당당해야 하는 사람이다. "군주가 백성과 운명을 함께한다는 믿음을 주지 못하면 백성은 두려워한다." 손자병법에 나오는 말이다. "건설현장에 있는 모든 기술자들은 같은 배를 탄 운명이다. 우리의 목적은 침몰이 아니라, 안전하게 목적지에 도달하는 것이다."

마지막으로 인생의 목표를 성공에 두지 말고 행복에 두며 살자. 나는 건설현장 관련 일만 25년째 하고 있다. 그동안 수많은 고난과 어려움이 있었지만, 그것이 성장하는 과정이었고, 자신의 행복을 위한 여정이었을 뿐이었다. 단지 현장에 근무하는 평범한 기술자였지만, 안전사고로 경찰 조사를 세 번이나 받았고, 부실시공이라는 제보로 국회 국정감사를 받았고, 특정 기업 특혜라는 불만 있는 상대 업체의 의심으로 감사원 감사를 받았었다. 하지만 나 자신이 '경고장'에도 부끄럽지 않았고 당당했던 것은 나의 일에 최선을 다하다 생긴 오해였고 타인의 의심일 뿐이었다. 인생 최고의 전략은 진실과 성실임을 증명하였고, 앞으로도 그 신념은 변하지 않을 것이다. 내가 현장의 위대한 프로젝트에 참여하게 된 것은 행운이었고, 많은 기술자들과 함께 했던 것은 축복임을 기억할 것이다. 누군가는 피하려고 했지만, 나는 그것을 순순히 받아들였다. 내가 아니면 누군가는 그 자리를 수행했을 것이지만, 그 자리에 내가 있어 행복했음을 감사한다.

"성공이 행복의 열쇠가 아니라, 행복이 성공의 열쇠다."

"자신의 일을 진심으로 사랑하는 사람이라면 그는 이미 성공한 사람이다."

"가장 행복한 사람으로 찬양받을 만한 사람은 가장 많은 사람을 행복하게 해 준 사람이다." 앨버트 슈바이처 박사의 말이다. 언제나 나의 인생에서 신념을 가지고 사는 경구(敬具)다.

"우리의 문제는 현장에 답이 있다." 나는 항상 현장에서 답을 찾기 위해 노력했다. 그것이 성공을 위해서가 아니라 모든 사람들의 이로움을 위해서라면 너무 위대한 걸까?

나는 장석주 님의 "대추 한 알"이란 시를 좋아한다. "저게 저절로 붉어질 리는 없다." 세상에 저절로 되는 일은 없다. 인내는 쓰지만, 그 열매는 달달한 법이다.

1. 인류의 진화 속에는 언제나 건축이 있다

- 건축의 3요소 : 구조, 기능, 미
- 미래건축의 4요소 : 친환경, 에너지, 방사능, 전자파
- 제로에너지건축 : Passive(에너지 사용 최소화), Active(에너지 생산, 활용)
- 대한민국 방사능(라돈)기준 : 148Bq/㎥ 이하(공기 중 기준)

2. 미래 건축은 어디로 가고 있을까?

- 노자 도덕영 제 11장 : "문과 창을 뚫어 집을 만드니, 없음으로 해서 집의 쓰임이 생긴다."(공간에 관한 건축적 해석)
- 미래건축의 변화
 1) 스마트 시티 2) 초고층 건물 증가 3) 모듈러 주택 보급
 4) 지식산업센터 활성화 5) 건설의 ICT기술 접목

3. 4차 산업 속에서 건설은 어떻게 변화할까?

- 무어의 법칙 : 18개월마다 PC의 메모리는 2배로 증가한다
- 미래의 건설현장 적용 기술

– 드론활용, VR(가상현실), AR(증강현실), 센서

4. 미래의 우리는 AI 로봇 속에서 잠들 것이다

• 4차 산업의 건설에 적용기술

1) AI(인공지능) : 미래주택의 AI와 주택내 모든 전자기기의 연결

2) IOT(사물인터넷) : 주택의 전자제품과 인터넷의 연결로 외부에서 제어가능

3) BIG DATA(빅데이터) : 1엑사바이트에 해당하는 데이터 활용

– 1엑사바이트 : 미의회도서관 자료의 10만 배 용량

5. 건축이 사라질 때 문명도 종말을 맞는다

• 보이저1호 : 1977년 NASA가 발사한 탐사선

– 61억 KM의 명왕성 근처에서 지구의 사진 전송(한 개의 푸른점으로보임)

• 3D 프린팅 : 주택시공시 사용되기 시작, 우주정거장등에도 사용될 전망

– 일론머스크(스페이스CEO) : 3D프린팅이 우주공간에 사용될 것이다

6. 미래에는 멀티플레이어가 살아남는다

• 멀티 플레이어 : 스포츠, 연예계에서의 다재다능한 사람

• 건축에서 멀티 플레이어 : BIM, (3차원건축정보모델), 3D모형 기술, 건설형로
봇기술 등

7. 90년대 생들아! 2000년대 생들이 몰려온다!

• 문화강국론(백범일지) : "한없이 우리나라가 가지고 싶은 것은 문화의 힘이다."

• 2019년 우리나라 1인단 국민소득 : 3만 3434 달러 달성

• 프리터 : 프리랜서+아르바이트 합성어, 단기취업생

• 니트족 : Not Education, Employment, Training(취업을 위한 교육이나 훈련

을 받지 않고 취업의 의욕의 없이 의지를 상실한 젊은층)

8. 우리 건설의 문제는 현장에 답이 있다

- 우문현답 : 우리의 문제는 현장에 답이 있다

  – 훌륭한 경영자들은 "현장을 중시한다"

- 현장에서 답을 찾기 위한 방안

  1) 본립이도생 : 기본을 지키면 길이 생긴다

  2) MTP : 거대한 변화를 불러오는 목표

  3) 학이불사즉망, 사이불학즉태 : 배우고 생각하지 않으면 망하고, 생각하고

     배우지 않으면 위태로워 진다 (공자)

  4) 고객은 항상 기술자의 스승이다

  5) Leader는 현장 기술자들의 길잡이가 돼야 한다

"공간은 영원할 것이다."

법정 스님이 말씀하셨다.

"누구나 바라는 행복은 어디서 오는가? 행복은 밖에서 오지 않는다. 행복은 우리들 마음속에서 우러난다." 하지만, 정작 우리시대를 살아가는 많은 인류는 내면보다는 밖에서 희망을 찾으려 한다. 더 쉽고, 더 편한 방법을 찾는데 자신의 역량을 다 소진 하는 것은 아닐까? 설령 더 평탄한 길을 찾은들 그것이 영원하지 않는다는 것을 깨닫기는 오래 걸리지 않았음을 통곡의 후회로 흐느낀다. 우리 태양계의 지구라는 행성이 46억 년 전에 생성되어 생명체가 살아가기 시작한 세월로 보면 현생인류인 호모사피엔스는 고작 30만년의 자리에 존재했음에 불과하면서 말이다. 정작 우리가 알 수 있는 문명은 그중에서도 1만년이 채 되지도 않는 찰나의 순간이지 않은가? 그러면서 21세기의 77억 인류는 그들의 삶을 멈출 수 가 없다. 그 어떠한 전쟁과 바이러스가 인류의 멸종을 흔들어 된다 해도 사피엔스는 삶의 본능을 쉽게 잠재울 수 없을 것이다. 4차 산업이라는 기계문명이 인류의 육체에 영원한 자유를 준다 해도 정신과 영혼에 함부로 손을 대지는 못할 것이다. 다만, 미래의 기술이 인간의 정신에 침투하는 순간 새로운 신 종족이 탄생하여 지구상 사피엔스는 사라질지도 모른다. 하지만 그 신인류에게도 집이라는 공간은 반드시 필요할 것이다. 이 책 앞에서 공간은 모든 생명체가 필요로 하는 필수충분조건임을 설명하였다. 그만큼 공간을 창조하는 기술은 사라지지 않을 것이며, 재창조 될 것이다. 미래의 기술과 생명체는 연결될 것이고, 그 안에 새로운 삶도 존재할 것이기 때문이다.

건축이라는 공간창조 기술은 우리 인류가 살아있는 한 함께 영속해야 할 운명이다. 그리고 건설 현장이라는 실 행적 행위는 반드시 필요한 과정이 된다. 기술은 발전하고 시스템은 변화할 것이다. 4차 산업이라 일컫는 미래의 공간구축 프로젝트는 건설이라는 실행 프로그램으로 실험되고 확인될 것이다. 그 중심에 있는 기술자들은 수많은 실험을 시도해야 한다. 그러기 위해서는 외적 기술력 보다는 내적인 인문적 내공을 쌓고, 흔들리지 않는 정신적 뿌리를 튼튼히 해야 할 것이다. 그러한 모험을 즐기고 싶지 않은 사람은 현장이라는 험난한 숲에서 다른 길을 다시 찾을 수밖에 없다. 산 정상에 오르는 길은 수없이 많다. 엉뚱한 길을 헤매는 것 보다는 자신이 좋아하는 길을 선택 하는 게 뒤돌아가는 것 보다 나을 것이다.

이 길로 들어선 많은 기술자들과 아직 공부하고 있는 많은 초보기술자들에게 희망은 어디에나 있다. 라는 것을 말해주고 싶다. 또한, 조금이나마 나의 현장에 대한 경험과 철학이 도움이 된다면 여기까지 오게 된 큰 보람을 가지게 될 것이다.

끝으로 이 책이 나오기까지 도와주신 많은 건설기술자분들과 LH의 선후배님들에게 감사의 말을 전하고 싶다. 감사합니다! 사랑합니다!

2020년 8월

이 책을 마치며...

〈대추 한 알〉

저게 저절로 붉어질 리는 없다

저 안에 태풍 몇 개

저 안에 천둥 몇 개

저 안에 벼락 몇 개

저 안에 번개 몇 개가 들어있어서

붉게 익히는 것일 게다

저거 혼자서 둥글어질 리는 없다

저 안에 무서리 내리는 몇 밤

저 안에 땡볕 두어 달

저 안에 초승달 몇 날이 들어서서

둥글게 만드는 것일 게다

대추야!

너는 세상과 통하였구나!

—장석주—

⟨참고문헌 및 출처⟩

1. 무량수전 배흘림 기둥에 기대서서. 1994년 6월 15일 초판,
   - 저자 : 최순우
   - 펴낸곳 : 도서출판 학고재(서울시 마포구 새창로 7 SNU 장학빌딩 17층)

2. 총,균,쇠. 1998년 8월 8일 초판 1쇄
   - 저자 : 제레드 다이아몬드, 옮긴이: 김진준
   - 펴낸곳 : ㈜문학사상, 임홍빈

3. 드림 소사이어티. 2000년 02월 02일 초판,
   - 저자 : 롤프 옌센, 옮긴이: 서정환
   - 펴낸곳 : 리드리드출판㈜(서울시 마포구 도화동 큰우물로 76 고려빌딩 210호)

4. 코스모스(특별판). 2006년 12월 20일 초판 1쇄
   - 저자 : 칼세인건, 옮긴이: 홍승수
   - 펴낸곳 : ㈜사이언스북스, 박상준(서울시 강남구 도산대로 38길 1길 62)

5. 넛지. 2009년 04월 20일 초판
   - 저자 : 리처드 탈러(세일러), 캐스 선스타인, 옮긴이: 안진환
   - 펴낸곳 : 리더스북㈜(경기도 파주시 회동길 20 웅진씽크빅)

6. 사마천, 인간의 길을 묻다. 2010년 초판 1쇄
- 저자 : 김영수,
- 펴낸곳 : 왕의서재, 변선욱(서울시 서대문구 합동 116)

7. 인문의 숲에서 경영을 만나다 . 2010년 10월 08일 초판
- 저자 : 정진홍
- 펴낸곳 : ㈜북이십일 21세기북스(경기도 파주시 회동길 201(문발동)

8. 우리 건축 서양 건축 함께 읽기. 2011년 01월 15일 초판, 2018.04.20 5쇄
- 저자 : 임석재
- 펴낸곳 : ㈜안그라픽스(서울시 종로구 평창 44길 2)

9. 건축가가 말하는 건축가. 2011년 04월 08일 초판, 2016.06.15 6쇄
- 저자 : 이상림 외 16인
- 펴낸곳 : 부키㈜(서울시 서대문구 신촌로3길 15 산성빌딩 6층)

10. 철학하라. 2012년 01월 06일 초판, 2012.03.30 3쇄
- 저자 : 황광우
- 펴낸곳 : 생각정원(서울시 마포구 동교동 165-8 LG팰리스 1207호)

11. 인간이 그리는 무늬. 2013년 05월 06일 초판 1쇄
- 저자 : 최진석

• 펴낸곳 : 소나무, 유재현(경기도 고양시 덕양구 현천동 121-6)

12. 인문학은 밥이다. 2013년 10월 11일 초판 1쇄
• 저자 : 김경집,
• 펴낸곳 : ㈜알에이치코리아, 양원석(서울시 금천구 가산동 345-90)

13. 건설의 길을 묻다. 2013년 10월 29일 초판,
• 저자 : 김정호, 건설산업비전포럼
• 펴낸곳 : 도서출판 보문당(서울특별시 마포구 토정로 222 (신수동))

14. 제2의 기계 시대. 2014년 10월 14일 초판 1쇄,
• 저자 : 에릭브린욜프슨, 엔드루 맥아피, 옮긴이: 이한음
• 펴낸곳 : 청림출판(서울시 강남구 도산대로 38길 11,논현동63)

15. 사피엔스. 2015년 11월 23일 초판 1쇄
• 저자 : 유발하라리, 옮긴이: 조현욱
• 펴낸곳 : 김영사,김강유(경기도 파주시 문발로 197)

16. 철학이 있는 건축. 2016년 04월 10일 초판 1쇄
• 저자 : 양용기
• 펴낸곳 : 도서출판 평단, 최석두(경기도 고양시 덕양구 통일로 140)

17. 클라우스슈밥의 제4차 산업혁명. 2016년 04월 20일 초판 1쇄
- 저자 : 클라우스 슈밥 , 옮긴이 : 송경진
- 펴낸곳 : 새로운현재

18. 1만 시간의 재발견. 2016년 06월 30일 초판
- 저자 : 안데르스 에릭슨, 로버트 풀, 옮긴이: 강혜정
- 펴낸곳 : ㈜비지니스북스(서울특별시 마포구 월드컵북로6길 3 이노베이스빌딩 7층)

19. 기하급수 시대가 온다. 2016년 9월 13일 초판
- 저자 : 살림 이스마일, 마이클 말론, 유리 반 헤이스트, 옮긴이 : 이지연
- 펴낸곳 : 청림출판(서울시 강남구 도산대로 38길 11 청림출판(주)(논현동 63)

20. 위기를 기회로 바꾸는 현장의 힘. 2016년 09월 20일 초판,
- 저자 : 김한준
- 펴낸곳 : 한국경제신문 한경BP(서울특별시 중구 청파로 463)

21. 보이지 않는 건축, 움직이는 도시. 2016년 10월 10일 초판,
- 저자 : 승효상
- 펴낸곳 : 돌베개(경기도 파주시 회동길 77-20(문발동))

22. 4차 산업혁명 시대 전문직의 미래. 2016년 12월 7일 초판 1쇄
- 저자 : 리처드서스킨드,대니얼 서스킨드, 옮긴이: 위대선

• 펴낸곳 : ㈜미래엔, 김영진 (서울시 서초구 신반포로 321)

23. 호모데우스. 2017년 5월 15일 초판 1쇄
• 저자 : 유발하라리, 옮긴이: 김명주
• 펴낸곳 : 김영사, 고세규(경기도 파주시 문발로 197)

24. 건축이 바꾼다. 2017년 6월 21일 초판 1쇄
• 저자 : 박인석
• 펴낸곳 : 도서출판 마티, 정희경(서울시 마포구 동교로 12안길 31)

25. 4차 산업혁명시대 문화경제의 힘. 2017년 6월 22일 초판,
• 저자 : 최연구
• 펴낸곳 : 중앙경제평론사(서울특별시 중구 다산로20길 5 중앙빌딩)

26. 건축이 우리에게 가르쳐주는것들. 2018년 02월 28일 초판 1쇄
• 저자 : 김광현,
• 펴낸곳 : 뜨인돌출판(주), 고영은,박미숙(경기도 파주시 회동길 337-9)

27. 내가 상상하면 꿈이 현실이 된다. 2018년 5월 25일 초판1쇄
• 저자 : 김새해
• 펴낸곳 : 미래지식, 박수길 (경기도 고양시 덕양구 통일로 140)

28. 라이프 트렌드 2019 젠더 뉴트럴. 2018년 10월 25일 초판, 2018.12.20 4쇄
- 저자 : 김용섭
- 펴낸곳 : 부키㈜(서울시 서대문구 신촌로3길 15 산성빌딩 6층)

29. 공학의 눈으로 미래를 설계하라. 2019년 03월 22일 초판, 2019.06.20 4쇄
- 저자 : 연세대학교 공과대학
- 펴낸곳 : ㈜해냄출판사(서울특별시 마포구 잔다리로30 해냄빌딩5 6층)

30. 세계 건축가 해부도감. 2019년 03월 25일 초판
- 저자 : 오이 다카히로, 이치카와 코지, 요시모토 노리오, 와다 류스케, 옮긴이: 노경아
- 펴낸곳 : 도서출판 더숲(서울시 마포구 동교로150 7층)

31. 집은 어떻게 우리를 인간으로 만들었나, 2019년 4월19일
- 저자 : John Allen(존앨런), 옮긴이: 이계순
- 펴낸곳 : 반비(서울시 강남구 도산대로 1길 62)(02-515-2000)

32. 인생공부. 2019년 05월 07일 초판
- 저자 : 이철
- 펴낸곳 : 원앤원북스(서울특별시 마포구 토정로 222 한국출판콘텐츠센터 306호)

33. 사진출처 : HTTPS://WWW.NAVER.COM 의 검색사진 다수(작가미상)

건축이라는 공간창조 기술은
우리 인류가 살아있는 한
함께 영속해야할 운명이다.
그리고 건설 현장이라는
실 행적 행위는
반드시 필요한 과정이 된다.